计算机应用基础

主　编　孙彦明
副主编　马继红　吕菊慧
参　编　罗刘敏　汪金龙　王　力　陈桂英

北京理工大学出版社
BEIJING INSTITUTE OF TECHNOLOGY PRESS

内 容 简 介

《计算机应用基础》包括计算机基础知识、Windows 7 操作系统、计算机网络及 Internet、Word 2010 应用、Excel 2010 应用和 PowerPoint 2010 应用等内容。

本书语言简洁、内容丰富、实用性强,既可以作为高等学校各专业计算机基础课程的教学用书,也可以作为计算机等级考试和自学参考用书。

版权专有　侵权必究

图书在版编目(CIP)数据

计算机应用基础 / 孙彦明主编. —北京:北京理工大学出版社,2018.8(2021.12重印)
ISBN 978 – 7 – 5682 – 4699 – 6

Ⅰ.①计⋯　Ⅱ.①孙⋯　Ⅲ.①电子计算机 – 高等学校 – 教材　Ⅳ.①TP3

中国版本图书馆 CIP 数据核字(2018)第 196015 号

出版发行 / 北京理工大学出版社有限责任公司
社　　址 / 北京市海淀区中关村南大街 5 号
邮　　编 / 100081
电　　话 / (010)68914775(总编室)
　　　　　 82562903(教材售后服务热线)
　　　　　 68944723(其他图书服务热线)
网　　址 / http://www.bitpress.com.cn
经　　销 / 全国各地新华书店
印　　刷 / 三河市华骏印务包装有限公司
开　　本 / 787 毫米 × 1092 毫米　1/16
印　　张 / 17
字　　数 / 400 千字
版　　次 / 2018 年 8 月第 1 版　2021 年 12 月第 5 次印刷
定　　价 / 49.80 元

责任编辑 / 江　立
文案编辑 / 赵　轩
责任校对 / 黄拾三
责任印制 / 李志强

图书出现印装质量问题,请拨打售后服务热线,本社负责调换

序

  德是育人的灵魂统帅，是一个国家道德文明发展的显现。坚持"育人为本、德育为先"的育人理念，把"立德树人"作为教育的根本任务，为郑州工商学院校本教材建设指引方向。

  立德树人，德育为先。教材编写着眼于促进学生全面发展，创新德育形式，丰富德育内容，将习近平新时代中国特色社会主义思想渗透至教材各个章节中，引导广大学生努力成为有理想、有本领、有担当的人才，使他们真正成为习近平总书记在十九大报告中要求的"坚定理想信念，志存高远，脚踏实地，勇于做时代的弄潮儿"的人才。

  立德为先，树人为本。培养学生的创新创业能力，强化创新创业教育。以培养学生的创新精神、创业意识与创业能力为核心，以培养学生的首创精神、冒险精神、创业能力和独立开展工作能力的提升为教育指向，改革教育内容和教学方法，突出学生的主体地位，注重学生个性化发展，强化创新创业教育与素质教育的充分融合，把创新创业作为重要元素融入素质教育。

  郑州工商学院校本教材注重引导学生积极参与教学活动过程，突破教材建设过程中过分强调知识系统性的思路，把握好教材内容的知识点、能力点和学生毕业后的岗位特点。编写以必需和够用为度，适应学生的知识基础和认知规律，深入浅出，理论联系实际，注重结合基础知识、基本训练及实验实训等实践活动，培养学生分析和解决实际问题的能力，提高实践技能，突出技能培养目标。

前 言

如今,计算机技术已经成为主导国家和社会经济发展的一个重要因素。使用计算机和网络信息技术的意识,应用这些技术进行信息获取、存储、传输和处理的技能,以及运用计算机解决实际问题的能力,成为当今社会衡量一个人文化素养的重要标志。

随着信息技术、计算机技术的飞速发展和计算机教育的普及,教育部对高等院校计算机基础课程提出了更新、更高的要求。高等院校的计算机教育分为两类:一类是面向计算机及其相关专业的学科教育;另一类是面向全体大学生的基础教育。

作为大学计算机基础课程的教材,本书结合当前信息技术与计算机技术的发展,以及大学生的社会需求,内容涵盖了计算机的概念与发展历史、操作系统的组成,以及文字处理、电子表格和文稿演示等常用办公软件基础、提升和实践训练等内容,使大学生能够了解信息技术,熟练地使用计算机,真正把计算机当作日常学习和生活的工具。本书的内容安排由浅入深,对应用性较强的内容进行重点描述,对理论性强而实际应用较少的内容只做简单介绍,以提高学生的应用能力,同时拓宽学生的知识面。

本书共5章,第1章介绍了计算机基本的概念和知识,以及Windows 7操作系统的基本操作和功能;第2章主要介绍了计算机网络的定义、分类及组成,计算机网络中的IP地址、子网掩码、DNS等相关定义及使用;第3章、第4章、第5章详细讲述了Word 2010、Excel 2010、PowerPoint 2010的功能与应用。本书由孙彦明主编,负责全书的总体策划与统筹、定稿工作,由罗刘敏负责编写第1章,汪金龙负责编写第2章,吕菊慧负责编写第3章,马继红、陈桂英负责编写第4章,王力负责编写第5章。

本书虽经过多次修订,但由于时间仓促,加之编者水平有限,书中不妥或错误之处在所难免,殷切希望各位专家、读者批评指正,以便我们在今后的工作中不断地改进和完善。

编 者
2018年7月

目 录

第1章 人机大战——计算机基础知识 (1)

1.1 计算机概述 (1)
- 1.1.1 计算机的诞生与发展史 (1)
- 1.1.2 计算机的特点及发展趋势 (4)
- 1.1.3 计算机的分类 (5)
- 1.1.4 衡量计算机的主要性能指标 (6)
- 1.1.5 计算机的应用领域 (7)

1.2 计算机系统 (8)
- 1.2.1 计算机的组成 (8)
- 1.2.2 计算机的硬件系统 (9)
- 1.2.3 计算机的软件系统 (14)
- 1.2.4 计算机的工作原理 (15)

1.3 计算机中的数制及其转换 (16)
- 1.3.1 数制 (16)
- 1.3.2 二进制数据表示 (18)
- 1.3.3 数制转换 (18)
- 1.3.4 信息编码 (21)

1.4 Windows 7 操作系统简介 (24)
- 1.4.1 操作系统概述 (24)
- 1.4.2 Windows 7 简介 (25)
- 1.4.3 Windows 7 的基本概念和基本操作 (28)
- 1.4.4 文件、文件夹与磁盘管理 (42)
- 1.4.5 任务管理 (50)
- 1.4.6 控制面板与环境设置 (52)
- 1.4.7 Windows 7 提供的系统维护工具和其他附件 (58)

习 题 (61)

第2章 同一个世界——计算机网络 (63)

2.1 计算机网络基础 (63)
- 2.1.1 计算机网络概述 (63)
- 2.1.2 计算机网络的产生和发展 (64)
- 2.1.3 计算机网络的组成 (65)
- 2.1.4 计算机网络的分类 (66)
- 2.1.5 网络拓扑结构 (66)
- 2.1.6 计算机网络体系结构和TCP/IP参考模型 (68)
- 2.1.7 局域网及其标准 (69)
- 2.1.8 Internet基础 (71)
- 2.1.9 Internet基本服务和应用 (76)

2.2 构建自己的网络家园 (79)
- 2.2.1 获取本人的IP地址、子网掩码、网关和DNS (79)
- 2.2.2 在个人计算机上设置IP地址 (82)
- 2.2.3 获取与安装客户端,新建802.1X连接 (83)

习 题 (85)

第3章 让文字飞——文字处理软件Word 2010 (87)

3.1 Word 2010概述 (87)
- 3.1.1 Word 2010的启动和退出 (88)
- 3.1.2 Word 2010的工作界面 (89)

3.2 Word 2010文档的基本操作 (91)
- 3.2.1 创建新文档 (92)
- 3.2.2 文档的录入与卸载 (92)
- 3.2.3 保存文档 (95)
- 3.2.4 关闭文档 (97)
- 3.2.5 打开已存在的文档 (98)
- 3.2.6 文本拼写与语法检查 (98)

3.3 Word 2010文档编辑 (99)
- 3.3.1 选定文本 (99)
- 3.3.2 文本的复制和粘贴 (100)
- 3.3.3 文本的剪切和移动 (101)
- 3.3.4 查找和替换 (101)

3.4 Word 2010文档排版 (103)
- 3.4.1 字符格式化 (103)
- 3.4.2 段落格式化 (107)
- 3.4.3 设置边框和底纹 (108)

3.4.4 设置项目符号和编号 ……………………………………… (111)
3.4.5 设置段落首字下沉 …………………………………………… (113)
3.4.6 设置分栏 ……………………………………………………… (114)
3.4.7 其他中文版式 ………………………………………………… (116)
3.5 表　格 …………………………………………………………………… (118)
3.5.1 插入与删除表格 ……………………………………………… (118)
3.5.2 编辑表格内容 ………………………………………………… (121)
3.5.3 修改表格结构 ………………………………………………… (122)
3.5.4 设置表格的格式 ……………………………………………… (127)
3.5.5 表格与文本的转换 …………………………………………… (131)
3.6 图　形 …………………………………………………………………… (131)
3.6.1 绘制图形 ……………………………………………………… (131)
3.6.2 编辑图形 ……………………………………………………… (132)
3.6.3 图形特效 ……………………………………………………… (133)
3.6.4 图形排列 ……………………………………………………… (134)
3.6.5 使用艺术字 …………………………………………………… (137)
3.6.6 插入 SmartArt 图形 ………………………………………… (138)
3.7 图文混排 ………………………………………………………………… (141)
3.7.1 插入图片 ……………………………………………………… (141)
3.7.2 编辑图片 ……………………………………………………… (142)
3.7.3 使用文本框 …………………………………………………… (147)
3.8 Word 2010 插入其他对象 ……………………………………………… (148)
3.8.1 插入页 ………………………………………………………… (148)
3.8.2 插入分节符 …………………………………………………… (149)
3.8.3 插入页码与行号 ……………………………………………… (150)
3.8.4 插入公式 ……………………………………………………… (150)
3.9 页面排版 ………………………………………………………………… (151)
3.9.1 目录的生成 …………………………………………………… (151)
3.9.2 设置页眉/页脚 ……………………………………………… (153)
3.9.3 设置页面颜色 ………………………………………………… (155)
3.9.4 设置页面水印 ………………………………………………… (156)
3.9.5 设置纸张方向与大小 ………………………………………… (156)
3.9.6 设置页边距 …………………………………………………… (157)
3.9.7 打印预览 ……………………………………………………… (158)
3.10 Word 2010 的其他功能 ……………………………………………… (159)
3.10.1 标尺的使用 ………………………………………………… (159)
3.10.2 创建信封 …………………………………………………… (159)
3.10.3 稿纸功能 …………………………………………………… (161)

习　题 ··· (161)

第4章　回归简单——电子表格软件 Excel 2010 ················ (164)

4.1　Excel 2010 基本操作 ·· (164)
4.1.1　Excel 2010 启动与退出 ································ (164)
4.1.2　Excel 2010 的工作界面 ································ (165)
4.1.3　Excel 2010 工作簿操作 ································ (166)

4.2　工作表的建立与编辑 ·· (167)
4.2.1　单元格选定 ··· (167)
4.2.2　输入数据 ·· (167)
4.2.3　自动填充数据 ·· (168)
4.2.4　单元格编辑 ··· (170)
4.2.5　单元格内容的查找和替换 ····························· (170)
4.2.6　工作表的编辑 ·· (171)

4.3　格式化工作表 ·· (171)
4.3.1　设置单元格格式 ·· (171)
4.3.2　行高和列宽的调整 ······································ (173)
4.3.3　使用条件格式与格式刷 ································ (173)
4.3.4　套用表格格式和使用单元格样式 ···················· (173)
4.3.5　工作表的页面设置与打印 ····························· (175)

4.4　使用公式和函数 ··· (175)
4.4.1　简单计算 ·· (175)
4.4.2　公式的使用 ··· (175)
4.4.3　公式中的单元格引用 ··································· (177)
4.4.4　使用函数 ·· (177)

4.5　数据表管理 ··· (181)
4.5.1　数据表的排序 ·· (181)
4.5.2　筛选数据 ·· (181)
4.5.3　分类汇总 ·· (182)
4.5.4　数据透视表 ··· (182)

4.6　图表和图形 ··· (184)
4.6.1　创建图表 ·· (184)
4.6.2　图表的编辑与格式化 ··································· (184)

习　题 ··· (187)

第5章　青春记忆——演示文稿制作软件 PowerPoint 2010 ·········· (190)

5.1　PowerPoint 2010 概述 ·· (190)
5.1.1　初步认识 PowerPoint 2010 ······················· (190)
5.1.2　PowerPoint 2010 的启动与退出 ················· (191)

5.1.3　PowerPoint 2010 的工作界面 …………………………………… (191)
   5.1.4　PowerPoint 2010 的视图模式 …………………………………… (193)
   5.1.5　演示文稿制作的基本流程 ………………………………………… (193)
 5.2　演示文稿的基本操作 ……………………………………………………… (194)
   5.2.1　演示文稿的创建 …………………………………………………… (194)
   5.2.2　演示文稿的保存 …………………………………………………… (196)
   5.2.3　演示文稿的打开 …………………………………………………… (197)
   5.2.4　演示文稿的放映 …………………………………………………… (198)
   5.2.5　演示文稿的关闭 …………………………………………………… (198)
   5.2.6　幻灯片的基本操作 ………………………………………………… (199)
 5.3　演示文稿外观的设置 ……………………………………………………… (201)
   5.3.1　幻灯片布局的更改 ………………………………………………… (201)
   5.3.2　幻灯片主题的应用 ………………………………………………… (202)
   5.3.3　幻灯片背景的设置 ………………………………………………… (206)
   5.3.4　幻灯片母版的设置 ………………………………………………… (210)
 5.4　幻灯片对象的添加与处理 ………………………………………………… (215)
   5.4.1　文本的输入、编辑与格式化 ……………………………………… (215)
   5.4.2　图形对象的添加与处理 …………………………………………… (219)
   5.4.3　表格、图表的添加与处理 ………………………………………… (228)
   5.4.4　声音、视频的添加与处理 ………………………………………… (228)
 5.5　幻灯片的动态效果设置 …………………………………………………… (232)
   5.5.1　幻灯片动画效果的设置 …………………………………………… (232)
   5.5.2　幻灯片切换效果的设置 …………………………………………… (237)
   5.5.3　幻灯片的超链接和动作设置 ……………………………………… (238)
 5.6　演示文稿的放映设置、打印与打包 ……………………………………… (242)
   5.6.1　演示文稿的放映设置 ……………………………………………… (242)
   5.6.2　演示文稿的打印 …………………………………………………… (247)
   5.6.3　演示文稿的打包 …………………………………………………… (250)
 习　题 …………………………………………………………………………… (252)

参考文献 …………………………………………………………………………… (255)

第 1 章　人机大战——计算机基础知识

本章概述

本章主要介绍计算机的基础知识,包括计算机的诞生和发展、计算机系统的基本组成、计算机中数据表示和运算等相关知识,以及 Windows 7 操作的基础知识。

教学目标

◇ 了解计算机的诞生、计算机的特点、分类、发展历程及应用领域。
◇ 掌握计算机系统的基本组成,计算机硬件系统的各个组成部分,熟悉软件的分类。
◇ 了解进制的含义,掌握不同进制间的转换,了解数值在计算机中的表示形式和常用的字符编码。
◇ 了解操作系统的基础知识,熟练掌握 Windows 7 的基础操作。

1.1　计算机概述

1.1.1　计算机的诞生与发展史

登陆后微信扫一扫
什么是计算机

　　1776 年 3 月,瓦特制造的第一台具有广泛实用意义的蒸汽机在英国波罗姆菲尔德煤矿点火,照亮了人类生活的一个新时代。20 世纪 40 年代以来,在现代科学革命的基础上,人类社会经历了以原子能技术、电子计算机技术和空间技术为主体的现代技术革命,它以电子计算机的诞生为重要标志,是人类文明史上继蒸汽技术革命和电力技术革命之后科技领域的又一次重大飞跃。计算机自诞生以来发展十分迅速,已经从开始的科技军事应用渗透到了人类社会的各个领域,对人类社会的发展产生了非常深刻的影响。

　　电子计算机的发明是人类文明发展史上的一座里程碑。早在 1671 年,莱布尼茨(G. Leibniz)就创制了能进行四则运算的计算器。19 世纪,有人设计了差分机和分析机,这是自动计算机的先驱。

1. 计算机的诞生

　　1946 年,世界上第一台用电子管作为开关元件的电子计算机 ENIAC(Electronic Numerical Integrator And Computer)由美国政府和宾夕法尼亚大学合作开发研制成功,ENIAC 中文译为"埃尼阿克",是第一台真正意义上的数字电子计算机,如图 1-1 所示,研制负责人是约翰·莫奇利(John Mauchly)和普雷斯伯·埃古特(J. Presper Eckert)。ENIAC 使用了 18 000 个电子管,70 000 个电阻,有 5 000 000 个焊接点,功率 150 千瓦,重近 30 吨,主要用于计算弹道和氢弹的研制。它体积庞大,运算速度只有每秒 5 000 次。后来,美国科学家冯·诺依曼(Von Neumann,如图 1-2 所示)对第一台电子计算机做了革命性的改进,将二进制、存储程序等思想引入电子计算机。1952 年,冯·诺依曼领导制造的电子计算机(EDSAC,爱达赛克)诞生,成为今天所有计算机的原型。冯·诺依曼被誉为现代计算机之父。

图 1-1 ENIAC 图

图 1-2 科学家冯·诺依曼

2. 电子计算机的发展

1) 第一代电子计算机

第一代电子计算机是电子管计算机(约 1946—1958 年),如图 1-3 所示,它具有以下特点:

(1)逻辑元件采用电子管,功耗大;

(2)采用定点数表示数据,采用机器语言或汇编语言编写程序;

(3)第一代电子计算机的操作指令是为特定任务而编制的,每种机器有各自不同的机器语言,功能受到限制,运行速度慢,所有的程序和指令都要通过工程师人工完成;

(4)由于当时电子技术的限制,每秒运算速度仅为数千次至数万次,主存储器采用汞延迟线,容量较小,外存储器乐用磁鼓,输入输出设备主要采用穿孔卡。因此,第一代电子计算机体积庞大,造价很高,仅限于军事和科学研究工作。

2) 第二代电子计算机

第二代电子计算机是晶体管电路时代计算机(约 1958—1964 年),如图 1-4 所示。它具有以下特点:

(1)逻辑元件逐步由电子管改为晶体管,内存使用铁氧磁性材料制成的磁芯存储器,外存储器有磁盘、磁带,外设种类也有所增加;

(2)运算速度达到每秒几十万次,内存容量扩大到几十 KB;

(3)计算机软件有了较大的发展,出现了 FORTRAN、COBOL、ALGOL 等高级语言。

与第一代计算机相比,晶体管电子计算机体积小、成本低、功能强、可靠性提高,其应用除了科学计算外,进入到实时控制和数据处理领域。

图1-3 第一代电子计算机

图1-4 第二代电子计算机

3）第三代电子计算机

第三代电子计算机是集成电路计算机（约1964—1970年），它具有以下特点：

（1）逻辑元件采用小规模集成电路SSI（Small Scale Integration）和中规模集成电路MSI（Middle Scale Integration）；

（2）电子计算机的运算速度每秒可达几十万次到几百万次；

（3）存储器进一步发展，主存储器以磁芯为主，开始使用半导体存储器，存储容量大幅度提高，体积更小、价格更低，软件也逐步完善。

第三代电子计算机同时向标准化、通用化、多样化、机种系列化发展。高级程序设计语言在这个时期有了很大的发展，并出现了操作系统，计算机开始广泛应用到各个领域。

4）第四代电子计算机

第四代电子计算机称为大规模和超大规模集成电路电子计算机（从1971年至今），如图1-5所示。这一时期的计算机具有以下特点：

（1）采用大规模和超大规模集成电路VLSI（Very Large Scale Integration），主存储器采用半导体存储器，作为外存储设备的U盘和硬盘的容量成百倍地增加；

（2）输入设备出现了触摸输入、语音输入等多种新型输入设备。

1981年，IBM推出个人计算机（PC）用于家庭、办公室和学校。80年代，个人计算机的竞争使得价格不断下跌，计算机的拥有量不断增加，体积不断缩小。多款操作系统提供了友好的图形界面，用户可以使用鼠标方便地操作。这一时期的计算机应用也从高校、科研领域逐渐步入普通大众的生活，涉及工作、学习及生活的各个方面。

图1-5 第四代电子计算机

1.1.2 计算机的特点及发展趋势

1. 计算机的特点

1）运算速度快

计算机的运算速度(也称处理速度)用 MIPS 来衡量。MIPS 是单字长定点指令平均执行速度(Million Instructions Per Second)的缩写,每秒能够处理百万级的机器语言指令数,是衡量 CPU 速度的一个指标。现代计算机的运算速度在几十 MIPS 以上,巨型计算机的速度可达到千万 MIPS。计算机如此高的运算速度是其他任何计算工具无法比拟的,这正是计算机被广泛使用的主要原因之一。

2）计算精度高

现代计算机有几十位有效数字,理论上还可以更高。由于在计算机内部采用二进制数编码表示数字,其精度主要由二进制码的位数决定,可以通过增加数的二进制位数来提高精度,位数越多,精度越高。

3）记忆能力强

计算机的存储器类似于人的大脑,可以"记忆"(存储)大量的数据和计算机程序而不丢失,在计算的同时,还可以把中间结果存储起来,供以后使用。

4）逻辑判断能力强

计算机在程序的执行过程中,会根据每一步的执行结果,运用逻辑判断方法自动确定下一步的执行命令。正是因为计算机具有这种逻辑判断能力,使得计算机不仅能够解决数值计算问题,而且能够解决非数值计算问题,例如,信息检索、图像识别等。

5）可靠性高、通用性强

由于采用了大规模和超大规模集成电路,现代计算机具有非常高的可靠性,不仅可以用于数值计算,还可以用于数据处理、工业控制、辅助设计、辅助制造和办公自动化等,具有很强的通用性。

2. 计算机的发展趋势

1）智能化

智能化计算机是未来计算机的发展趋势,在目前的生活中已能看到它的很多踪影。例如,智能帮厨的削面师机器人能自动接收和识别指纹的门控装置,听从主人声音指示的车辆驾驶系统等。未来智能化的特征将会让计算机更好地服务于人的生活。

2）多极化

目前,多种微型计算机在我们的生活中随处可见,同时,在工业和科研及应用领域里的大型、巨型计算机也在快速发展,中小型计算机也有其发展空间及应用领域。在计算机的发展中,对环境污染小、功耗小且具有综合多媒体功能的计算机将被提倡广泛应用,多极化的计算机迅速发展。

3）网络化

网络化是通过通信线路和网络设备将分布在不同地理位置的功能独立的计算机连接起来,形成可以实现资源共享的计算机系统。从 ARPANET 诞生到英国和挪威跨越海洋实现联网,再到我国接入国际互联网,网络化的应用从科研和高校领域走进大众的生活,计算机网络的应用逐渐普及到生活的各个方面。

4) 多媒体化

过去的计算机只能处理字符信息和数值信息,近几年发展起来的多媒体计算机集多种媒体信息于一体,实现了图片、文字、声音等各种信息的收集,存储,传输和编码处理,是新时代的又一次革命。

1.1.3 计算机的分类

计算机发展到今天,种类繁多,可以从不同的角度对其进行分类。

1. 按性能分类

计算机按运算速度、存储容量和规模大小可以分为巨型计算机、大型计算机、小型计算机、微型计算机和工程工作站。随着计算机技术的快速发展,各个机型的性能指标不断变化。

1) 巨型计算机

巨型计算机的规模最大、速度最快、功能最强、技术最复杂,主要用于气象、航天、能源、医药等尖端科研中的大型科学计算。巨型计算机的研制水平和应用范围已经成为一个国家经济实力和科技水平的重要标志。

我国自主生产的银河、曙光、神威等巨型计算机在科技领域,国民经济,国防建设中发挥了重大作用。1983年,我国第一台亿次巨型计算机"银河Ⅰ"问世;1999年,"神威Ⅰ"诞生,峰值运算速度达到每秒3 840亿次;2000年,"银河Ⅳ"的峰值运算速度达每秒1.0647万亿次;2008年,"曙光5000"研制成功,峰值运算速度达每秒230万亿次;2009年,"天河一号"研制成功,峰值运算速度达到每秒1 206万亿次。

2) 大型计算机

大型计算机有很大的存储量和很高的运算速度,并允许多个用户同时使用,具有通用性强、适用范围广的优点,可用于企业、银行、商业管理及大型数据库管理系统中,适合比较复杂的科学计算和工程计算。

3) 小型计算机

小型计算机的规模较小,但仍然能够支持十几个用户同时任用,具有成本低、结构简单、操作方便、容易维护等优点,既可认用于科学计算和数据处理,又可等优点认用于生产过程的自动控制。例如,DEC公司生产的VAX系列和IBM公司生产的AS/400系列都是小型机。

4) 微型计算机

微型计算机又称个人计算机(Personal Computer,PC),其最主要的特点是小巧、结构灵活、可靠性高、功耗小、价格低廉、运行环境要求不高,在家庭、办公、商业等领域得到了广泛应用。

十几年来,微型计算机技术发展迅速,平均不到两年产品了更新换代一次,性能提高一倍,并持续呈现快速发展趋势。微型计算机的出现使人类社会进入信息时代,其普及程度代表了一个国家的信息化水平。

5) 工程工作站

工程工作站出现于20世纪70年代后期,它介于小型计算机与微型计算机之间,运算速

度比微型计算机快,配置大屏幕显示器和大容量存储器,显示系统分辨率高,硬盘存取速度快,网络通信功能强,主要用于图像处理和计算机辅助设计等领域。

2. 按使用范围分类

计算机按使用的范围来分可以分为专用计算机和通用计算机。

专用计算机是为适应某种特殊应用而设计的计算机,例如,飞机上的自动驾驶仪、坦克的火控系统中用到的计算机都属于专用计算机。通用计算机适用于一般的工程设计、科学运算、数据处理和学术研究等,生活中所说的计算机通常都指通用计算机。

1.1.4 衡量计算机的主要性能指标

微型计算机功能的强弱或性能的好坏由系统结构、指令系统、硬件组成、软件配置等多方面的因素综合决定,对于大多数普通用户来说,可以从以下几个指标来评价计算机的性能。

1. 运算速度

运算速度是衡量计算机性能的一项重要指标。通常所说的计算机运算速度(平均运算速度)是指每秒钟执行的指令条数,一般用"百万条指令/秒"(MIPS)描述。同一台计算机执行不同的运算所需时间可能不同,因而对运算速度的描述常采用不同的方法,常用的有 CPU 时钟频率(主频)、每秒平均执行指令数(mips)等。

微型计算机一般采用主频来描述运算速度。例如,Pentium/133 的主频为 133 MHz,PentiumⅢ/800 的主频为 800 MHz,Pentium 4 1.5G 的主频为 1.5 GHz。一般说来,主频越高,运算速度越快。

2. 字长

计算机在同一时间内处理的一组二进制数称为一个计算机的"字",而这组二进制数的位数就是"字长"。在其他指标相同时,字长越大,计算机处理数据的速度越快。早期的微型计算机字长一般是 8 位和 16 位,目前,586(Pentium,Pentium Pro,Pentium 2,Pentium 3,Pentium 4)大多是 32 位,有些高档的微型计算机已经达到 64 位。

3. 内存储器的容量

内存储器简称内存,是 CPU 可以直接访问的存储器。需要执行的程序与需要处理的数据存放在内存储器中,其容量的大小反映了计算机即时存储信息的能力。随着操作系统的升级、应用软件的不断丰富及其功能的不断扩展,人们对计算机内存储器容量的需求的不断提高。内存储器容量越大,系统功能就越强大,能处理的数据量也越大。

4. 外存储器的容量

外存储器的容量通常是指硬盘容量,包括内置硬盘和移动硬盘等。外存储器容量越大,可以存储的信息就越多,可以安装的应用软件就越丰富。目前,硬盘容量一般为几百 GB,更高者可达到几 TB。

5. 地址线

在计算机组成原理中,总线分为地址线、数据线和控制线,地址线用于传输地址信息用。

例如，CPU在内存或硬盘里面寻找一个数据时，先通过地址线找到地址，然后通过数据线取出数据。如果有32根地址线，则可以访问2^{32}的空间，即4GB。

6. 指令系统

指令系统是计算机所能执行的全部指令的集合，它描述了计算机内全部的控制信息和"逻辑判断"能力。不同计算机的指令系统包含的指令种类和数目不同，一般均包含算术运算型、逻辑运算型、数据传送型、判定和控制型、输入和输出型等指令。指令系统是表征一台计算机性能的重要因素，它的格式与功能不仅影响计算机的硬件结构，而且影响系统软件和计算机的适用范围。

1.1.5 计算机的应用领域

早期的计算机主要用于科学计算，例如，高能物理、工程设计、气象预报、航天技术等。目前，计算机应用领域已经逐步向民用方向扩展，例如，工厂自动化、办公室自动化、家庭自动化、模式识别及机器翻译等。

1. 科学计算

科学计算是指利用计算机处理科学研究和工程技术中所遇到的一些数学计算。从20世纪70年代初期开始，逐渐出现了各种科学计算的软件产品，它们基本上分为两类：一类是面向数学问题的数学软件，例如，求解线性代数方程组、常微分方程等；另一类是面向应用问题的工程应用软件，例如，油田开发、飞机设计等。

目前，计算机的科学计算能力仍然有限，例如，计算机在石油勘探方面只能处理粗糙的数学模型，为了处理石油勘探中更精确的数学模型，必须创造出更高效的计算方法，提高计算机的运算速度。

2. 信息处理

信息处理是对实验中测量到的数据进行记录、整理、计算、作图、分析的处理过程。信息处理的基本目的是从大量无序的、难以理解的数据中抽取并推导出对于某些特定的人们有价值、有意义的数据。信息处理是系统工程和自动控制的基本环节，由于数据或信息大量地应用于各种各样的企业和事业机构，工业化社会形成一个独立的信息处理业，数据和信息成为人类社会中极其宝贵的资源，数据和信息处理行业对资源进行整理和开发，以推动信息化社会的发展。

3. 过程控制

计算机控制系统是应用计算机参与控制并借助一些辅助部件与被控对象相联系，以达到控制目的而构成的系统。被控对象的范围很广，包括各行各业的生产过程、机械装置、交通工具、机器人、实验装置、仪器仪表、家庭生活设施、家用电器和儿童玩具等。控制的目的可以是使被控对象的状态或运动过程实现某种要求，也可以是达到某种最优化。

4. 计算机辅助技术

计算机辅助技术是采用计算机作为工具，将计算机用于产品设计、制造和测试等过程，辅助人们在特定应用领域内完成任务的方法和技术，包括计算机辅助设计（CAD）、计算机辅助制造(CAM)、计算机辅助教学(CAI)等领域。

计算机辅助技术在计算机的应用领域不断扩大,应用水平不断提高,计算机科学技术不断深入和发展。CAD和CAM首先在飞机、汽车和船舶等大型制造业应用中趋于成熟,开发出许多公用的工具软件和应用软件,其应用逐步推广到机械、电子、轻纺和服装等制造业,以及建筑、土建等工程项目。同时,计算机辅助技术和方法被推广到新的计算机辅助领域,例如,计算机辅助工艺规划(CAPP)、计算机辅助测试(CAT)、计算机辅助质量控制(CAQ)、计算机集成制造系统(CIMS),以及用于教学和培训目的的计算机辅助教学(CAI)。

5. 办公自动化

办公自动化(Office Automation,OA)指用计算机帮助工作人员处理日常工作,又称为无纸化办公。OA的出现方便了员工的日常工作,使资料的互通互享更快速,有利于企业的管理。

6. 智能应用

智能应用是研究和开发用于模拟、延伸和扩展人的智能的理论,方法,技术及应用系统的一门新的技术科学。人工智能是计算机科学的一个分支,用于了解智能的实质,并生产出一种新的能以与人类智能相似的方式做出反应的智能机器,其研究领域包括机器人、语言识别、图像识别、自然语言处理和专家系统等。

1.2 计算机系统

登陆后微信扫一扫
如何选购计算机

1.2.1 计算机的组成

一个完整的计算机系统包括硬件系统和软件系统两大部分。硬件系统是组成计算机系统的各种物理设备的总称,是计算机系统的物质基础,包括CPU、存储器、输入设备、输出设备等。软件系统则包括用各种计算机语言编写的计算机程序、数据、应用说明文档等,它是用户与硬件之间的接口界面,用户主要是通过软件与计算机进行交流。没有装任何软件的计算机称为"裸机",它不能完成任何工作。计算机系统组成如图1-6所示。

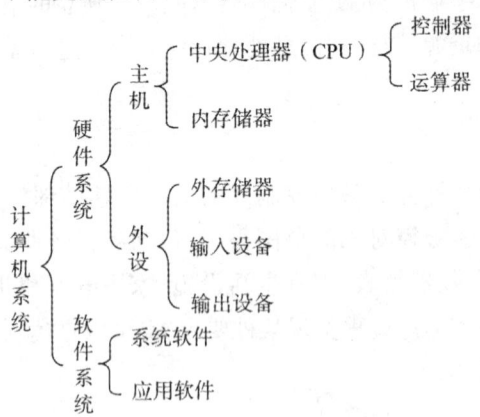

图1-6 计算机系统组成图

1.2.2 计算机的硬件系统

人们熟知的计算机硬件包括主板、CPU、鼠标、键盘、硬盘、显示器等设备,如图1-7所示。但从理论和逻辑的角度分析,计算机的硬件系统由"五大部件"组成,即运算器、控制器、存储器、输入设备和输出设备。下面来分别学习构成计算机硬件系统的各个组成部分。

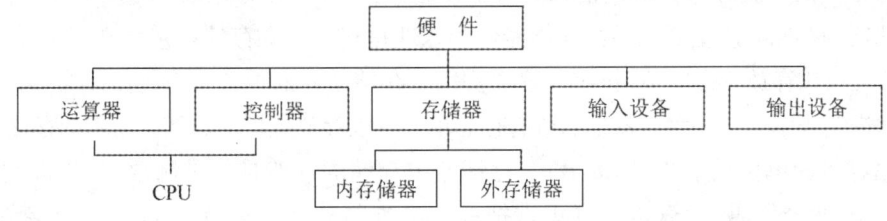

图1-7 计算机硬件系统图

1. 主板

主板又称主机板(Mainboard),它安装在机箱内,是微机中连接"五大部件"的集成平台。主板一般为矩形印制电路板,上面安装了组成计算机的主要电路系统,一般有BIOS芯片、I/O控制芯片、键盘和面板控制开关接口、指示灯插接件、扩充插槽、主板及插卡的直流电源供电插件等元件,如图1-8所示。

主板采用开放式结构,大多有6~8个扩展插槽,供PC机外围设备的控制卡(适配器)插接,通过更换这些插卡,可以对微机的相应子系统进行局部升级。总之,主板在整个微机系统中扮演着举足轻重的角色,主板的类型和档次决定了个微机系统的类型和档次,其性能影响整个微机系统的性能。

2. 中央处理器

中央处理器(Central Processing Unit,CPU),如图1-9所示,它由运算器和控制器组成。

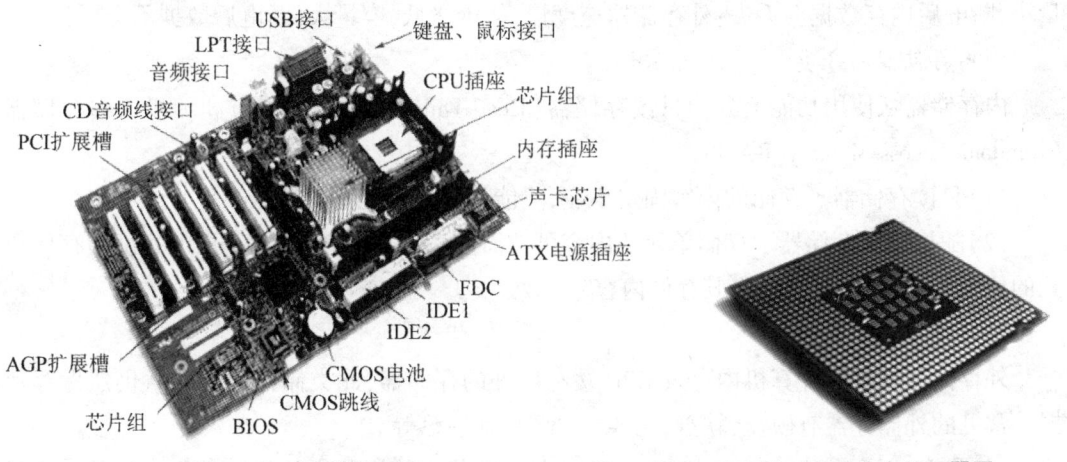

图1-8 主板说明图片   图1-9 中央处理器图

(1)运算器又称算术逻辑部件(ALU),它是完成各种算术运算和逻辑运算的装置,既能做加、减、乘、除等数学运算,也能做比较、判断、查找、逻辑等运算。

(2)控制器由程序计数器、指令寄存器、指令译码器、时序产生器和操作控制器组成,是计算机的指挥中心,负责决定执行程序的顺序,提供执行指令时机器各部件需要的操作控制命令。它是发布命令的"决策机构",完成协调和指挥整个计算机系统的操作。

3. 存储器

存储器(Memory)是计算机系统中的记忆设备,用来存放程序和数据。计算机信息包括输入的原始数据、计算机程序、中间的运行结果和最终运行的结果都保存在存储器中,它根据控制器指定的位置存入和取出信息。有了存储器,计算机才有记忆功能。

存储器的存储介质主要采用半导体器件和磁性材料。一个存储器包含许多存储单元,每个存储单元可以存放一个字节(按字节编址),每个存储单元的位置都有一个编号,即地址,一般用十六进制表示。一个存储器中的所有存储单元可以存放数据的总和称为它的存储容量。

存储容量的单位是字节(Byte,B)。存储器中存储的一般是二进制数据,二进制数据只有"0"和"1"两个代码,计算机领域里常把一位二进制数称为一位(1bit),一个字节包含8位,一个英文字母占用一个字节,也就是八位,一个汉字占用两个字节。一般位简写为小写字母"b",字节简写为大写字母"B"。每一千个字节称为1KB,注意,这里的"千"不是通常意义上的1 000,而是指1 024,即$1KB = 2^{10}B = 1 024B$。

为了便于表示大容量存储器,实际应用中还常用 MB、GB、TB 作为单位,其关系如下:
1KB = 1 024B,1MB = 1 024KB,1GB = 1 024MB,1TB = 1 024GB。

按照与 CPU 的接近程度,存储器分为内存储器与外存储器。内存储器又称主存储器(简称主存),属于主机的组成部分,如图 1 – 10 所示;外存储器又称辅助存储器(简称辅存),属于外部设备。CPU 不能像访问内存那样,直接访问外存,外存必须通过内存与 CPU 或输入输出设备进行数据传输。内存储器速度快,但价格贵,容

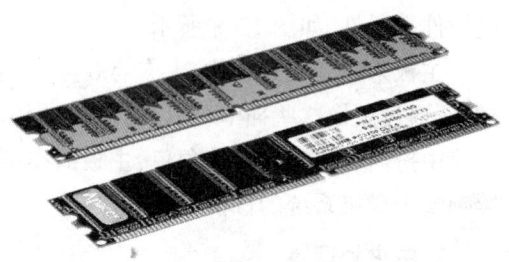

图 1 – 10 内存储器

量小,断电后内存数据会丢失;外存储器速度慢,但价格低,容量大,断电后数据不会丢失。

1) 内存储器的分类

内存储器从使用功能上分为只读存储器(Read Only Memory,ROM)和随机读写存储器(Random Access Memory,RAM)。

(1) 只读存储器。存储的内容固定不变,只能读出而不能写入数据。

(2) 随机读写存储器。存储单元的内容可按需随意取出或存入,且存取的速度与存储单元的位置无关,断电时将丢失其存储内容。

2) 外存储器的分类

外存储器是指除计算机内存及 CPU 缓存以外的存储器,此类储存器断电后仍然保存数据。常见的外储存器有硬盘、软盘、光碟、U 盘、移动硬盘等。

(1) 硬盘。硬盘(Hard Disk Drive,HDD)是计算机上使用坚硬的旋转盘片为基础的非易失性(Non-volatile)存储设备。它在平整的磁盘表面存储和检索数据,信息通过离磁盘表面很近的写头,由电磁流写到磁盘上。硬盘具有体积小、容量大、速度快、使用方便的优点,已经成为 PC 的标准配置。硬盘结构如图 1 – 11 所示。

(2) 软盘。软盘(Floppy Disk Drive,FDD)是个人计算机中最早使用的外存储设备,如

图1-12所示。软盘的读写是通过软盘驱动器完成的,存取速度慢,容量小,目前已经逐渐退出历史舞台。

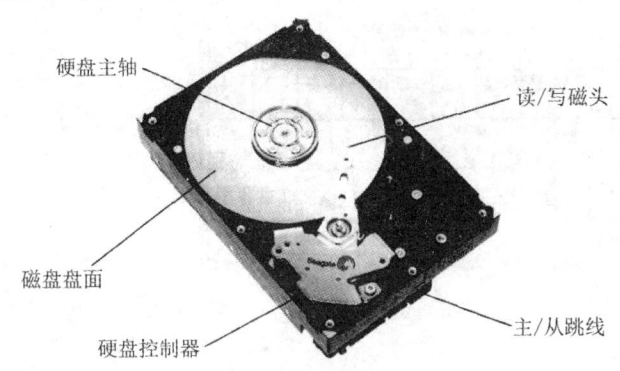

图1-11 硬盘结构　　　　　　　　　图1-12 软盘

(3)光碟。光碟是以光信息作为载体存储数据的一种存储设备,分为不可擦写光碟和可擦写光碟等,其工作原理如图1-13所示。

目前,CD光碟的最大容量大约的700MB,DVD盘片单面4.7GB,最多能刻录约4.59GB的数据(因为DVD的1GB=1 000MB,而硬盘的1GB=1 024MB)(双面8.5GB,最多约能刻8.3GB的数据),蓝光(BD)比较大,其中,HD DVD单面单层15GB、双层30GB,BD单面单层25GB、双面50GB。

(4)U盘。U盘全称为USB闪存盘,英文名为USB Flash disk,其外形如图1-14所示。它是一个微型高容量移动存储产品,可以通过USB接口与计算机连接,实现即插即用。

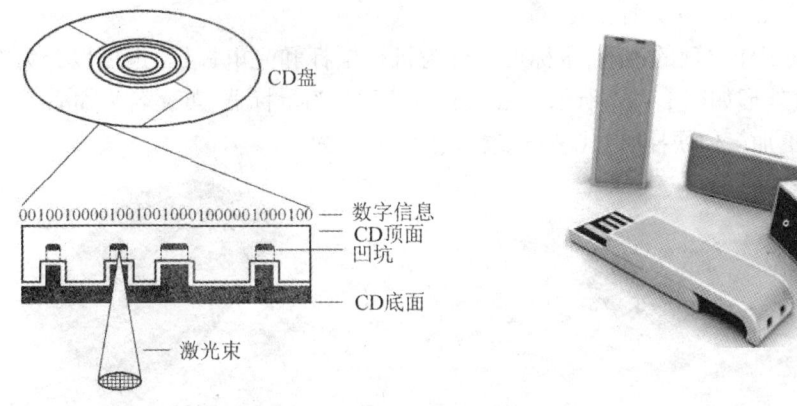

图1-13 光碟　　　　　　　　　　　图1-14 U盘

U盘具有小巧、便于携带、存储容量大、价格便宜、性能可靠等优点。一般的U盘容量为1GB、2GB、4GB、8GB、16GB、32GB、64GB等。U盘中无任何机械式装置,抗震性能极强,还具有防潮防磁、耐高低温等特性,安全可靠性很好。

4. 输入/输出设备

1)输入设备(Input Device)

输入设备是用户向计算机输入数据和信息的设备,是计算机与用户或其他设备通信的桥梁。键盘、鼠标、手写输入板、游戏杆、语音输入装置、摄像头、扫描仪等都属于输入设备。

(1)键盘。键盘是电脑的外设之一,主要的功能是输入信息。一般的PC用户使用的是

104按键键盘,键盘上的按键分为4个区域,即主键盘区、编辑键区、小键盘区、状态指示区。主键盘区指法说明如图1-15所示。

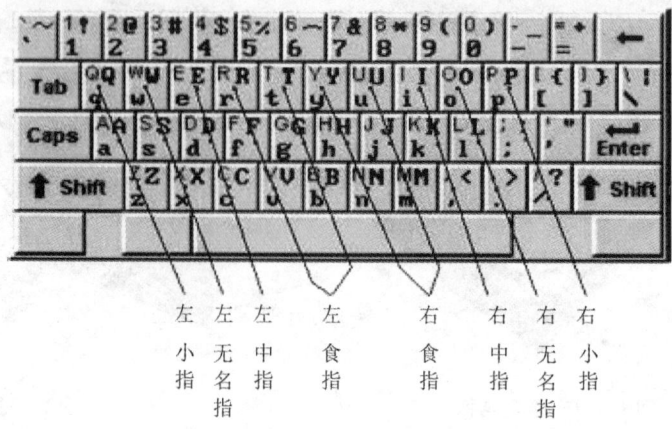

图1-15 主键盘区指法说明

常用键位及功能介绍如下。

①【Enter】键:回车键,用于执行输入的命令,在文字处理中起换行的作用。

②【Space】键:空格键。

③【Backspace】键:退格键,使光标左移一格,同时卸载光标左边的字符。

④【Esc】键:退出键,退出或返回原菜单。

⑤【Tab】键:制表键,移动到下一个制表位。

⑥【Shift】键:上档键,可以和其他键配合输出上位字符。

⑦【PrScrn】(PrintScreen):印屏键。

(2)鼠标。按工作原理的不同,鼠标可以分为机械鼠标和光电鼠标,也可以分为有线鼠标和无线鼠标,其外形如图1-16所示。鼠标的标准称呼为鼠标器,英文名为Mouse,它能够使计算机的操作更加简便快捷,以代替键盘繁琐的指令。

(a)有线鼠标

(b)无线鼠标

图1-16 鼠标

(3)扫描仪。扫描仪属于计算机系统中的输入设备,它通过捕获图像并将之转换成计算机可以显示、编辑、存储和输出的信息的数字化输入设备,如图1-17所示。扫描仪将照片、文本页面、图纸、美术图画、照相底片等三维对象的原始线条,图形,文字,照片转换成可以编辑的文件作为扫描对象,被广泛地应用在广告、印刷等行业。

图1-17 常用的扫描仪

分辨率是扫描仪最主要的技术指标,它表示扫描仪对图像细节的表现能力,决定了扫描仪所记录图像的细致度,其单位为 PPI(Pixels Per Inch),通常用每英寸长度上扫描图像所含有的像素点个数来表示。目前,大多数扫描仪的分辨率在 300~2 400PPI 之间。

2) 输出设备(Output Device)

输出设备是人与计算机交互的一种部件,用于数据的输出,它将计算结果以数字、字符、图像、声音等形式表示出来。常见的输出设备有显示器、打印机、绘图仪、影像输出系统、语音输出系统等。

(1)显示器。显示器可以分为 CRT、LED 等,它将电子文件通过特定的传输设备显示到屏幕上,并反射到人眼。

①CRT 显示器。CRT 显示器是一种使用阴极射线管的显示器,如图 1-18(a)所示。它具有可视角度大、色彩还原度高、色度均匀、分辨率模式可调节、响应时间短等优点,缺点是携带不方便。

②LED 显示器。LED 显示器通过控制半导体发光二极管的显示方式,显示文字、图像、动画、视频、录像信号等信息。最初,LED 只是作为微型指示灯在计算机、音响和录像机等高档设备中应用,随着大规模集成电路和计算机技术的不断进步,其应用逐渐扩展到数码相机、PDA 以及手机领域。LED 显示器如图 1-18(b)所示。

(a)CRT 显示器　　　　　　(b)LED 显示器

图 1-18　显示器

(2)打印机。打印机(Printer)是计算机的输出设备之一,如图 1-19 所示。打印机的种类很多,按工作方式分为针式打印机、喷墨式打印机、激光打印机等。针式打印机通过打印机和纸张的物理接触来打印字符图形,而喷墨式打印机和激光打印机通过喷射墨粉来印刷字符图形。目前,激光打印机在生活中较为常用。

图 1-19　打印机

5. 总线与接口

任何一个微处理器都要与一定数量的部件、外围设备连接,常用一组线路配置适当的接口电路,与各部件、外围设备连接,这组使用的连接线路被称为总线(Bus),其结构如图 1-20 所示。

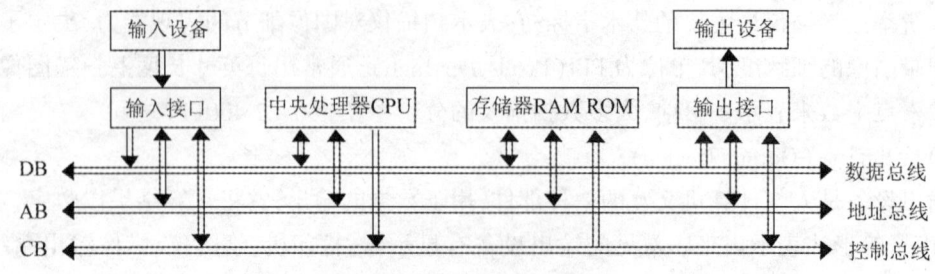

图1-20 计算机的总线结构

采用总线结构便于部件和设备的扩充,实现不同设备间的互连。微机总线一般有内部总线、系统总线和外部总线,内部总线是微机内部各外围芯片与处理器之间的总线,用于芯片一级的互连;系统总线是微机中各插件板与系统板之间的总线,用于插件板一级的互连;外部总线则是微机和外部设备之间进行信息与数据的交换的总线。

1.2.3 计算机的软件系统

1. 软件的概念及分类

软件是一系列按照特定顺序组织的计算机数据和指令集合。相对于计算机硬件来讲,软件是无形的,是计算机的灵魂,它可以对硬件进行管理、协调和控制。一般来讲,软件被分为系统软件和应用软件,其中,系统软件包括操作系统、语言处理程序、数据库管理系统等。

2. 系统软件

系统软件是指控制和协调计算机及外部设备、支持应用软件开发和运行的系统,主要用于调度、监控和维护计算机系统,负责管理计算机系统中各种独立的硬件,使得它们可以协调工作,其核心是操作系统。

1)操作系统

操作系统是管理计算机硬件与软件资源的程序,同时也是计算机系统的内核。操作系统负责管理与配置内存、决定系统资源供需的优先次序、控制输入与输出设备、操作网络与管理文件系统等基本事务,提供用户与计算机交互的接口。操作系统分为 DOS、Linux、UNIX、Windows 等。

2)语言处理程序

人与计算机之间进行交流需要一种语言,我们把人机之间交流信息所使用的语言称为程序设计语言。按照对硬件的依赖程度,程序设计语言分为机器语言、汇编语言和高级语言。

(1)机器语言(Machine Language)。机器语言是直接用二进制代码指令表达的计算机语言,指令是用0和1组成的一串代码,它们有一定的位数,并分成若干段,各段的编码表示不同的含义,是可以被计算机硬件识别和执行的唯一语言。机器语言具有占用内存小、执行速度快的优点,但编写工作量大,程序阅读性差,调试困难。

(2)汇编语言(Assembly Language)。汇编语言是面向机器的程序设计语言。在汇编语言中,用助记符代替操作码,用地址符号或标号代替地址码,从而用符号代替机器语言的二进制码,因此,汇编语言亦称为符号语言。机器不能直接识别汇编语言,使用汇编语言编写的程序要由程序将汇编语言翻译成机器语言。汇编语言在编写、阅读和调试方面都有很大进步,而且运行速度快,但是它仍然是一种面向对象的语言,编写复杂,可移植性差。

(3)高级语言(High Level Language)。高级语言是一种独立于机器的算法语言。由于汇编语言依赖于硬件体系,且助记符量大难记,因此,人们发明了高级语言。高级语言的句法、语法和结构类似于普通英文,远离对硬件的直接操作,经过学习之后可以掌握。Fortran、C、Basic、C#、Java等语言均为高级语言。

3)数据库管理系统(Database Management System)

数据库管理系统是一种操纵和管理数据库的大型软件,用于建立、使用和维护数据库,简称DBMS。它对数据库进行统一的管理和控制,以保证数据库的安全性和完整性,使多个应用程序和用户用不同的方法建立、修改和查询数据库。

3. 应用软件

应用软件是为满足用户不同领域、不同问题的应用需求而提供的软件,其分类如下。

(1)办公软件:微软Office、WPS等。

(2)图像处理:Adobe Photoshop等。

(3)媒体播放器:RealPlayer、Windows Media Player、暴风影音(My MPC)等。

(4)图像浏览工具:ACDSee等。

(5)通信工具:QQ、MSN、飞信等。

(6)防火墙和杀毒软件:金山毒霸、卡巴斯基、江民、瑞星、360安全卫士等。

(7)阅读器:CAJViewer、Adobe Reader等。

(8)输入法:紫光输入法、智能ABC、五笔、QQ拼音、搜狗等。

(9)下载工具软件:Thunder、WebThunder、BitComet、eMule、FlashGet等。

1.2.4 计算机的工作原理

早期的计算机工作时,用户通过输入设备把需要处理的信息输入计算机,计算机通过中央处理器把信息加工后,再通过输出设备将处理后的结果告诉用户。

现代计算机仍然保留着著名数学家冯·诺依曼提出的基于计算机存储程序概念和计算机硬件结构思想的工作原理和特征,它们具有以下三个特点。

(1)计算机以运算器为中心,由控制器控制,采用二进制存储和运算,指令由操作码和地址码组成,程序在存储器中顺序存储、顺序执行。

(2)用二进制模拟开关电路的两种状态,计算机要执行的指令和数据都用二进制数表示。

(3)将编好的程序和数据输入内存后,计算机自动逐条取出指令和数据进行分析、处理和执行。

计算机工作原理如图1-21所示。

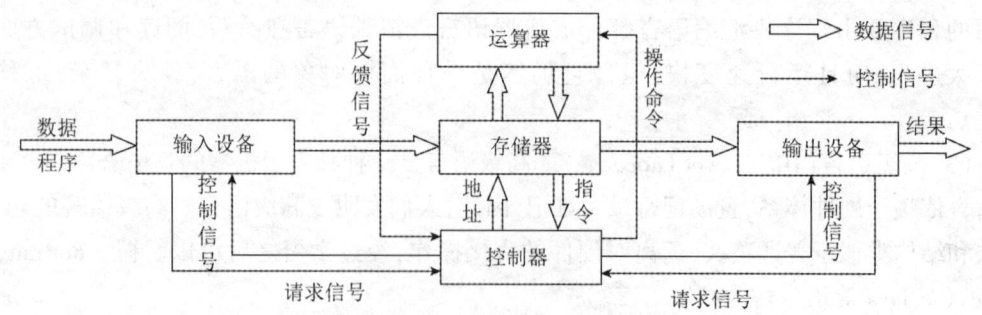

图 1-21 计算机工作原理

按照冯·诺依曼的存储程序思想,为了能使计算机完成特定任务,用户必须首先根据任务要求编写相应的程序,然后通过输入设备向控制器发出输入信息的请求,在得到控制器许可的情况下,输入设备将程序和数据送到存储器中并保存起来。随后,计算机系统在控制器的控制协调下,自动运行程序,并将程序运行结果存入存储器。最后,在控制器的控制下输出设备将存储器中的结果输出,并以用户容易识别的形式显示。

1.3 计算机中的数制及其转换

1.3.1 数制

1. 数制的概念

人们在日常生活和生产实践中创造了多种表示数的方法,这些数的表示规则称为数制。

按照进位方式计数的数制称为进位计数制。在生活中有各种各样的进制计数法,例如,"逢十进一"即十进制,人类屈指计数沿袭至今最为习惯;十二进制作为商业包装计量单位"一打"的计数方法;十六进制为中药或金器等采用的计量单位;60 分钟为 1 小时,用的是六十进制计数法;一星期有 7 天,是七进制计数法;一年有 12 个月,是十二进制计数法等。

进位计数制有基数和位权两个要素。基数(用 r 表示)是各种进位计数制中允许选用基本数码的个数。例如,十进制的数码有 0、1、2、3、4、5、6、7、8 和 9,因此,r 进制的基数为 10。位权是数字的所在位置的描述,用基数的 h 次幂表示。其中,n 由数字的位置决定,以小数点为基准参照,小数点向左第一位是基数的零次幂,小数点向左第二位是基数的 1 次幂,每向左一位,h 值加一,以小数点为参照,每向右移一位,h 值将减 1。位权表示法的原则是每个数码都要乘以基数的幂次,而该幂次由每个数所在的位置决定。

基数与位权的关系是:位权的值是基数的若干次幂。因此,用任何一种数制表示的数都可以写成按位权展开的多项式之和。

例如,$(634.08)_{10} = 6 \times 10^2 + 3 \times 10^1 + 4 \times 10^0 + 0 \times 10^{-1} + 8 \times (10)^{-2} = 634.08$

2. 几种常用进制及其特点

(1) 十进制(Decimal notation)。

十进制的基本特点如下:

①用于记数的数字为0,1,2,3,4,5,6,7,8,9,即基数为10;

②运算特点为"逢十进一"。

(2)二进制(Binary notation)。

二进制的基本特点如下:

①用于记数的数字为0,1,即基数为2;

②运算特点"逢二进一"。

(3)八进制(Octal notation)。

八进制的基本特点如下:

①八个记数数字为0,1,2,3,4,5,6,7,即基数为8;

②运算特点"逢八进一"。

(4)十六进制(Hexdecimal notation)。

十六进制的基本特点如下:

①用于记数的数字为0,1,2,3,4,5,6,7,8,9,A,B,C,D,E,F(十进制的10~15用A~F表示),即基数为16;

②运算特点"逢十六进一"。

计算机中常用进制的表示见表1-1,常用数制的对应关系见表1-2。

表1-1 计算机中常用的几种进制数的表示

进位制	十进制	二进制	八进制	十六进制
规则	逢十进一,借一当十	逢二进一,借一当二	逢八进一,借一当八	逢十六进一,借一当十六
基数	r=10	r=2	r=8	r=16
数码	由数字0~9组成	由数字0、1组成	由数字0~7组成	由数字0~9、A~F组成
位权	10^n	2^n	8^n	16^n
形式表示	D(Decimal)或不加字母	B(Binary)	O(Octal)	H(Hexadecimal)

表1-2 常用数制的对应关系表

十进制数	二进制数	八进制数	十六进制数
0	0	0	0
1	1	1	1
2	10	2	2
3	11	3	3
4	100	4	4
5	101	5	5
6	110	6	6
7	111	7	7
8	1000	10	8
9	1001	11	9
10	1010	12	A
11	1011	13	B
12	1100	14	C

续表

十进制数	二进制数	八进制数	十六进制数
13	1101	15	D
14	1110	16	E
15	1111	17	F
16	10000	20	10
17	10001	21	11
18	10010	22	12
19	10011	23	13
20	10100	24	14

3. 计数制的书写规则

(1)在数字后面加写相应的英文字母作为标识。

例如,二进制数 100 可以写成 100B,十六进制数 100 可以写成 100H。

(2)在括号外面加数字下标。

例如,$(1011)_2$ 表示二进制数 1011,$(2DF2)_{16}$ 表示十六进制数 2DF2。

1.3.2 二进制数据表示

计算机中电子器件存储信息等都是用二进制进行编码的,即信息表示。二进制并不符合人们的习惯,但是计算机内部仍采用二进制表示信息,其主要原因有以下几点。

(1)电路简单。计算机是由逻辑电路组成的,逻辑电路通常只有两个状态。例如,晶体管的饱和与截止、开关的接通与断开、电压电平的高与低等,以上两种状态正好用来表示二进制数的两个数码 0 和 1。

(2)可靠性高。二进制数的每一位只有 0 和 1 两种状态,只需要两种设备就能表示,可以节省设备。由于状态简单,二进制抗干扰力强,可靠性高。

(3)运算简单。二进制运算法则简单。

(4)逻辑性强。计算机工作原理是建立在逻辑运算基础上的,逻辑代数是逻辑运算的理论依据。二进制只有两个数码,正好代表逻辑代数中的"真"和"假"。

二进制的数位太长,不便于阅读和书写,为此,常用八进制和十六进制作为二进制的缩写方式。为了适应人们的习惯,通常在计算机内都采用二进制数,输入和输出采用十进制数,由计算机完成二进制与十进制之间的相互转换。在输入过程中,系统自动将用户输入的各种数据按编码的类型转换成相应的二进制形式存入计算机存储单元中,在输出过程中,再由系统自动将二进制编码数据转换成用户可以识别的数据格式输出给用户。

1.3.3 数制转换

将数由一种数制转换成另一种数制称为数制间的转换。由于计算机采用二进制,但用计算机解决实际问题时对数值的输入和输出通常使用十进制,由此产生十进制向二进制转换或由二进制向十进制转换的过程。也就是说,在使用计算机进行数据处理时必须将输入的十进制数转换成计算机能接受的二进制数,运行结束后,计算机再把二进制数转换为人们习惯的十进制数进行输出。二进制与十进制之间的转换完全由计算机系统自动完成,不需人们参与。

虽然在计算机内部使用二进制数进行工作,但对于广大用户来说,使用二进制数是很不方便的。由于同样的数值用二进制表示比十进制表示位数要长得多,而且读写也比较麻烦,所以人们通常使用八进制和十六进制作为二进制的缩写方式,不同进制之间需要进行转换。

不同进制之间的转换遵守以下规则:将整数部分和小数部分分别进行转换,转换后的整数部分和小数部分后用小数点连接。

1. 二进制、八进制、十六进制转换为十进制数

任意一个非十进制数都可以按权展开为相应的十进制数。具体的步骤是:将一个非十进制按权展开成一个多项式,每项是该位的数码与相应的权之积,把多项式按十进制数的规则求和,所得结果即是该数的十进制。

1)二进制数转换成十进制数

二进制数转换成十进制数只需按权展开后相加即可,即按权相加法。每一位的权(2^n)与数位值(0或1)的乘积相加,其和就是相应的十进制数。例如,$(101.1)_2 = 1 \times 2^2 + 0 \times 2^1 + 1 \times 2^0 + 1 \times 2^{-1} = (5.5)_{10}$。

2)八进制数转换成十进制数

八进制数转换成十进制数只需按权展开然后相加即可,即按权相加法。每一位的权(8^n)与数位值的乘积相加,其和就是相应的十进制数。例如,$(123)_8 = 1 \times 8^2 + 2 \times 8^1 + 3 \times 8^0 = (83)_{10}$。

3)十六进制数转换成十进制数

十六进制数转换成十进制数只需按权展开后相加即可,即按权相加法。每一位的权(16^n)与数位值的乘积相加,其和就是相应的十进制数。例如,$(B5)_{16} = 11 \times 16^1 + 5 \times 16^0 = (181)_{10}$。

2. 十进制数转换为非十进制数

在十进制数转换为非十进制数的过程中,要按照十进制数的整数部分和小数部分分两种不同的情况采用不同的方法来处理。

将十进制整数转换成非十进制整数时,采用除基取余法,用十进制整数除基数,当商是0时,结束运算,将余数由下而上排列(即余数倒着来写);将十进制小数转换成非十进制小数时,采用乘基取整法,用十进制小数与基数相乘,直到小数部分为零或达到所要求的精度时,将整数部分由上而下排列。

以十进制数转换成二进制数为例。十进制数有整数和小数两部分,转换时整数部分采用"除二取余"法,小数部分采用"乘二取整"法,然后通过小数点将转换后的二进制数连接起来即可。

十进制整数转换成二进制采用"除二取余"的方法,即将十进制整数除以2,得到一个商和余数,再将商除以 2,得到另一个商和余数,如此继续下去,直到商为 0 为止,最后将余数按逆向的方式(即最后个余数为二进制数的最高位,第一个余数为二进制数的最低位)依次排列,即得到所求二进制数的各位数字。

十进制纯小数转换为二进制数采用"乘二取整"的方法,即将十进制纯小数乘以 2,得到一个积,然后去掉积的整数部分,将剩下的纯小数再乘以 2,如此继续下去,直到纯小数部分为零或满足所要求的精度为止,最后将去掉的整数部分(0 或 1)按乘得的先后顺序依次排列,即得所求二进制纯小数的小数点后各位数字。

混合小数由整数和纯小数部分组成,在进行十进制混合小数转换为二进制数时,将这两部分按照前面所介绍的方法分别转换为对应的二进制整数与二进制小数,然后再用小数点连接即可。

二进制数与十进制数的转换方法可以推广到其他进制与十进制数的转换,不同之处是应该考虑具体进制的基数,而转换算法完全是一样的。十进制数转换成八进制数采用"除八取余"法(整数部分)与"乘八取整"法(小数部分),十进制数转换成十六进制数采用"除十六取余"法(整数部分)与"乘十六取整"法(小数部分)。

3. 十进制数与任意进制数之间转换举例

【例 1.1】将 $(39.6250)_{10}$ 转换为二进制数。

将整数部分和小数部分分开进行转换,如图 1-22 所示。

最终的转换结果为 $(39.6250)_{10} = (100111.101)_2$。

提示:在上例将十进制小数转换成为二进制小数的过程中,乘积小数部分变成零,表明转换结束。实际上,将十进制小数转换成二进制、八进制、十六进制小数过程中,小数部分可能始终不为零,因此只能限定保留若干位为止。

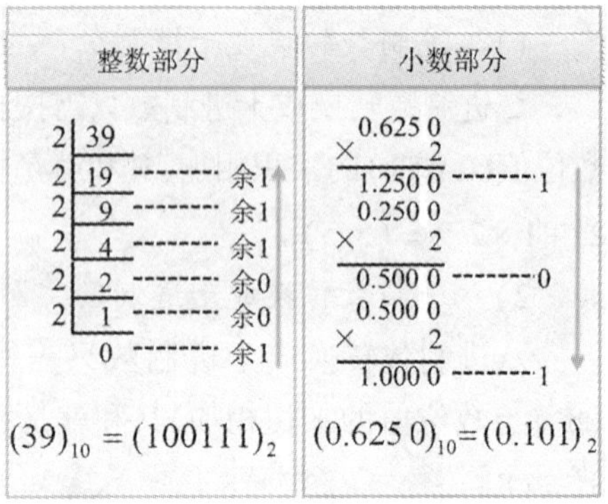

整数部分	小数部分
2 | 39	0.625 0
2 | 19 ······ 余 1	× 2
2 | 9 ······ 余 1	1.250 0 ------ 1
2 | 4 ······ 余 1	0.250 0
2 | 2 ······ 余 0	× 2
2 | 1 ······ 余 0	0.500 0 ------ 0
0 ······ 余 1	0.500
	× 2
	1.000 0 ------ 1
$(39)_{10} = (100111)_2$	$(0.6250)_{10} = (0.101)_2$

图 1-22 进制转换计算图

将十进制数转换为八进制、十六进制数的规则和方法与之相同,只是 r(基数)的取值不同。

4. 二进制数与八进制数、十六进制数之间的转换

十进制与八进制、十六进制之间的转换计算比较难,而且一般用得很少,最常用的方法是将其转换成二进制,然后再转换成十进制。

1) 二进制数与八进制数的转换

由于二进制数基数是 2,八进制数基数是 8,又由于 $2^3 = 8, 8^1 = 8$,从常用数制的对应关系表中可以看到三位二进制数恰好是一位八进制数,所以二进制与八进制转换是十分简便的。

(1) 二进制数转换成八进制数。二进制数转换为八进制数可以概括为"三位一组",即以小数点为基准,整数部分从右至左,每三位一组,最高位不足三位时,添 0 补足三位;小数部分从左至右,每三位一组,最低有效位不足三位时,添 0 补足两位。然后将各组的三位二进制数按权展开后相加,得到一位八进制数码,再按权的顺序连接起来得到相应的八进制数。

【例1.2】将$(1011100.00111)_2$转换为八进制数。

$(\underset{1}{001}\ \underset{3}{011}\ \underset{4}{100}.\underset{1}{001}\ \underset{6}{110})_2 = (134.16)_8$

(2)八进制数转换成二进制数。八进制数转换成二进制数可概括为"一位拆三位",即把一位八进制数写成对应的三位二进制数,然后连接起来即可。

【例1.3】将$(163.54)_8$转换成二进制数。

$(\underset{001}{1}\ \underset{110}{6}\ \underset{011}{3}.\underset{101}{5}\ \underset{100}{4})_8 = (1110011.1011)_2$

2)二进制数与十六进制数的转换

二进制数与十六进制数之间也存在二进制数与八进制数之间相似的关系。由于$2^4=16, 16^1=16$,即二进制每四位对应于十六进制的一位。从常用数制的对应关系表中也能看到一位十六进制数恰好对应四位二进制数,所以二进制数与十六进制数之间的转换同二进制数与八进制数之间的转换相仿,只是按四位二进制数对应一位十六进制数进行分组的。

(1)二进制数转换成十六进制数。二进制数转换为十六进制数以小数点为基准,向左右两边分组,"四位一组",不足四位添0补足,然后将每组的四位二进制数按权展开后相加,得到一位十六进制数码,再按权的顺序连接得到相应的十六进制数。

【例1.4】将$(1011100.00111)_2$转换成十六进制数。

$(\underset{5}{0101}\ \underset{C.}{1100}.\underset{3}{0011}\ \underset{8}{1000})_2 = (5C.38)_{16}$

(2)十六进制数转换成二进制数。十六进制数转换成二进制数可以概括为"一位拆四位",即把一位十六进制数写成对应的四位二进制数,然后按权连接。

【例1.5】将$(16E.5F)_{16}$转换成二进制数。

$(\underset{0001}{1}\ \underset{0110}{6}\ \underset{1110}{E.}\ \underset{0101}{5}\ \underset{1111}{F})_{16} = (101101110010 1111)_2$

1.3.4 信息编码

计算机是以二进制方式组织和存放信息的,信息编码将对输入到计算机中的各种数据用二进制数进行编码的方式,数据是能够输入计算机并被计算机处理的数字、字母和符号的集合,只要计算机能够接收的信息都称为数据。计算机中的数据分为两大类:数值型数据和非数值型数据,字符型数据属于典型的非数值型数据。对于不同机器不同类型的数据,其编码方式不同。为了使信息的表示、交换、存储或加工处理方便,在计算机系统中通常采用统一的编码方式,制定编码的国家标准或国际标准。例如,位数不等的二进制码、十进制码、BCD码、ASCII码、汉字编码等。计算机编码在计算机内部和键盘等终端以及计算机之间进行信息交换。

1. 信息存储的单位

数据在计算机中必须以二进制形式表示。一串二进制数既可以表示数量值,也可以表示一个字符、汉字或其他数据。二进制数代表的数据不同,含义也不同。

1)位(bit)

位是计算机存储数据的最小单位。一个二进制位只能表示 0 或 1 两种状态,如果表示更多的信息,必须把多个位组合起来作为一个整体。一般以八位二进制组成一个基本单位。

2)字节(Byte)

字节是计算机数据处理的基本单位,即计算机以字节为单位存储和解释信息。一个字节等于八位二进制,即 1B = 8bit。通常,一个字节可以存放一个 ASCII 码,两个字节可以存放一个汉字国标码,整数用两个字节存储,单精度实数用四个字节的浮点形式表示,而双精度实数则用八个字节的浮点形式表示。

存储器容量大小是以字节数来度量,经常使用三种度量单位,即 KB、MB 和 GB,其关系如下:

$1KB = 2^{10}B = 1\ 024B$;

$1MB = 2^{10} \times 2^{10}B = 1\ 024 \times 1\ 024B = 1\ 048\ 576B$

$1GB = 2^{10} \times 2^{10} \times 2^{10}B = 1\ 024 \times 1\ 024 \times 1\ 024B = 1\ 073\ 741\ 824B$

3)字(Word)

计算机处理数据时,CPU 通过数据总线进行一次存取、加工和传送的数据长度称为字,一个字通常由若干字节组成。由于字长是计算机一次所能处理的实际位数长度,所以字长是衡量计算机性能的一个重要标志,决定了计算机数据处理的速度,字长越长,计算机的性能越强。

不同的计算机字长是不相同的,常用的字长有 8 位、16 位、32 位、64 位等。

2. 数值型数据的编码

数值型数据是指可以进行算术运算的数据,有正负、整数和小数之分,例如,$(258)_{10}$、$(0101.0110)_2$、3AH 等都是数值型数据。

在计算机中表示一个数值型数据,需要确定数的长度(字长)、符号(正、负数)和小数点的表示。

任何一个非二进制整数输入到计算机中都必须以二进制格式存放在计算机的存储器中,且用最高位作为数值的符号位,并规定二进制数"0"表示正数,二进制数"1"表示负数,每个数据占用一个或多个字节。这种连同数字与符号组合在一起的 n 进制数称为机器数,由机器数所表示的实际值称为真值。

3. 非数值型数据的编码

非数值型数据是指输入到计算机中的所有信息,它没有量的含义,不参与算术运算,例如,字符串"中国郑州""2015 年 4 月""Windows 7"等都是非数值型数据。

1)字符编码

字符是计算机中使用最多的非数值型数据,是人与计算机进行通信、交互的重要媒介。目前,国际上通用且使用广泛的字符包括十进制数字符号 0~9、大小写的英文字母、各种运算符和标点符号等,字符个数不超过 128 个。为了便于计算机识别与处理,这些字符存储在计算机中以二进制形式来表示,称为字符的二进制编码。

由于需要编码的字符不超过 128 个,因此,用七位二进制数可以对字符进行编码。但为了方便,字符的二进制编码一般占八个二进制位,正好占计算机存储器的一个字节,编码用于确定每个字符的七位二进制代码。目前,国际上通用的是美国标准信息交换码(American Standard Code for Information Interchange,ASCII),用 ASCII 表示的字符称为 ASCII 字符。ASCII 编码见表 1-3。

表 1-3　ASCII 编码表

b7b6b5 b4b3b2b1	000	001	010	011	100	101	110	111
0000	NUL	DLE	SP	0	@	P	`	p
0001	SOH	DC1	!	1	A	Q	a	q
0010	STX	DC2	"	2	B	R	b	r
0011	ETX	DC3	#	3	C	S	c	s
0100	EOT	DC4	$	4	D	T	d	t
0101	ENQ	NAK	%	5	E	U	e	u
0110	ACK	SYN	&	6	F	V	f	v
0111	BEL	ETB	'	7	G	W	g	w
1000	BS	CAN	(	8	H	X	h	x
1001	HT	EM	)	9	I	Y	i	y
1010	LF	SUB	*	:	J	Z	j	z
1011	VT	ESC	+	;	K	【	k	|
1100	FF	FS	,	<	L	\	l	|
1101	CR	GS	-	=	M	】	m	|
1110	SO	RS	.	>	N	^	n	~
1111	SI	US	/	?	O	_	o	DEL

注:表中前 32 个字符与"DEL"是不可打印的控制符号。

2)汉字编码

具有悠久历史的汉字是中华民族文化的象征,在计算机中汉字的应用占有十分重要的地位。计算机在处理汉字信息时也要将其转化为二进制代码,这就需要对汉字进行编码。例如,使用计算机编辑文章时,需要将文章中的汉字及各种符号输入计算机,并进行排版、显示或打印输出。因此,必须解决汉字的输入、存储、处理和输出等一系列技术问题。由于汉字数量多,而且字形复杂,所以用计算机处理汉字要比处理西文字符困难得多。汉字处理技术的关键是汉字编码问题,根据汉字处理过程中不同的要求,汉字编码可分为国际码、输入码、机内码和字形码等。下面对国标码和机内码进行介绍。

(1)国标码。计算机处理汉字所用的编码标准是我国于 1980 年颁布的国家标准 GB2312-1980,即《中华人民共和国国家标准　信息交换用汉字编码字符集》,简称国标码。国标码的主要用途是作为汉字信息交换码使用。

国标码与 ASCII 属同一制式,可以认为它是扩展的 ASCII。在七位 ASCII 中可以表示 128 个信息,其中,字符代码有 94 个。国标码以 94 个字符代码为基础,任何两个代码组成一个汉字交换码,即由两个字节表示一个汉字字符。第一个字节称为"区",第二个字节称为"位"。这样,该字符集共有 94 个区,每个区有 94 个位,最多可以组成 8 836 个字在国标码表中,共收录了一、二级汉字和图形符号类 7 445 个。其中,图形符号 682 个,分布在 1~15 区;一级汉字(常用汉字)3 755 个,按汉语拼音字母顺序排列,分布在 16~55 区;一级汉字(不常用汉字)3 008 个,按偏旁部首排列,分布在 56~87 区;88 区以后为空白区,以待扩展。

国标码本身也是一种汉字输入码,由区号和位号共四位十进制数组成,通常称为区位码输入法。在区位码中,两位区号在高位,两位位号在低位。区位码可以唯一确定一个汉字或字符,反之任何一个汉字或字符都对应唯一的区位码。例如,汉字"啊"的区位码是"1601",即在 16 区的第 01 位;符号"。"的区位码是"0103"。区位码最大的特点就是没有重码,虽然不是一种常用的输入方式,但对于其他输入法难以找到的汉字,通过区位码却很容易得到,但需要一张区位码表与之对应。例如,汉字"丰"的区位码是"2365"。

(2)机内码。机内码是指在计算机中表示一个汉字的编码。由于机内码的存在,输入汉字时允许用户根据自己的习惯使用不同的汉字输入码(拼音、五笔等)进入系统后再统一转换成机内码存储。国标码也属于一种机器内部编码,其主要用途是将不同的系统利用的不同编码统一转换成国标码,使不同系统之间的汉字信息进行相互转换。机内码一般采用变形的国标码。变形的国标码是国标码的另一种表示形式,它通过最高位来区别是 ASCII 字符还是汉字字符,避免了国标码与 ASCII 的二义性。

1.4 Windows 7 操作系统简介

1.4.1 操作系统概述

登陆后微信扫一扫
Windows 7 操作系统安装

操作系统(Operating System,OS)是一种特殊的计算机系统软件,它是计算机系统的重要组成部分,是整个计算机系统的灵魂,它管理和控制计算机软/硬件资源,合理组织计算机的工作,为用户提供操作界面的系统软件的集合,是整个计算机系统的管理者和指挥者。计算机依靠操作系统来实现各功能部件之间的配合与协调,从而快速完成各项任务。

操作系统是一个管理指挥中心,用户要使用计算机系统的软/硬件资源,必须通过操作系统才能实现。另外,操作系统为用户提供了正确利用硬/软件资源的方法和环境。因此,操作系统既是计算机资源的管理者,又是帮助用户使用计算机系统资源的服务者,是为了提高计算机的使用效率管理计算机硬件和软件资源的系统软件。

操作系统的主要功能包括处理器管理、存储器管理、设备管理、文件管理和作业管理。常用的操作系统有 DOS、Windows、Linux 和 UNIX。

1. DOS 操作系统

DOS 是微软公司开发的操作系统,于 1981 年问世,经历了十几年的发展,目前只有专业的计算机人员使用。DOS 是单用户单任务的全英文操作系统,利用键盘输入程序或指令,命令由英文字符组成,枯燥难记,随着 Windows 的完善,DOS 被 Windows 取代。

2. Windows 操作系统

Windows 是由微软开发的基于图形用户界面的单用户多任务操作系统,于 20 世纪 90 年代初问世,风靡全球,取代 DOS 成为微机的主流操作系统,之后经历了 Windows 95、Windows 98、Windows XP、Windows Vista、Windows 7 和 Windows 8。

Windows 支持多任务、多线程和多处理,具有即插即用的功能和方便安全的网络管理功能,是目前最流行的微机操作系统。

3. Linux 操作系统

Linux 来源于 UNIX 的精简版本 Minix,1991 年,芬兰赫尔辛基大学学生林纳斯·托瓦兹 (Linus Torvalds) 修改完善了 Minix,推出了 Linux 的第一个版本,其源代码在网络上公开后,世界各地不同的编程爱好者对其进行不断的完善,使其具有强大的网络功能。目前,Linux 较为知名的版本有 Red Hat Linux 和 Turbo Linux 等,我国自行开发的有红旗 Linux 和蓝点 Linux 等。

4. UNIX 操作系统

UNIX 是一个多任务多用户的分时操作系统,一般用在小型机、大型机等较大规模的计算机上,它是在 20 世纪 60 年代末由美国电话电报公司贝尔实验室研制的。UNIX 提供可编程的命令语言、程序包,具有输入缓冲技术,其网络通信功能强,可移植性强。因特网的 TCP/IP 协议就是在 UNIX 下开发的。

1.4.2 Windows 7 简介

Microsoft 公司的 Windows 操作系统是目前 PC 上使用最广泛的操作系统,本章主要以 Windows 7 为例,介绍操作系统的使用方法。Windows 7 是微软公司(Microsoft)于 2009 年推出的一款操作系统,与此前的 Windows 操作系统版本相比,其界面更友好,功能更强,系统更稳定。

1. Windows 7 的版本

微软中国网站发布的 Windows 7 包括家庭普通版、家庭高级版、专业版和旗舰版。其中,家庭普通版满足最基本的计算机应用;家庭高级版拥有针对数字媒体的最佳平台,适宜于家庭用户和游戏玩家;专业版是为企业用户设计的,提供了高级别的扩展性和可靠性;旗舰版拥有 Windows 7 的所有功能,适用于高端用户。

2. Windows 7 的主要功能特点

Windows 7 具有以下功能:

(1) 提供了玻璃效果(Aero)的图形化用户界面,操作直观、形象、简便,不同应用程序保持操作和界面的一致性,为用户带来很大方便;

(2) 提高了用户计算机的使用效率,增加了易用性;

(3) 进一步提高了计算机系统的运行可靠性和易维护性;

(4) 增强了网络功能和多媒体功能;

(5) 解决了操作系统存在的兼容性问题。通过启用"XP 模式",用户可以在 Windows 7

的虚拟环境中顺畅地运行 Windows XP 应用程序。

本节将介绍 Windows 7 旗舰版在文件管理、任务管理和设备管理方面的基本功能和用法,此后提到的 Windows 如果没有特别说明,都是指 Windows 7 旗舰版。

3. Windows 7 的运行环境和安装

(1)安装的硬件要求。

安装 Windows 7 的计算机的硬件要求如下:

①主频至少为1GHz 的 32 位或 64 位 CPU 处理器;

②容量至少为1GB 大小(基于 32 位 CPU)或 2GB 大小(基于 64 位 CPU)的内存;

③容量至少为16GB 可用空间(基于 32 位 CPU)或 20GB 可用空间(基于 64 位 CPU)的硬盘;

④带有 WDDM 1.0 或更高版本的驱动程序的 DirectX 9 图形设备;

⑤光碟驱动器、彩色显示器、键盘等。

若希望 Windows 7 提供更多的功能,则系统配置还有其他的要求。例如.需要在 Windows 7 下执行打印的用户需要一台 Windows 支持的打印机,需要声音处理功能的用户需要声卡、麦克风、扬声器或耳机,需要进行网络连接的用户需要网卡或无线网卡等设备。

(2) Windows 7 在安装前,需要确定计算机可以安装 32 位还是 64 位的 Windows 7 操作系统。安装时有以下三种安装类型。

①升级安装:将原有操作系统(Windows Vista 或更高版本)的文件、设置和程序保留在原位置的安装类型。

②全新安装:完全卸载原有系统,重新安装 Windows 7 系统。此时原系统所在分区的所有数据将被全部卸载,方法可参考"多系统安装"类型。

③多系统安装:在保留原有系统的前提下,将 Windows 7 安装在另一个独立的分区中。在安装的过程中,该分区里的内容会被完全卸载,因此,在执行多系统安装(包括全新安装)前,一定要将该分区中有用的数据备份到 U 盘或移动硬盘中。此全新的系统将与原有系统同机分区存在,互不干扰,允许用户选择启动不同的操作系统。

4. Windows 7 操作系统的启动与关闭

1) Windows 7 的启动

启动 Windows 7 即启动计算机的一般步骤如下。

(1)依次打开外部设备的电源开关和主机电源开关。

(2)计算机执行硬件测试,测试无误后开始系统引导。如果计算机安装了 Windows XP 和 Windows 7 双操作系统,将出现的选择提示。

(3)选择"Windows 7"命令,并按回车键,启动 Windows 7。若安装 Windows 7 过程中设置了多个用户使用同一台计算机,将出现"选择用户名"提示画面,要求用户选择用户名并输入密码,单击"确定"按钮后,继续启动。

(4)启动完成后打开简洁清新的 Windows 7 桌面,如图 1-23 所示。

图1-23　Windows 7启动后的界面

2）退出 Windows 7 并关闭计算机

退出 Windows 7 并关闭计算机,必须遵照正确的步骤,而不能在程序执行时关闭计算机的电源。由于 Windows 7 是一个多任务、多线程的操作系统,有时前台运行一个程序的同时,后台可能运行着多个程序,不正确关闭系统可能造成程序数据和处理信息的丢失,严重时可能造成系统的损坏。

正常退出 Windows 7 并关闭计算机的步骤如下。

（1）保存所有应用程序的处理结果,关闭所有正在运行的应用程序;

（2）在屏幕左下角单击"开始"按钮,在弹出的菜单中单击"关机"按钮,即可关闭计算机。

当关闭计算机时,如果打开的文件还未来得及保存,系统会弹出如图1-24所示的提示界面。单击"取消"按钮则暂时不退出 Windows,单击"强制关机"按钮则关闭计算机。关闭计算机后,使用 ATX 电源结构的计算机将自动切断主机电源,用户关闭外部设备电源开关即可。

单击"关机"按钮右侧的下拉按钮,弹出如图1-25所示的菜单,各命令功能如下。

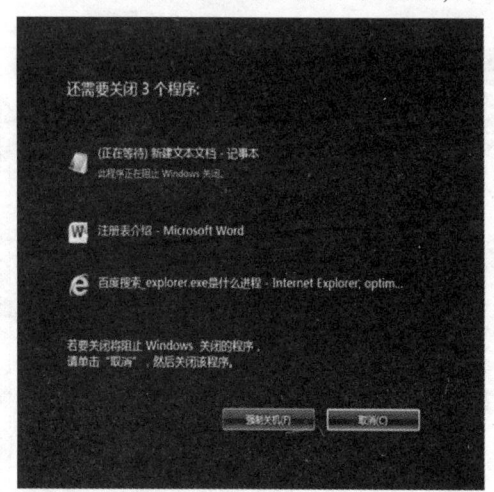

图1-24　有应用程序未关闭时的提示界面

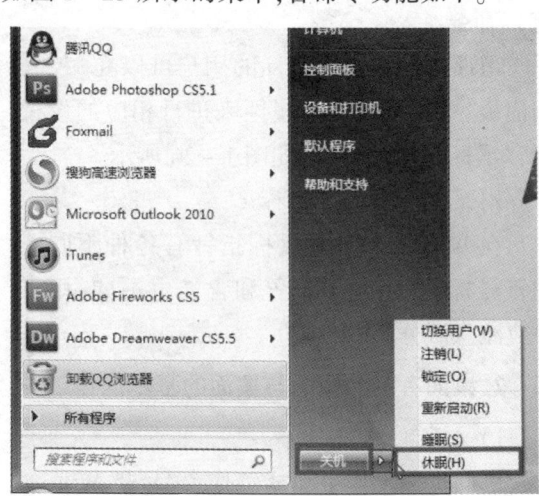

图1-25　关机快捷菜单提示

(1)选择"重新启动(R)"命令,将重新启动计算机。

(2)选择"睡眠(S)"命令将使计算机进入休眠状态,在此状态下计算机将内存中所有内容全部存储在硬盘上,并关机以节省电能,重新操作计算机时,计算机将恢复到用户离开时的状态。工作过程中较长时间离开计算机时,应当使用休眠状态节省电能。

(3)如果系统中存在多个用户账号,选择"切换用户(W)"命令将会出现多用户选择界面,用户可以选择其他的用户登录计算机。

(4)选择"注销(L)"命令将退出本次登录。

(5)当工作过程中,选择"锁定(O)"命令可以,短时间离开计算时使计算机处于锁定状态。

1.4.3 Windows 7 的基本概念和基本操作

1. 鼠标的操作方法与鼠标指针的不同形状

在 Windows 7 中,许多命令是借助图形界面向系统发出的,因此,只有使用鼠标等定位系统才能较好地发挥其操作方便、直观、高效的特点。

1)鼠标的操作方法及其设定

在 Windows 7 中,鼠标的基本操作有指向、单击、双击、三击和拖动等。指向是鼠标单击、双击或拖动等动作的先行动作;在系统默认情况下,单击用于选定一个具体项,双击用于选择一个项目。例如,打开一个文件夹或启动一个程序等,三击在 Word 中可用于在段落中选定整个段落或在选定区选定整个文档。在 Windows 中,"选定"是指在一个项目上作标记,以便对该项目执行随后的操作或命令。

用户也可以修改打开项目的方式,操作步骤如下:

(1)单击文件夹窗口或资源管理器窗口的"组织"下拉按钮,在弹出的下拉菜单中选择"文件夹和搜索选项"命令,弹出"文件夹选项"对话框;

(2)单击"常规"选项卡,在"打开项目的方式"组中选择"通过单击打开项目(指向时选定)"命令。

习惯用左手操作鼠标的用户可以在"控制面板"中设置鼠标的属性来进行相应的设置,"鼠标属性"对话框如图 1-26 所示。

2)鼠标指针的不同标记

在 Windows 7 中,鼠标指针有各种不同的符号标记,出现的位置和含义也不同,用户应注意区分。

2. 桌面有关的概念与桌面的基本操作

1)桌面

桌面也称工作桌面或工作台,是指 Windows 所占据的屏幕空间,也可以理解为窗口、图标、对话框等工作项所在的屏幕背景。

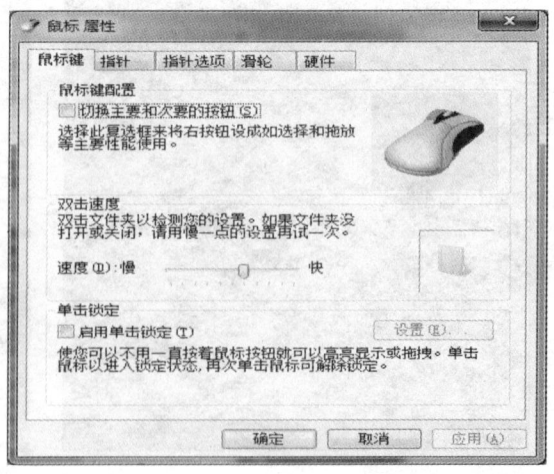

图 1-26 "鼠标属性"对话框

用户向系统发出的各种操作命令都是直接或间接地通过桌面接收和处理的。

成功安装 Windows 7 后的桌面如图 1-27 所示。

初始化的 Windows 7 桌面给人清新、明亮、简洁的感觉,为了满足用户个性化的需要,计算机为用户设置了不同的主题(包括桌面的背景、图标和声音等)。

桌面的最底端是任务栏,平时打开的程序、文件和文件夹等在未关闭之前都会出现在任务栏中。桌面的左上角是系统文件夹图标,例如,计算机、网络、回收站等。需要注意的是,在系统安装成功之后,桌面上只有回收站图标(其他系统文件夹图标设置参见下一段落)。设置系统文件夹图标的目的是方便用户快速地访问和配置计算机中的资源。在使用过程中,用户可以将常用的应用程序的快捷方式和经常要访问的文件或文件夹的快捷方式放置到桌面上,通过对应用程序、快捷方式的访问,达到快速访问应用程序、文件或文件夹的目的。桌面的右上角是一些比较实用的小工具,包括时钟、天气预报等。

2)桌面的个性化设置

在桌面的空白处单击鼠标右键,在弹出的快捷菜单中选择"个性化"命令,弹出如图 1-27 所示的窗口。在该窗口中,用户可以选择不同的 Windows 7 主题,设置后的主题将影响桌面的整体外观,包括桌面背景、屏幕保护程序、目标、窗口和系统的声音事件等。

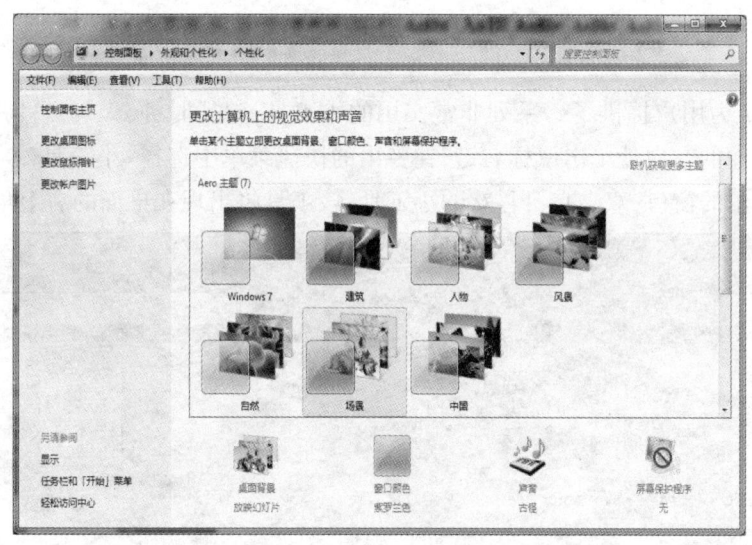

图 1-27 "个性化"窗口

设置桌面主题的操作步骤如下:

(1)在屏幕左下角单击"开始"按钮,在弹出的菜单中选择"控制面板"命令,弹出"控制面板"窗口,单击"外观和个性化"图标,然后单击"个性化"图标,在新窗口的"我的主题"栏中单击"未保存的主题"图标;

(2)单击窗口底端的"桌面背景"项,选择自己喜欢的图片作为桌面的背景;

(3)设置窗口颜色、声音、屏幕保护程序,单击"保存主题"按钮即可。

用户也可以设置显示在桌面左上角的系统文件夹图标,在"个性化"窗口选择"更改桌面图标"命令,弹出"桌面图标设置"的对话框,如图 1-28 所示。在"桌面图标"组中,用户可以选择出现在桌面左上角的图标。完成设置后,单击"确定"或"应用"按钮即可成功设置,其中,单击"确定"按钮在激活用户的设置后关闭当前对话框,单击"应用"按钮仅激活用户的设置,不关闭当前对话框。

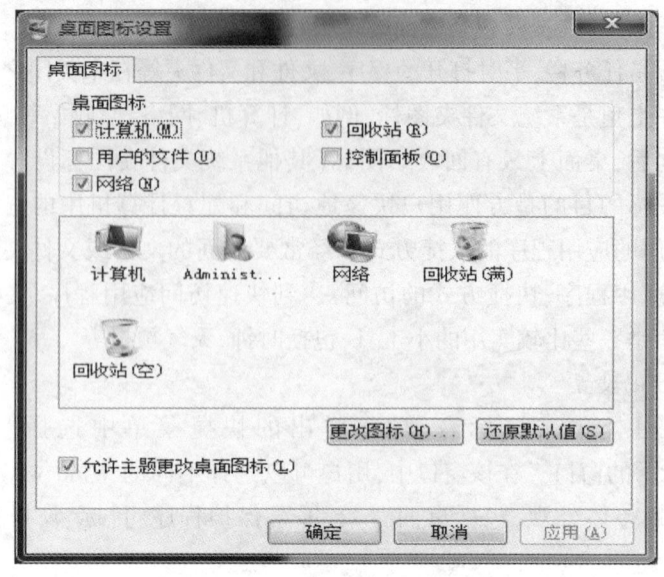

图 1-28 "桌面图标设置"对话框

3) 桌面小工具

Windows 7 为用户提供了一系列非常实用的小工具,包括时钟、天气、日历、货币的实时汇率等。在桌面的空白处单击鼠标右键,在弹出的快捷菜单中选择"小工具(G)"命令,弹出如图 1-29 所示的窗口,双击自己喜欢的小工具,该工具将出现在桌面的右上角。

图 1-29 桌面小工具图

4) 桌面上的网络图标

当用户的计算机连接到网络时,"网络"文件夹才真正起作用,用户可以通过该文件夹访问整个网络或邻近计算机中的共享资源,也可以提供共享资源供邻近的计算机访问。

5)桌面上的回收站

最近卸载的文件或文件夹将存放在回收站,打开回收站后,在其中的某个项目上单击鼠标右键,在弹出的快捷菜单选择"还原"命令,将选定的项目从回收站送回该项目原来所在的位置,即取消对该项目的卸载操作;选择"卸载"命令并不将真正卸载该项目。如果要卸载回收站中的所有项目,则在窗口中单击"清空回收站"按钮。"回收站"窗口如图1-30所示。

图1-30 "回收站"窗口

如果在拖放一个项目到回收站的同时按住【Shift】键,该项目将被永久卸载而不保存到"回收站"中。选定一个项目后,按【Shift】+【Del】组合键也将永久卸载。

3. 图标与图标的基本操作

1)图标的概念

图标是 Windows 中各种项目的图形标识。图标因标识项目(或称对象)的不同分为文件夹图标、应用程序图标、快捷方式图标、文档图标和驱动器图标等,图标的下面或旁边通常有标识名,被选定的图标的标识名称高亮反显。

2)图标的排序与查看

桌面上图标的排序方式有自动排序和非自动排序两种,其中,自动排列按名称、大小、项目类型和修改日期的不同排列。在桌面的空白处单击鼠标右键,在弹出的快捷菜单中选择"排序方式"命令,在其子菜单中选择一种合适的排列方式,如图1-31(a)所示"查看"命令。当"自动排列图标"不起作用时,用户可以拖动图标将它们安排在桌面上的合适位置。

在快捷菜单中选择"查看"命令,在其子菜单中选择一种查看方式,可以查看图标。"查看"命令如图1-31(b)所示。

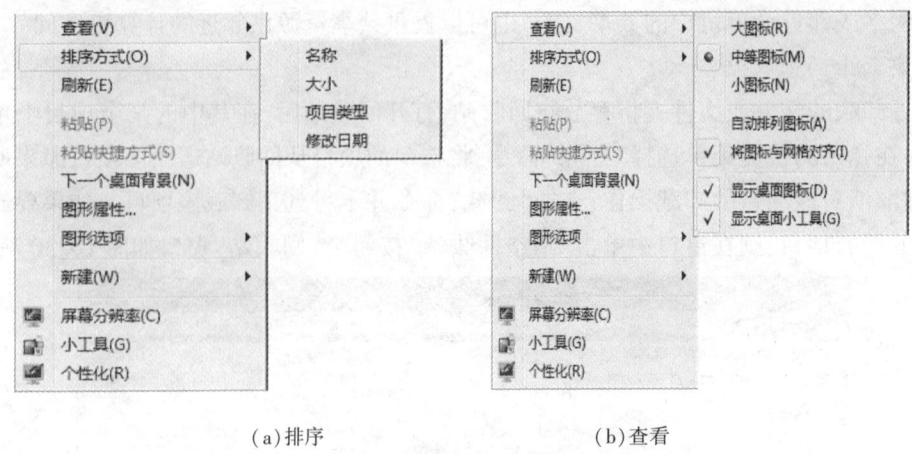

(a)排序　　　　　　　　　　　(b)查看

图1-31　图标的排序与查看

3)图标的基本操作

Windows 7中的任务操作有多种方式,例如,鼠标方式、菜单方式、快捷键方式等,这里仅介绍鼠标方式。

(1)移动图标。按下鼠标左键(不松开),拖动图标到目的位置,松开按键。此操作对文件或文件夹同样有效。

(2)开启图标。鼠标指向并双击应用程序图标或其快捷方式,将启动对应的应用程序;鼠标指向并双击文档文件图标,将启动创建文档的应用程序并打开该文档;鼠标指向并双击文件夹图标,将打开文件夹窗口。

(3)图标更名。在图标上单击鼠标右键,在弹出的快捷菜单中选择"重命名"命令或选定图标并按【F2】键,输入新名称即可。

(4)卸载图标。将移动图标移到回收站图标上,该图标反显时松手,将其暂时放在回收站。双击"回收站"图标打开回收站,对此图标再次执行卸载操作将其真正从磁盘中卸载。单击图标,移动到回收站的同时按住【Shift】键,则一次将其卸载。

(5)创建图标的快捷方式。在图标上单击鼠标右键,在弹出的快捷菜单中选择"创建快捷方式"命令。

4. 任务栏

任务栏默认位于桌面的底端,其最左边是"开始"按钮,单击此按钮将弹出"开始"菜单。任务栏从左往右依次是快速启动区、活动任务区、语言栏和系统区,如图1-32所示。

图1-32　任务栏

1)快速启动区

Internet Explorer、Windows 资源管理器和 Windows Media Player 为快速启动区中的默认项,单击其中的图标可以快速启动相应程序。用户可以将经常访问的程序的快捷方式放入该区(只需将其从其他位置,拖动到该区即可)。右击某图标,在弹出的快捷菜单中选择"将此程序从任务栏解锁"命令,可将该命令卸载。

2) 活动任务区

活动任务区显示了当前所有运行的应用程序和所有打开的文件夹窗口对应的图标。如果应用程序或文件夹窗口所对应的图标在快速启动区中出现,则不在活动任务区中出现。此外,为了使任务栏节省更多的空间,用相同应用程序打开的所有文件只对应一个图标。为了方便用户快速地定位已经打开的目标文件或文件夹,Windows 提供了两个强大的功能,即实时预览和跳跃菜单功能。

(1)实时预览。使用实时预览功能可以快速定位已经打开的目标文件或文件夹。移动鼠标指向任务栏中打开程序所对应的图标,可以预览所打开的文件或文件夹的多个界面,如图 1-33 所示。单击预览的界面,即可切换到该文件或文件夹。

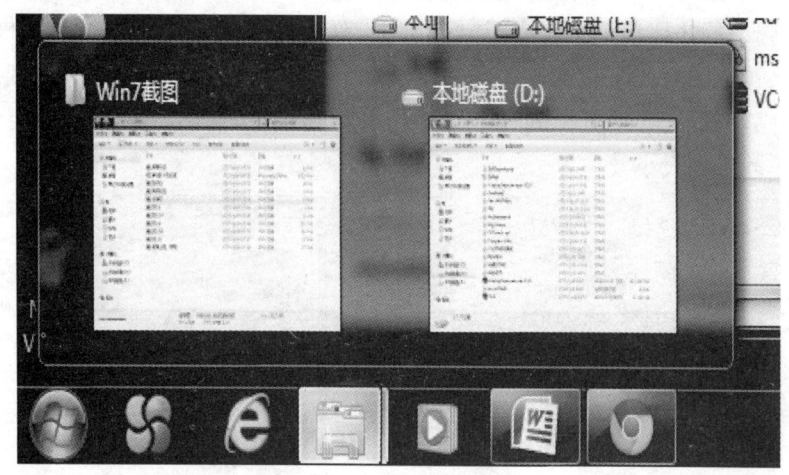

图 1-33 实时预览

(2)跳跃菜单。使用跳跃菜单可以访问经常被指定程序打开的若干个文件。在快速启动区或活动任务区中打开程序所对应的图标上单击鼠标右键,弹出的快捷菜单称为跳跃菜单,其组成如图 1-34 所示。快捷菜单的上半部分("常用"栏)显示的是用户使用该程序最常打开的文件名列表,单击该文件名,即可访问文件。使用快捷菜单"任务"组可以对该图标所对应的应用程序作一些简单的操作。快捷菜单的底端部分包括三个操作如下。

①启动新的应用程序。在跳跃菜单中选择"Internet Explorer"命令可以打开一个新的 Internet Explorer 程序;

②如果一个图标位于快速启动区,选择"将此程序从任务栏解锁"命令,则可以从快速启动区卸载该图标;

③选择"关闭窗口"命令,则可以关闭该程序打开的所有文件。

需要注意的是,不同图标所对应的跳跃菜单会略有不同,但是基本上都具备如上所述的三个部分。

3) 语言栏

语言栏用于选择汉字输入方法或切换到英文输入状态。在 Windows 7 中,语言栏可以脱离任务栏,也可以执行最小化放入任务栏中。

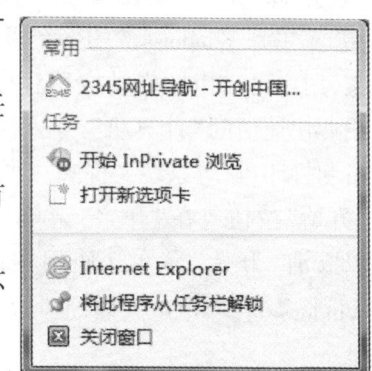

图 1-34 跳跃菜单

4) 系统区

系统在开机状态下常驻内存的一些项目显示在系统区中,例如,反病毒实时监控程序、系统时钟显示等。单击系统区中的某图标,会弹出常驻内存的项目。在时钟显示区单击鼠标左键,弹出日期/时间设置页面,单击"更改日期和时间设置"按钮,设置系统的日期/时间。在运行程序时,移动鼠标指向系统区的最右侧可以预览桌面,单击系统区的最右侧可以显示桌面。

5) 任务栏的相关设置

任务栏中还可以添加显示其他的工具栏。在任务栏的空白区单击鼠标右键,在弹出的快捷菜单中选择"工具栏"命令,在其子菜单中选择相应命令可以设置任务栏中是否显示地址工具栏、链接工具栏、桌面工具栏或地址栏等,如图1-35所示。在任务栏的空白处单击鼠标右键,在弹出的快捷菜单中选择"属性"命令,弹出如图1-36所示的对话框。在"任务栏"选项卡中,可以设定任务栏的有关属性。例如,勾选"自动隐藏任务栏"复选框可以隐藏任务栏,任务栏隐藏后,移动鼠标到任务栏原位置时可以使其显示出来,而锁定任务栏后则不可以改变任务栏的大小及位置。

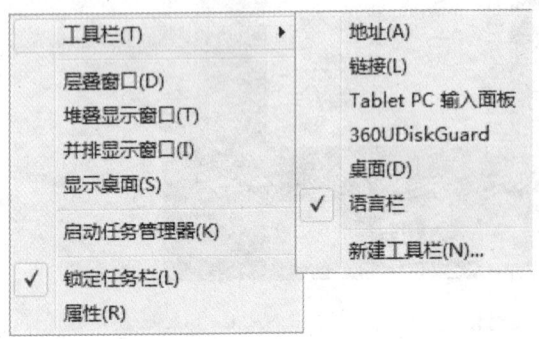

图1-35 任务栏设置快捷菜单

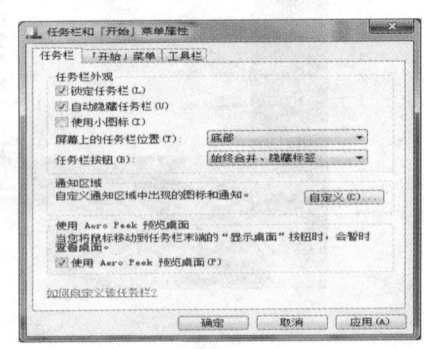

图1-36 "任务栏和【开始】菜单属性"对话框

5. "开始"菜单

1) "开始"菜单概述

在屏幕的左下角单击"开始"按钮,弹出"开始"菜单,如图1-37所示。"开始"菜单是Windows 7的一个重要操作元素,用户可以由此启动应用程序,也可以由此快速访问"计算机""控制面板""设备和打印机"等系统文件夹。再一次单击"开始"按钮或在"开始"菜单外单击,可以取消"开始"菜单。使用按键盘上的Windows键 也可以启动或取消"开始"菜单。

2) "开始"菜单中的主要项目

Windows 7继承了之前版本Windows操作系统"开始"菜单的架构。菜单的左

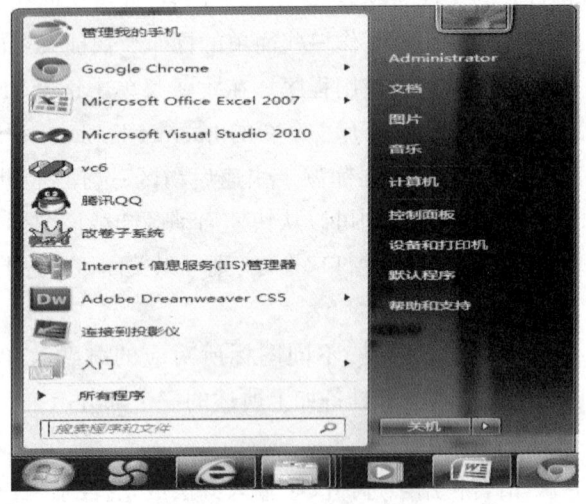

图1-37 "开始"菜单

侧区域提供了常用程序的快捷方式,例如,画图、计算器等,用户近期频繁使用的程序的快捷方式会自动加入该区域;右侧区域中显示常用的系统文件,包括 Administrator(当前登录用户名为 Administrator)、计算机和控制面板等。"搜索程序和文件"命令是 Windows 7 新增加的一个重要功能。输入程序名或文件名,系统可以快速地搜索应用程序和文件或文件夹等。

(1)"所有程序"命令。单击"开始"按钮,在弹出的菜单中选择"所有程序"命令,在其子菜单放置的是系统提供的程序和工具,以及用户安装的程序的快捷方式。通过选择相关的可以启动相应程序。

(2) Administrator(文件名与当前登录用户账号相同)对应的是一个方便用户快速存取文件的特殊系统文件夹。Windows 完成安装后,为每个使用计算机的用户分别指定一个特定的位置作为用户对应的系统文件夹,Windows 7 在其中预先生成了几个子文件夹,即"我的图片""我的文档""我的音乐"(它们的快捷方式也出现在"开始"菜单中)和"我的视频"等。

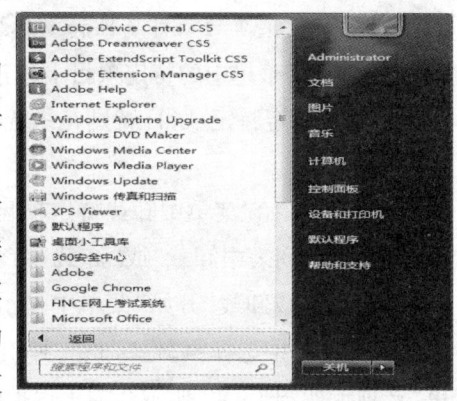

1-38 通过"所有程序"命令启动相应程序

(3)"计算机"命令。选择此命令,弹出如图 1-39 所示的"计算机"窗口,其中列出了计算机系统的全部资源。在左侧窗口的"计算机"命令上单击鼠标右键,在弹出的快捷菜单中选择"属性"命令,弹出计算机"系统"属性窗口。该窗口显示了该计算机的基本信息,包括处理器型号、内存大小、操作系统、计算机名称、计算机所在的工作组、所装操作系统的位数等。选择"更改设置"链接,用户可以修改计算机的名称。如果系统已经成功激活,则会在该窗口中显示"Windows 已激活"提示。计算机是访问和管理系统资源的重要工具,其操作方法和作用与资源管理器类似。

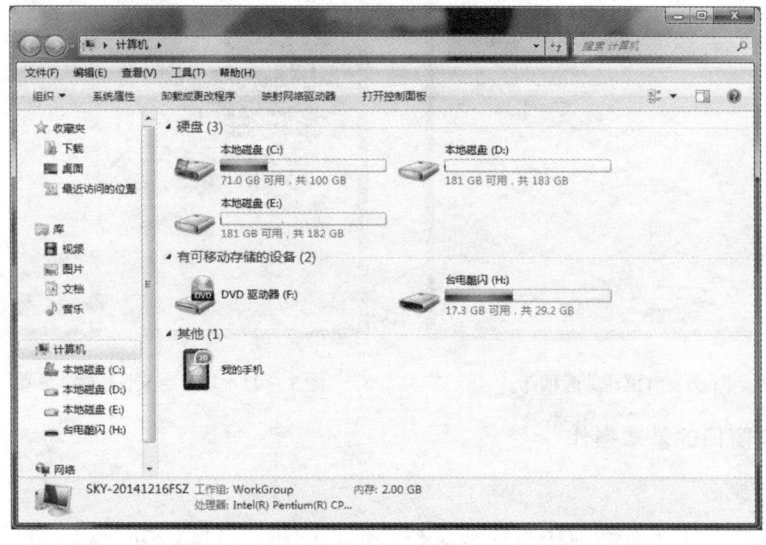

图 1-39 "计算机"窗口

3) 层阶菜单及其操作

在"开始"菜单的"所有程序""入门""画图"等命令中,如果其左侧或右侧有一个顶点向右的实心三角符号,表明这些项还有下一层子菜单。当鼠标沿"开始"菜单上下滑动指向这些命令中的某一命令时,该命令颜色反显。

4)"开始"菜单的项目属性和重新组织

在"开始"菜单中的特定项目上单击鼠标右键,弹出相应的快捷菜单,选择"属性"命令可以了解或设定特定项目(特别是系统文件夹)的属性。组织"开始"菜单中的项目,可以做如下操作。

(1)从"开始"菜单中卸载特定项目。在待卸载项目上单击鼠标右键,在弹出的快捷菜单中选择"从列表中卸载"或"卸载"命令(如果项目的快捷菜单中有此命令)。

(2)增加或卸载"开始"菜单中显示程序的数目。在"开始"按钮上单击鼠标右键,在弹出的快捷菜单中选择"属性"命令,弹出"任务栏和「开始」菜单属性"对话框,其「开始」菜单"选项卡如图1-40所示。为了保护隐私,勾选"存储并显示最近在「开始」菜单中打开的程序"和"存储并显示最近在「开始」菜单和任务栏中打开的项目"来防止用户最近使用过的程序或文件被别人看到。单击"自定义"按钮,弹出"自定义「开始」菜单"对话框,如图1-41所示。用户可以设置"开始"菜单左侧显示的程序数目,也可以决定"计算机"等重要项目是否显示以及如何显示在"开始"菜单中。将一个快捷方式直接拖放到"开始"按钮上,也可以快速地在"开始"菜单中添加项目。

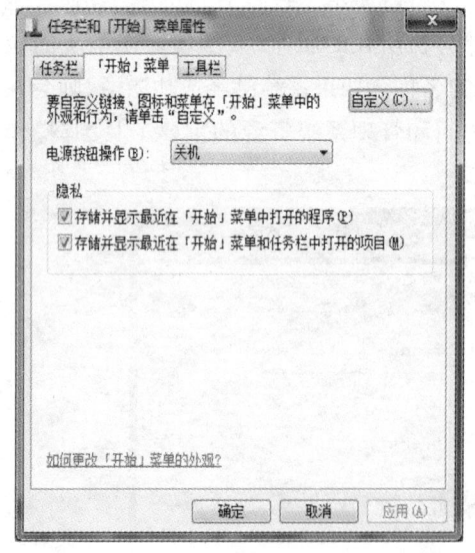

图1-40 "「开始」菜单"选项卡

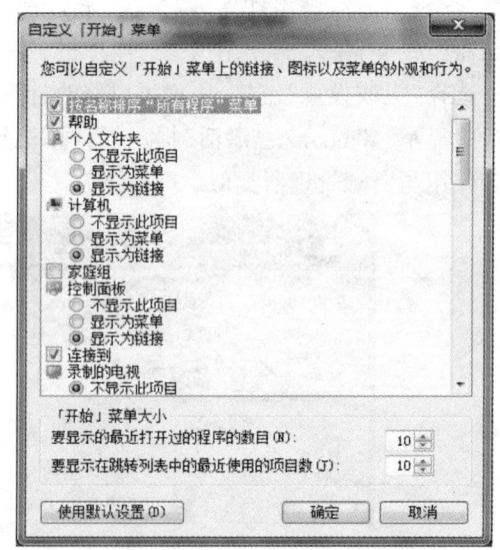

图1-41 "自定义「开始」菜单"对话框

6. 窗口与窗口的基本操作

1) 窗口的概念

窗口是桌面上用于查看应用程序或文档等信息的矩形区域,Windows 7中有应用程序窗口、文件夹窗口,对话框窗口等。用户当前操作的窗口称为活动窗口或前台窗口,其他窗口则称为非活动窗口或后台窗口。前台窗口的标题栏颜色和亮度比较醒目,后台窗口的标题栏呈浅色显示。用户可以利用有关操作(例如,单击后台窗口的任意部分)将后台窗口设置为前台窗口。

2)窗口的组成

在Windows 7中,大部分窗口的组成元素如图1-42所示。

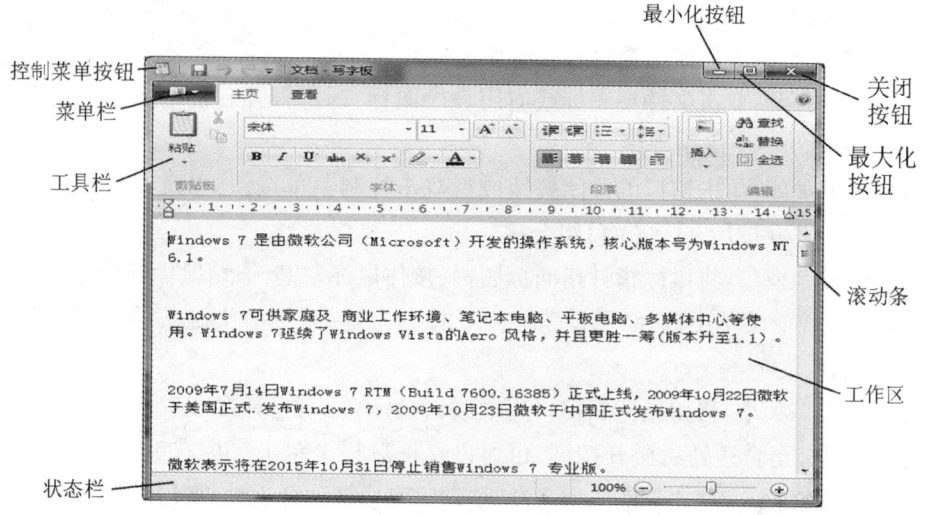

图1-42 窗口的组成

(1)标题栏位于窗口最上部。标题栏中的标题也称窗口标题,通常是应用程序名、对话框名等。应用程序的标题栏中常常含有用此应用程序正在创建的文档名,文档未保存并命名前则有"无标题""未命名"等字样。多数窗口标题栏的左边有控制菜单钮,右边有最小化按钮、最大化按钮和关闭按钮。对窗口执行最大化操作后,最大化按钮将被还原按钮所代替。

单击窗口的控制菜单按钮可以打开控制菜单,如图1-43所示,双击可以关闭对应窗口。控制菜单中包含窗口操作,例如,窗口的关闭、移动、改变大小、最大化、最小化以及还原(恢复)等命令。窗口的控制菜单内容基本相同,可以单击菜单外任意处或按【Esc】键取消控制菜单。

(2)菜单栏是位于标题栏下面的水平条,包含应用程序或文件夹等的所有菜单项,不同窗口的菜单栏中有不同的菜单项,但不同的窗口一般都有一些共同的菜单项,例如,"文件""编辑""查看"或"视图""帮助"等。选择菜单栏中的一个菜单项,便打开其相应的子菜单,列出其包含的各命令选项。

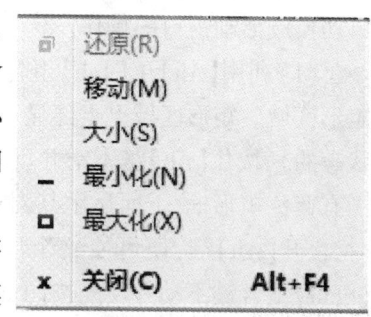

图1-43 窗口控制菜单

(3)工具栏提供了一些常用命令的快捷方式,单击工具栏中的按钮相当于从菜单中选择的菜单命令。Windows 7应用程序窗口有多种工具栏。

(4)状态栏用于显示一些与窗口中的操作有关的提示信息。

(5)滚动条。当窗口的内容不能全部显示时,在窗口的右边或底部出现的条框称为滚动条。各个滚动条通常有两个滚动箭头和一个滚动框(或称滚动块),滚动框的位置显示出当前可见内容在整个内容中的位置。

(6)应用程序工作区、文本区、选定区、文本光标和 I 形光标。窗口中面积最大的部分是应用程序工作区,写字板、记事本等应用程序,利用该区域创建和编辑文档,则称此区域为文本区。文本区中有一根闪动的小竖线,指示着插入点位置,即各种编辑操作生效的位置,被称为插入点或文本光标。注意文本光标和鼠标在文本区的指针符号"I"的区别,后者也被称为"I 形光标"或"I 光标"。

3)文件夹窗口和应用程序窗口的基本操作

(1)窗口的打开:双击文件夹图标或应用程序图标,即可打开它们的窗口。打开应用程序窗口相当于启动一个应用程序。

(2)窗口的关闭:单击窗口的关闭按钮或者双击控制菜单按钮,以及在窗口的控制菜单中选择"关闭"命令,按【Alt】+【F4】组合键。

(3)移动整个窗口:将鼠标指针指向标题栏,按住鼠标左键,拖动鼠标到合适位置后松开按键,也可以在控制菜单中选择"移动"命令后,按方向键(或称箭头键),移动窗口到合适位置,按【Enter】键。

(4)调整窗口大小:移动鼠标到窗口边框或窗口一角,当指针变成双箭头形状时按下鼠标左键,拖动鼠标至合适处后松开按键,也可以在标题栏上单击鼠标右键,在弹出的控制菜单中选择"大小"命令,按"↑"键或"↓"键,移动窗口边框到合适处,按【Enter】键。

(5)窗口最小化:单击窗口的最小化按钮或者在控制菜单中选择"最小化"命令。

(6)窗口最大化:单击窗口的最大化按钮或者在控制菜单中选择"最大化"命令。

(7)使最大化的窗口恢复原尺寸:单击窗口的"还原"按钮或者在控制菜单中选择"还原"命令。

4)窗口的切换操作

Windows 7 桌面上可以打开多个窗口,但活动窗口只有一个,切换窗口就是将非活动窗口切换成活动窗口的操作。

(1)利用【Alt】+【Tab】组合键。按【Alt】+【Tab】组合键时,屏幕中间位置会出现一个矩形区域。矩形区域上半部显示了所有打开的应用程序和文件夹的图标(包括处于最小化状态的),按住【Alt】键不动并反复按【Tab】键时,这些图标会轮流突出显示,突出显示的项周围有蓝色矩形框,下面显示其对应的应用程序名或文件夹名,在欲选择的项出现突出显示时,松开【Alt】键,便可使这个项对应的窗口出现在最前面,成为活动窗口。按住【Alt】+【Shift】组合键不动并反复按【Tab】键时,这些图标会反方向轮流突出显示。

(2)利用任务栏。所有打开的应用程序或文件夹在任务栏中均有对应的按钮,通过单击其按钮,也可以使其对应的应用程序或文件夹的窗口成为活动窗口。

(3)单击非活动窗口的任意位置,可以使非活动窗口成为活动窗口,此方法也可以实现一个应用程序不同文档窗口间的切换。不同文档窗口的切换还可以利用【Ctrl】+【Tab】组合键。

5)在桌面上层叠窗口

桌面上打开若干个窗口时,可以层叠窗口。在任务栏的空白处单击鼠标右键,在弹出的快捷菜单中选择"层叠窗口"命令,使桌面上打开的若干窗口在桌面上按层叠方式排列,即每个窗口的标题栏和部分区域均可见,最前面的窗口为活动窗口。在桌面上层叠的菜单命令如图1-44所示。

在任务栏的空白处单击鼠标右键,在弹出的快捷菜单中选择"堆叠显示窗口"或"并排显示窗口"命令,可以使在桌面上打开的若干窗口横向或纵向平均分布在桌面。

7. 菜单的分类、说明与基本操作

1) 菜单的分类

Windows 7中有各类菜单,例如,"开始"菜单、控制菜单、应用程序菜单、文件夹窗口菜单、快捷菜单等。"开始"菜单和控制菜单前面均已介绍。快捷菜单是指在一个项目或一个区域单击鼠标右键时弹出的菜单列表。文件夹窗口菜单在Windows 7环境下默认是不显示

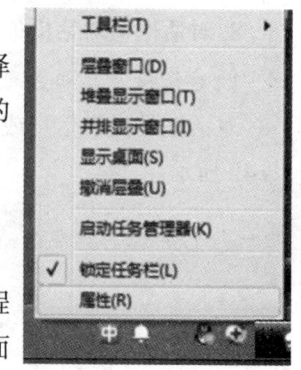

图1-44 "层叠"菜单命令

的。为了方便操作,用户可以设置显示文件夹窗口的菜单栏,在屏幕左下角单击"开始"按钮,在弹出的菜单中选择"计算机"命令,在弹出的窗口中单击"组织"下拉按钮,在弹出的下拉菜单中选择"布局|菜单栏"命令,完成操作后,任何新打开的文件夹窗口都会包含菜单栏。

2) 应用程序菜单和文件夹窗口菜单说明

应用程序菜单和文件夹窗口菜单均指菜单栏中的各菜单项,例如,"文件""编辑""帮助"等。单击某一菜单项,可以展开其下拉菜单。

下拉菜单命令说明如下:

(1) 命令名显示为灰色的,表示当前不能选用;

(2) 命令名后有符号……的,表示选择该项命令时会打开对话框,需要用户提供进一步的信息;

(3) 命令名旁有选择标记"√"的,表示该项命令正在起作用;

(4) 命令名后有顶点向右的实心三角符号时,表示该项命令有下一级菜单,选定该命令时,会弹出其子菜单;

(5) 命令名旁有标记"·"的,表示该命令所在的一组命令中只能任选一个,有的为当前选定者;

(6) 命令名的右边若还有另一键符或组合键符则为快捷键,例如,【Ctrl】+【C】组合键是"编辑"菜单中的"复制"命令,对应的快捷键。

3) 菜单的基本操作

(1) 选择菜单项,即打开某菜单项的下拉菜单,有以下几种方法:

①将鼠标指针指向某菜单项,单击鼠标左键;

②菜单项旁的圆括号中含有带下划线的字母,按【Alt】+字母键,相当于用鼠标选择该菜单项。例如,按【Alt】+【V】组合键,可以弹出"查看"菜单项的下拉菜单。

(2) 在下拉菜单中选择某命令有如下几种方法:

①指向并单击对应命令;

②按方向键到对应命令处,再按【Enter】键;

③打开下拉菜单后,键入命令名旁小括号中的英文字母选择该命令。

(3) 取消下拉菜单的方法为:在菜单外单击鼠标左键,或按【Alt】键(或【F10】键)。

8. 对话框与对话框的基本操作

1) 对话框及其组成元素

对话框是提供信息或要求用户提供信息弹出的窗口,"屏幕保护程序"设置对话框如图 1-45 所示。

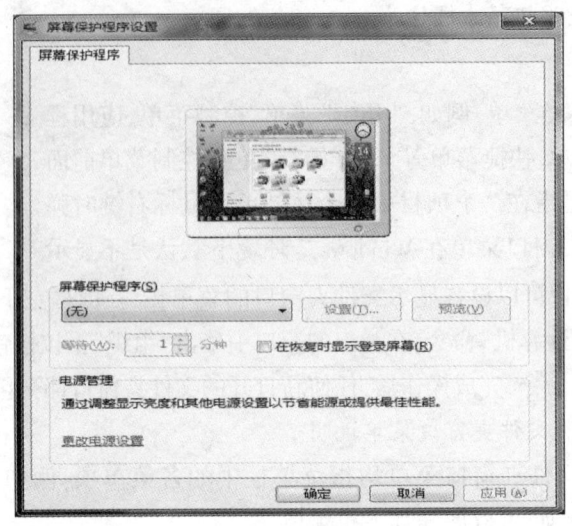

图 1-45 "屏幕保护程序设置"对话框

对话框中通常有不同的选项卡(也称标签),选项卡的信息可以由不同的功能部分(也称栏)和各命令按钮组成,在图 1-45 中,只有"屏幕保护程序"选项卡。不同选项卡中包含文本框、选项按钮(或称单选按钮)、选择框(或称复选框)、列表框、微调按钮、命令按钮等元素。对话框的某一栏中可能有若干个单选按钮,被选择后中间出现黑点。对话框的某一栏中可能有若干个复选框,允许勾选多项。文本框是提供给用户输入一定的文字和数值信息的区域,其中可能空白也可能有系统填入的缺省值。

微调按钮前的文本框一般要求用户确定或输入一个特定的数值,单击微调按钮可以改变文本框中的数值。

列表框中列出可选内容,框中内容较多时,会出现滚动条。有的列表框是下拉式的,称为下拉式列表框,平时只列出一个选项,当单击列表框右边的向下箭头时,将显示其他选项。

2) 对话框的有关操作

(1) 在在对话框的相应位置单击鼠标左键,按【Tab】键移向前一部分,按【Shift】+【Tab】组合键移向后一部分。

(2) 文本框的操作。用户可以保留文本框中系统提供的缺省值,也可以卸载缺省值,输入新值。

(3) 打开下拉列表框,并从中选择命令。在列表框右边的箭头处单击鼠标左键,利用滚动条待选显示命令,然后选择相应命令。

(4) 选定菜单选项按钮。在对应的单选按钮或在按钮后的文字上单击。

(5) 选定或清除选择框。在对应复选框上单击,方框内出现"√"表示选定,再次单击,清除"√",中空表示不选定。

(6)选择命令按钮,即执行该按钮对应的命令。单击命令按钮,当某个命令按钮的命令名周围出现黑框时,表示这个按钮处于选定状态,这时按【Enter】键即表示选择该命令按钮,执行按钮对应的命令。命令名后带"…"的命令按钮,被选择后将弹出新的对话框。

(7)关闭对话框。单击"取消"按钮、单击窗口关闭钮或按【Esc】键可以关闭对话框。

9. 获取系统的帮助信息

Windows 7 提供了综合的联机帮助系统,借助帮助系统,用户可以方便快捷地找到问题的答案,以便更好地了解和操作计算机系统。获取系统帮助信息主要有以下几种途径。

1)利用"开始"菜单的"帮助和支持"命令

在"开始"菜单中选择"帮助和支持"命令,弹出"Windows 帮助和支持"窗口,如图 1-46 所示。该窗口以 Web 网页的形式向用户提供联机帮助,在主页上用户可以方便地选择系统提供的帮助主题,请求远程帮助或选择完成一个任务。在窗口的"搜索帮助"文本框中输入需要帮助的内容后,单击右侧的搜索图标,即可得到相关的帮助信息,有用的结果显示在顶部,单击其中一个结果以阅读主题。单击"浏览帮助"按钮,用户可以在"浏览帮助"文本框中输入帮助主题来浏览项目。

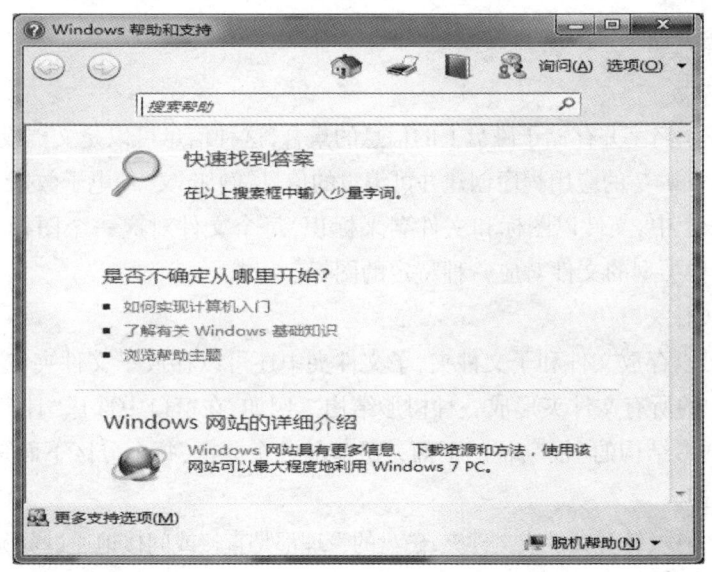

图 1-46 "Windows 帮助和支持"窗口

2)其他求助方法

(1)获取对话框中特定项目的帮助信息。在标题栏中含有"?"图标的对话框中单击该图标按钮,或按【F1】键,便可以得到关于该项目的帮助信息。

(2)获取工具栏和任务栏的提示信息。任务栏和工具栏上有许多图标按钮,将鼠标指向某个按钮并保持鼠标不动,可以得到关于该按钮的简单提示信息。

10. 在 Windows 7 下执行 DOS 命令

在屏幕左下角单击"开始"按钮,在弹出的菜单中选择"所有程序|附件|命令提示符"命令,弹出如图 1-47 所示的窗口。在 DOS 状态提示符后,输入需要执行的 DOS 命令,例如,输入"ipconfig/all"命令查看计算机的名称。单击窗口的关闭按钮,退出 DOS 命令窗口。

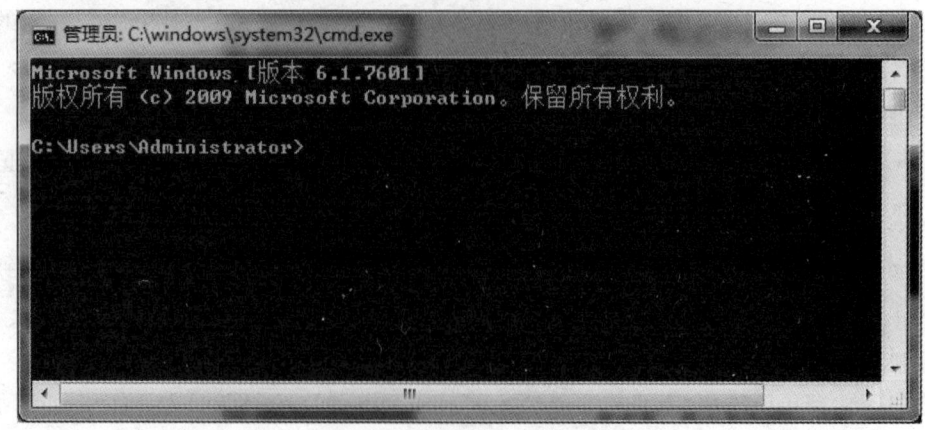

图1-47 DOS命令窗口

注意：不是所有的 DOS 命令都可以在 Windows 中执行，因此，在 Windows 下执行 DOS 命令要慎重，注意查阅 DOS 和 Windows 手册的有关部分。

1.4.4 文件、文件夹与磁盘管理

1. 基本概念介绍

1）文件与文档

文件指被赋予名字并存储于磁盘上的信息的集合，这种信息可以是文档或应用程序；而文档则指使用 Windows 7 的应用程序创建并可编辑的信息，例如，文章、电子数据报表或图片等。

在 Windows 7 中，文件以图标和文件名来标识，每个文件对应一个图标，卸载文件图标即卸载文件，一种类型的文件对应一种特定的图标。

2）文件或文件夹

文件夹中可以存放文件和子文件夹，子文件夹中还可以存放子文件夹，这种包含关系使得 Windows 7 中的所有文件夹形成一种树形结构。例如，在窗口中选择"计算机"命令，相当于展开文件夹树形结构的"根"，根的下面是磁盘的各个分区，每个分区下面是第一级文件夹和文件，以此类推。

在 Windows 7 中，针对文件或文件夹、磁盘的管理都是直接或间接地通过资源管理器进行的。

2. 资源管理器

Windows 7 利用资源管理器实现对系统软、硬件资源的管理。在资源管理器中同样可以访问控制面板中各个程序项和有关的硬件设置等。

1）资源管理器的打开

打开资源管理器的方法如下：

（1）在屏幕左下角单击"开始"按钮，在弹出的菜单中找到"Windows 资源管理器"命令，单击鼠标右键，在弹出的快捷菜单中选择"锁定到任务栏"命令，以后便可以在任务栏中单击其按钮，直接打开资源管理器；

（2）在"开始"菜单中选择"开始|所有程序|附件|Windows 资源管理器"命令；

（3）在"开始"按钮上单击鼠标右键，在弹出的快捷菜中选择"打开 Windows 资源管理

器"命令。

打开后的资源管理器如图1-48所示。

2)资源管理器窗口组成

(1)组成概述。前面介绍了一般窗口的组成元素,而资源管理器的窗口更具代表性,也更能体现Windows的特点。资源管理器窗口中除了一般的窗口元素(标题栏、菜单栏、工具栏、状态栏等),还有地址栏、导航窗格、细节窗格和预览窗格等。

资源管理器的工作区分成左右两个窗口,左、右窗口之间有分隔条,鼠标指向分隔条呈现双向箭头时,可以按住鼠标左键拖动鼠标改变窗口的大小。

(2)收藏夹。收藏夹收录了用户可能经常访问的位置。默认情况下,收藏夹中有三个快捷方式,即"下载"、"桌面"和"最近访问的位置"。"下载"是从因特网下载时默认存档的位置;"桌面"指向桌面的快捷方式,当用户希望存储文档到桌面时,可以通过此快捷方式找到桌面位置;"最近访问的位置"中记录了用户最近访问过的文件或文件夹所在的位置。当用户拖动一个文件夹到收藏夹中时,表示在收藏夹中建立快捷方式。

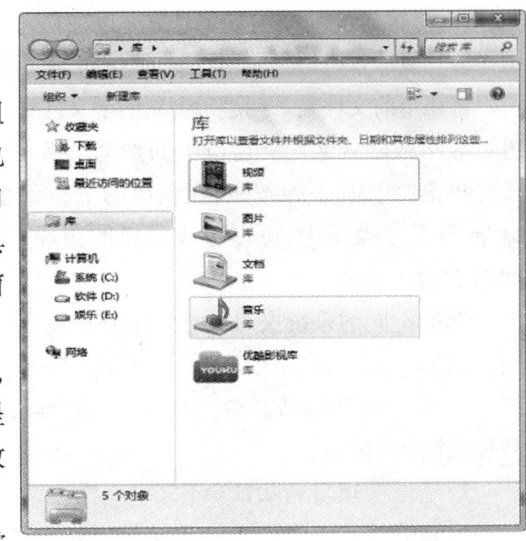

图1-48　Windows 7资源管理器

(3)库。库是Windows 7引入的一项新功能,用于快速地访问用户的重要资源,其实现方式类似于应用程序或文件夹的快捷方式。默认情况下,库中存在四个子库,分别是"文档库""图片库""音乐库"和"视频库",它们分别与当前用户的"我的文档""我的图片""我的音乐"和"我的视频"文件夹链接。当用户在Windows 7提供的应用程序中保存创建的文件时,默认的位置是"文档库"所对应的文件夹,下载的歌曲、视频、网页、图片等也会默认分别存放到相应的四个子库中。

用户可以在库中建立链接,实现与磁盘上的文件夹链接,具体做法是:在左侧任务窗格中的目标文件夹上单击鼠标右键,在弹出的快捷菜单中选择"包含到库中"命令,在其子菜单中选择目标子库中即可,如图1-49所示。通过访问目标库,用户可以快速地找到所需的文件或文件夹。

(4)工具栏。单击文件、用户文件夹和不同的系统文件夹,工具栏显示的按钮会有所不同。选中用户文件夹,工具栏中显示包括"组织""打开""包含到库中""共享""刻录"和"新建文件夹"。单击"组织"下拉按钮,可以对选中的文件或文件夹执行编辑操作,设置文件窗口的布局(例如,隐藏或显示细节窗格等)、文件或文件夹

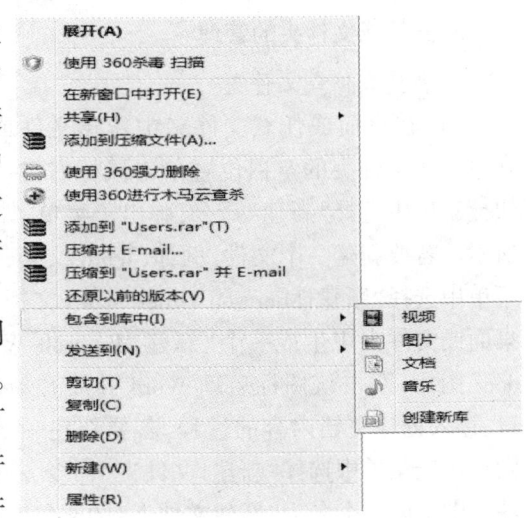

图1-49　"包含到库中"命令

选项等;单击"打开"按钮,可以打开选定的文件夹;选中目标文件夹,单击"包含到库中"下拉按钮,可以将其加入到库中;如果计算机连接到网络上,单击"共享"按钮,可以设置选中的文件夹被工作组其他计算机访问;单击"刻录"按钮,可以将文件夹刻录到光碟中;单击"新建文件夹"按钮,可以将在当前文件夹下创建一个新的子文件夹;单击"显示预览窗格"或"隐藏预览窗格"按钮可以显示或隐藏文件夹窗口中的预览窗格。

单击"组织"下拉按钮,在弹出的下拉菜单中选择"布局"命令,在其子菜单中,可以更改窗口的布局,"布局"菜单命令如图1-50所示。

选择不同的系统文件后,工具栏中显示的按钮会有所不同。例如,在导航窗格中选择"计算机"命令,工具栏显示"组织""系统属性""卸载或更改程序""映射网络驱动器"和"打开控制面板"按钮。

3)资源管理器的基础操作

资源管理器中的许多操作是针对选定的文件夹进行的,因此需要了解"展开文件夹""选定文件夹或文件"的操作。

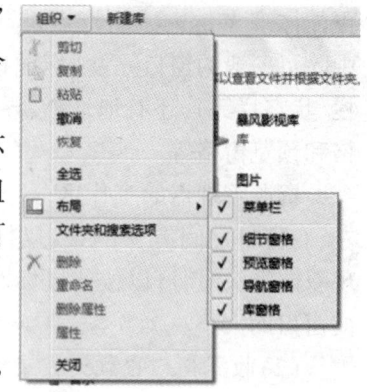

图1-50 "布局"命令

(1)展开文件夹。在资源管理器的导航窗格中,一个文件夹的左边有空心三角符号时,表示它有下一级文件夹,单击空心三角符号,可以在导航窗格中展开下一级文件夹;若单击文件夹的图标,该文件夹将成为当前文件夹,并展开其下一级文件夹在右侧窗口中。

(2)折叠文件夹。在资源管理器的导航窗格中,一个文件夹的左边有实心三角符号时,表示已经在导航窗格中展开其下一级文件夹,单击实心三角符号,可以将下一级文件夹折叠起来。

(3)选定文件夹。选定文件夹使某个文件夹成为当前文件夹,单击一个文件夹的图标,便可选定该文件夹。

(4)选定文件。首先设法使准备选定的目标文件显示在右侧窗口中,然后单击其图标或标识名即可。要选定多个连续的文件,可以在选中文件的同时按【Shift】键;要选定多个不连续的文件,可以在选中文件的同时按【Ctrl】键。

3. 文件或文件夹的管理

1)新建文件或文件夹

(1)在桌面或任意文件夹中新建文件或文件夹。在桌面或文件夹的空白位置单击鼠标右键,在弹出的快捷菜单中选择"新建"命令,弹出子菜单,如图1-51所示。若要新建一个文件,例如,Word文档,则在快捷菜单中选择"新建|Microsoft Office Word 文档"命令,在桌面或文件夹中生成一个"新建 Microsoft Word 文档.doc"图标,双击该图标启动 Word 并展开新文档的窗口,进入创建文档内容的过程,若要新建一个文件夹,则在快捷菜单中选择"新建|文件夹"命令,在桌面或文件夹中生成一个名为"新建文件夹"的文件夹。

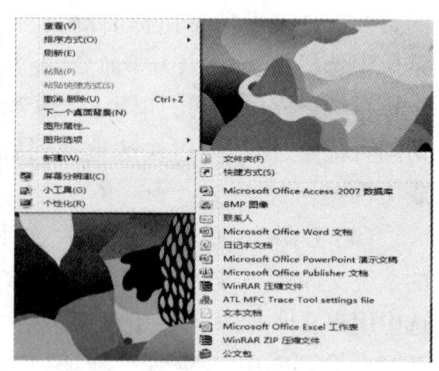

图1-51 新建文件或文件夹

(2)利用资源管理器新建文件或文件夹。在资源管理器的导航窗格中选定某文件夹,在右侧窗口的空白处单击鼠标右键,弹出新建文件夹的快捷菜单,新建文件或文件夹的方法与前面所述相同。单击工具栏中的"新建文件夹"按钮也可以新建文件夹。

(3)启动应用程序后新建文件。这是新建文件最常用的方法。启动一个特定应用程序后立即进入创建新文件的过程,或者在应用程序的菜单栏中选择"文件|新建"命令新建文件。

2)文件或文件夹的打开

打开文件或文件夹有以下三种方法:

(1)在文件或文件夹的图标上双击鼠标左键;

(2)在文件或文件夹图标上单击鼠标右键,在弹出的快捷菜单选择"打开"命令;

(3)在资源管理器或文件夹窗口中选定文件或文件夹,在菜单栏中选择"文件|打开"命令。

打开文件夹意味着打开文件夹窗口,而打开文件则意味着启动创建该文件的应用程序,并在文档窗口中显示文件内容。

如果要打开的文件是非文档文件,即在系统中找不到创建该文件对应的应用程序,则弹出如图 1-52 所示的对话框,单击"从已安装程序列表中选择程序"单选按钮,单击"确定"按钮,弹出如图 1-53 所示的对话框,在其中选择一个特定的应用程序,完成打开任务。

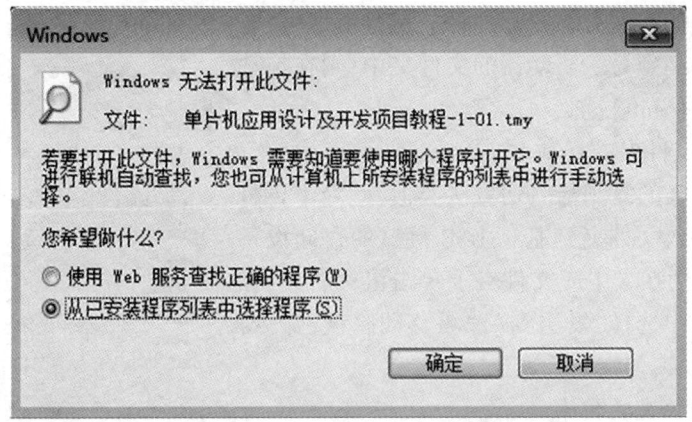

图 1-52 "Windows 无法打开此文件"提示

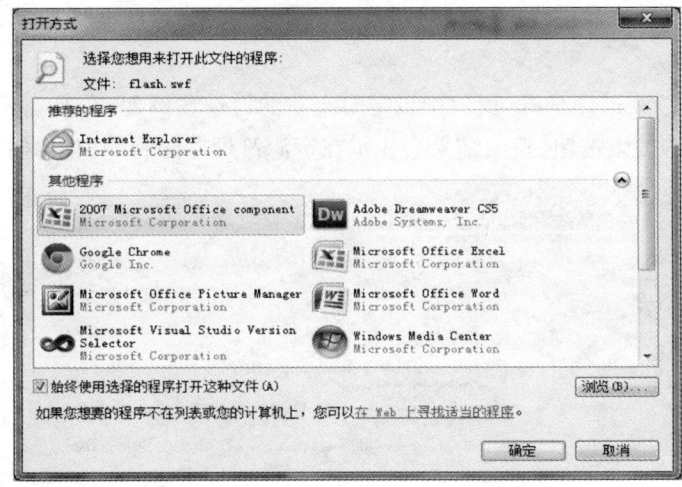

图 1-53 "打开方式"对话框

3)文件或文件夹的更名

(1)在文件或文件夹上单击鼠标右键,在弹出的快捷菜单中选择"重命名"命令,文件名或文件夹名将进入可编辑状态,输入新的名称后按称【Enter】键。

(2)选定文件或文件夹,按功能键【F2】,其标识名进入可编辑状态。

4)文件或文件夹的移动与复制

(1)文件或文件夹的移动。

①利用快捷菜单。在文件或文件夹图标上单击鼠标右键,在弹出的快捷菜单中选择"剪切"命令,在目标位置的空白处单击鼠标右键,在弹出的快捷菜单中选择"粘贴"命令,完成文件或文件夹的移动。

在文件夹窗口或资源管理器窗口的菜单栏中依次选择"编辑|剪切"命令和"编辑|粘贴"命令,同样可以实现项目的移动。

②利用快捷键。选定文件或文件夹,按【Ctrl】+【X】组合键执行剪切操作,定位目标位置后,按【Ctrl】+【V】组合键执行粘贴操作。

③鼠标拖动法。在桌面或资源管理器中可以利用鼠标的拖动操作完成文件或文件夹的移动。若在同一驱动器内移动文件或文件夹,则直接拖动选定的文件或文件夹图标到目的文件夹的图标处释放鼠标键即可;若移动文件或文件夹到另一驱动器的文件夹中,则在拖动鼠标的同时按住【Shift】键。

(2)文件或文件夹的复制。

文件或文件夹的复制与剪切方法类似,此处不再赘述。若复制文件或文件夹到基于 USB 接口的存储设备中(例如 U 盘),则在文中或文件夹上单击鼠标右键,在弹出的快捷菜单中选择"发送到"|"可移动磁盘"命令,如图 1-54 所示。

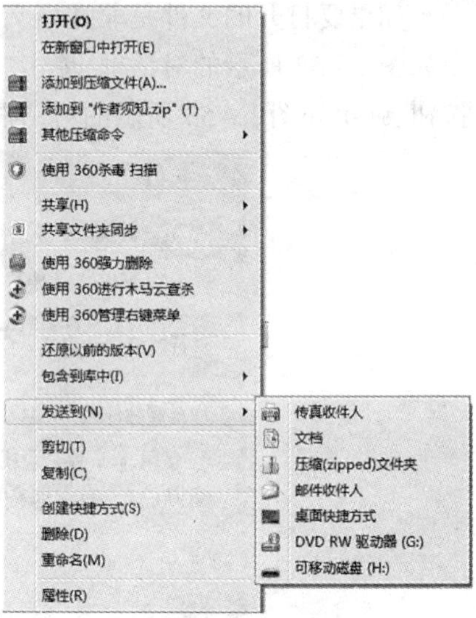

5)文件或文件夹的搜索

为了快速定位所需文件的位置,Windows 7 提供了强大的搜索功能。用户通过设定查找目录和输入查找内容,系统会返回满足该查找条件的文件或文件夹信息。

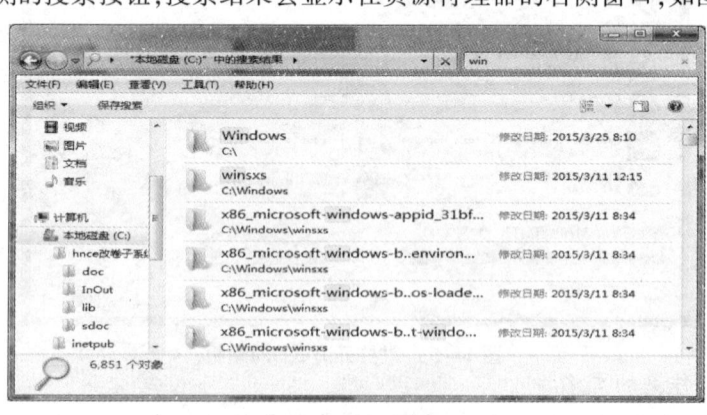

图 1-54 "发送到|可移动磁盘"命令

(1)基本搜索。在"计算机"窗口中设定要查找的目录。例如,在 C 盘的搜索框中,输入"win",单击右侧的搜索按钮,搜索结果会显示在资源符理器的右侧窗口,如图 1-55 所示。

图 1-55 文件搜索

需要注意的是,对于设定目录下的文件或文件夹,当搜索的文件和文件夹的数量比较庞大时,工具栏下面将弹出提示信息"在没有索引的位置搜索可能较慢,请添加到索引…",如图1-56所示。之所以弹出该提示信息,是因为没有为搜索内容建立索引。在此提示信息处单击鼠标右键,在弹出的快捷菜单中选择"添加到索引"命令,为该搜索内容建立索引,下次查找该内容时,就不会弹出该提示内容。

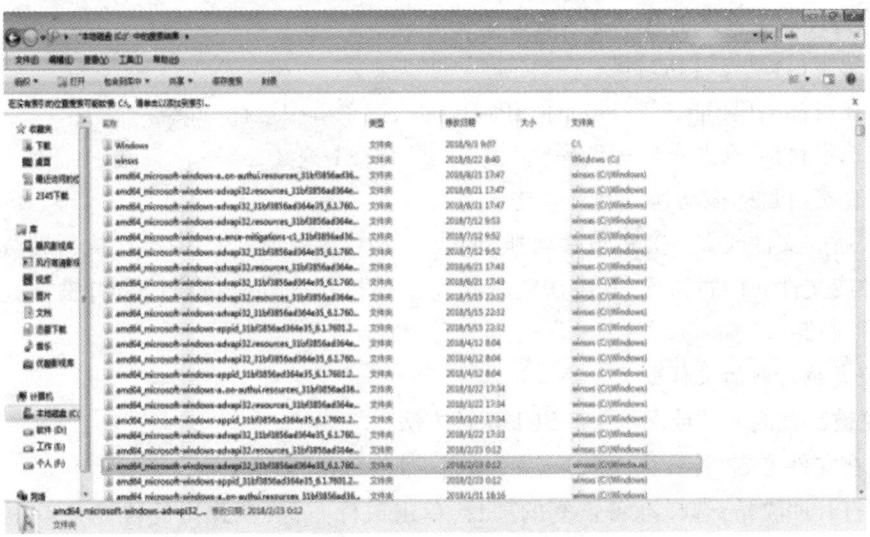

图1-56 搜索界面

然而,在很多情况下,用户期望找到其内容包含搜索词的文件集合,因此,Windows 7 提供了基于内容的搜索方法。在"库"窗口中,单击"组织"下拉按钮,在弹出的下拉菜单中选择"文件夹和搜索选项"命令,如图1-57所示。在弹出的"文件夹选项"对话框中单击"搜索"选项卡,如图1-58所示。在"搜索方式"栏中单击"始终搜索文件名和内容(此过程可能需要几分钟)"单选按钮,然后单击"确定"按钮,下次搜索时将检查文件内容是否包含搜索内容。用户还可以设置其他的搜索选项。

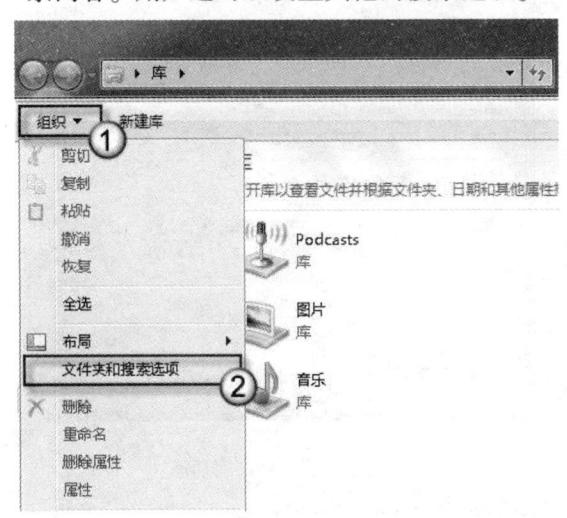

图1-57 在"库"窗口中选择文件夹及搜索界面

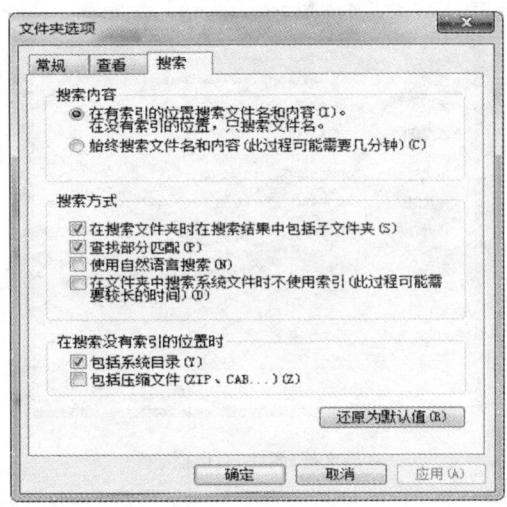

图1-58 "搜索"选项卡

(2)筛选搜索。用户如果提前知道需搜索文件或文件夹的修改日期或者文件的大小,则可以设置筛选条件,以提高搜索的效率。单击"计算机"窗口右上角的搜索框,激活其筛选搜索界面,在弹出的下拉列表中的"添加搜索筛选器"栏提供了"修改日期"和"大小"两个选项,用户可以根据修改日期或文件大小进行相关搜索条件的设置。

6) 文件或文件夹的卸载

卸载文件或文件夹的有以下四种方法:

(1)选定目标后按【Del】键;

(2)在目标上单击鼠标右键目标,在弹出的快捷菜单中选择"卸载"命令;

(3)选定目标,在菜单栏中选择"组织|卸载"命令;

(4)直接将目标拖动到"回收站"中。

卸载后的文件或文件夹将被移动到"回收站"中,在"回收站"中再次执行卸载操作,才能将文件或文件夹彻底卸载,其方法为在执行上述操作的同时按住【Shift】键,则不经回收站,直接彻底卸载。

7) 恢复被卸载的文件或文件夹

恢复被卸载的文件或文件夹有以下两种方法:

(1)在文件夹或"计算机"窗口选择"编辑|撤销卸载"命令;

(2)打开回收站,选择准备恢复的项目,单击鼠标右键,在弹出的快捷菜单中选择"还原"命令,将被卸载的文件或文件夹恢复到原位。

8) 查看与设置文件或文件夹的属性

要了解或设置文件或文件夹的有关属性,则在文件或文件夹上单击鼠标右键,在弹出的快捷菜单中选择"属性"命令,弹出如图1-59所示的对话框。

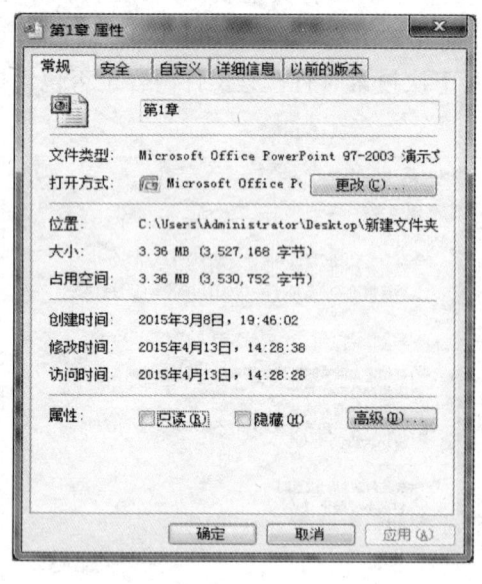 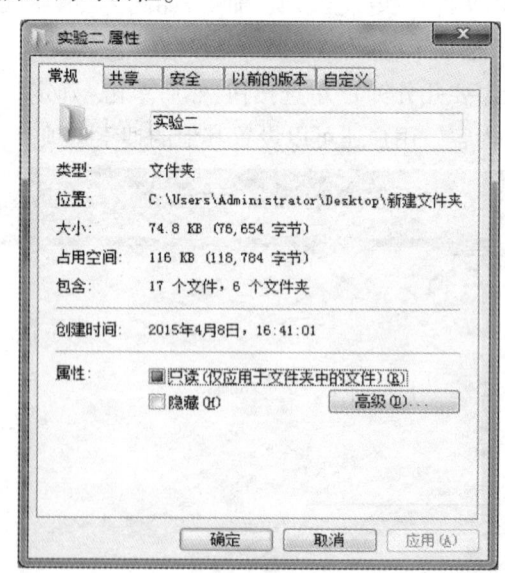

(a)文件"属性"对话框　　　　　　　　　　(b)文件夹"属性"对话框

图1-59　文件与文件夹属性

文件的常规性质包括文件名,文件类型,文件打开方式,文件存放位置,文件大小及占用空间,创建、修改及访问时间,文件属性等。文件夹的属性有只读和隐藏两种,其中,只读属性可以防止文件被修改,隐藏属性使文件不出现在桌面、文件夹或"计算机"窗口中。

在文件"属性"对话框中单击"常规"选项卡,在"属性"栏中勾选复选框,可以设置文件的属性,单击"更改"按钮,可以改变文件的打开方式。

文件夹"属性"对话框的"常规"选项卡内容与文件基本相同,其中,"自定义"选项卡用于更改文件夹的显示图标,而其独有的"共享"选项卡用于设置文件夹成为本地或网络上共享的资源。

9) 显示文件的扩展名

在 Windows 7 中,用图标和文件名标识文件,用图标区分文件的类型。事实上,区分不同文件类型的关键在于文件的扩展名。在"计算机"窗口单击工具栏中单击"组织"下拉按钮,在其下拉菜单中选择"文件夹和搜索选项"命令,在弹出的对话框中单击"查看"选项卡,取消对"隐藏已知文件类型的扩展名"复选框的选择,显示文件的扩展名。

4. 磁盘管理

在"计算机"或资源管理器窗口中,要知道某磁盘分区的有关信息,可以在相应分区单击鼠标右键,在弹出的快捷菜单中选择"属性"命令,弹出磁盘分区属性对话框中,单击"常规"选项卡,如图 1-60(a)所示,可以了解磁盘的卷标(在此修改卷标)、类型、采用的文件系统,以及该分区空间使用情况等信息。单击此选项卡中的"磁盘清理"按钮,可以启动磁盘清理程序。

在磁盘属性对话框中单击"工具"选项卡,如图 1-60(b)所示,该选项卡提供了三个磁盘维护程序。单击"查错"栏中的"开始检查"按钮,相当于启动磁盘扫描程序;单击"碎片整理"栏中的"立即进行碎片整理"按钮,相当于启动"磁盘碎片整理程序";单击"备份"栏中的"开始备份"按钮,相当于启动备份程序,对硬盘中的部分数据进行备份。

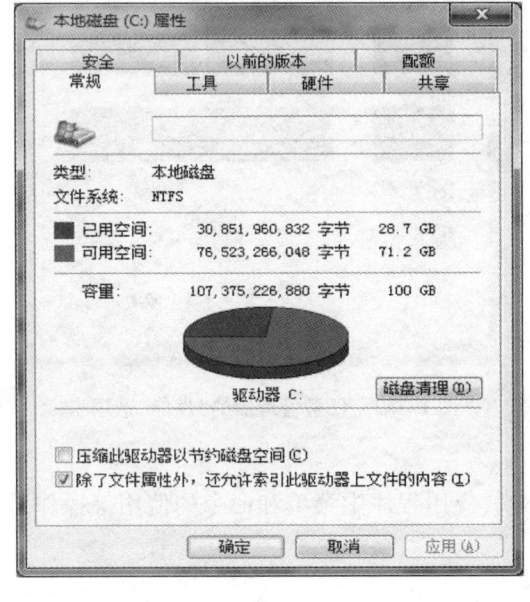

(a) "常规"选项卡

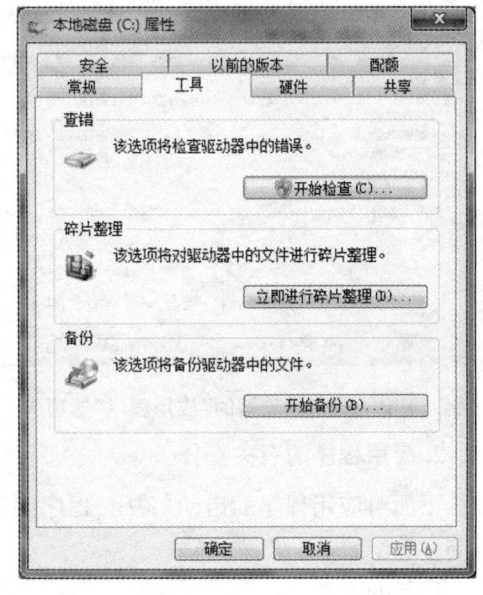

(b) "工具"选项卡

图 1-60　磁盘属性对话框

1.4.5 任务管理

1. 任务管理器简介

1）任务管理器的作用

任务管理器可以提供正在计算机上运行的程序和进程的相关信息。用户使用任务管理器可以快速查看正在运行的程序的状态,终止已经停止响应的程序,切换程序,运行新的任务。利用任务管理器还可以查看图形和数据的内存使用情况等。

2）打开任务管理器

打开任务管理器有以下两种方法：

(1) 在任务栏的空白处单击鼠标右键,在弹出的快捷菜单中选择"启动任务管理器"命令；

(2) 按住【Ctrl】+【Alt】+【Del】组合键,在弹出的 Windows 7 运行界面中选择"启动任务管理器"命令。

在任务管理器中单击"应用程序"选项卡,如图 1-61 所示,该选项卡列出了目前正在运行的应用程序名,选择其中的一个任务,单击"切换至"按钮,可以使该任务对应的应用程序窗口成为活动窗口；当某个应用程序无法响应时,可以选择其对应的程序名,单击"结束任务"按钮,结束该程序的运行状态。

在任务管理器中单击"性能"选项卡,如图 1-62 所示,该选项卡显示了 CPU、内存的相关数据和图形。

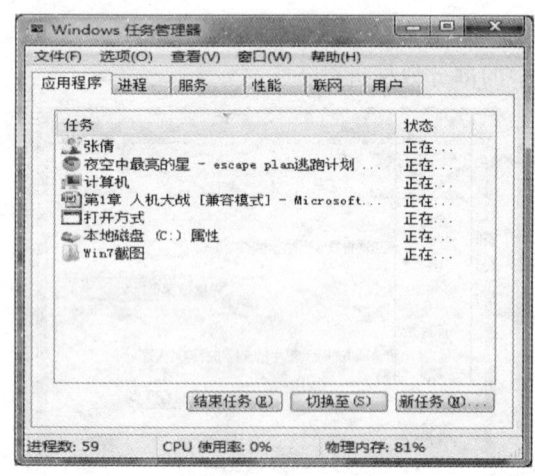

图 1-61　任务管理器的"应用程序"选项卡　　图 1-62　任务管理器的"性能"选项卡

2. 应用程序的有关操作

下面对应用程序的启动、关闭、程序间的切换、应用程序中菜单和命令的使用等操作进行简要介绍。

1）应用程序的启动

应用程序有以下五种启动方法：

(1) 在"开始"菜单或其子菜单中选择应用程序对应的快捷方式；

(2)在桌面、任务栏(快速启动栏或活动任务区)或者文件夹中单击应用程序快捷方式,可以打开该应用程序,或者直接双击应用程序图标,打开相应的应用程序;

(3)在屏幕左下角单击"开始"按钮,在弹出的菜单中选择所有程序|附件|运行"命令,弹出"运行"对话框,在"打开"文本框输入要运行的程序的全名,或者单击"浏览"按钮,在磁盘中查找定位要运行的程序;

(4)在屏幕左下角单击"开始"按钮,在弹出的菜单中的"搜索程序和文件"输入框中输入要查找的程序名,在查找的结果中选择要打开的程序;

(5)在任务管理器的"应用程序"选项卡中单击"新任务"按钮,弹出的对话框与选择"开始"菜单的"运行"命令弹出的对话框基本相同,之后的操作也相同。

2)应用程序之间的切换

应用程序之间有以下三种切换方式:

(1)单击任务栏活动任务区中的应用程序标题栏按钮;

(2)按【Alt】+【Tab】组合键或【Alt】+【Shift】+【Tab】组合键;

(3)在任务管理器的"应用程序"选项卡中选择要切换的程序名,单击"切换至"按钮。

3)关闭应用程序与结束任务

关闭应用程序是指正常结束一个程序的运行,方法有如下三种:

(1)按【Alt】+【F4】组合键;

(2)单击窗口的关闭钮,或者在菜单栏中选择"文件|退出"命令;

(3)双击控制菜单按钮,或者单击控制菜单按钮,在弹出的菜单中选择"关闭"命令。

结束任务的操作通常指结束运行不正常的程序,为此,可以在任务管理器的"应用程序"选项卡中选择要结束任务的程序,单击"结束任务"按钮。

4)安装应用程序

(1)自动执行安装。目前大多数软件的安装光碟中附有安装功能,将安装光碟放入光驱自动启动安装程序,用户根据安装程序的引导完成安装任务。

(2)运行安装文件。打开安装文件所在的目录,双击安装程序的可执行文件即可。通常情况下,安装文件名称为"setup.exe"或"安装程序.exe"。根据安装程序的引导完成安装任务。

5)更改或卸载程序

(1)在屏幕左下角单击"开始"按钮,在弹出的菜单中找到目标程序。通常情况下每个程序都会对应一个卸载程序,选择"卸载程序"命令,用户根据卸载程序的引导完成卸载任务。

(2)在屏幕左下角单击"开始"按钮,在弹出的菜单中选择"计算机"命令,弹出的"计算机"窗口。在工具栏中单击"卸载或更改程序"按钮,弹出如图1-63所示的窗口。该窗口的列表给出了已经安装的程序,在列表中的某一项上单击鼠标右键,在弹出的快捷菜单中选择"更改"或"卸载"命令。

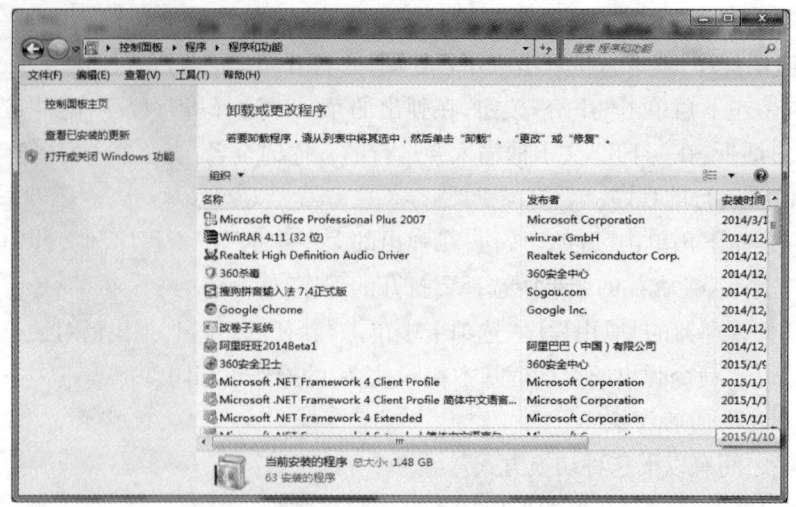

图 1-63 "卸载或更改程序"窗口

1.4.6 控制面板与环境设置

1. 控制面板简介

控制面板是 Windows 7 系统工具中的一个重要文件夹,其中包含许多独立的工具,如图 1-64 所示,它允许用户查看并操作基本的系统设置和控制,包括添加新硬件、对设备进行设置与管理、管理用户帐户、调整系统的环境参数和各种属性等。

图 1-64 "控制面板"窗口

打开控制面板有如下三种方法:

(1) 在屏幕左下角单击"开始"按钮,在弹出的菜单中选择"控制面板"命令;

(2) 在"计算机"窗口的工具栏中选择"打开控制面板"命令;

(3) 在屏幕左下角单击"开始"按钮,在弹出的菜单中选择"所有程序|附件|系统工具|控制面板"命令。

2. 显示属性设置

在控制面板中单击"显示"图标,弹出如图1-65所示的窗口,用户在窗口右侧可以为屏幕上的文本和项目设置合适的大小。

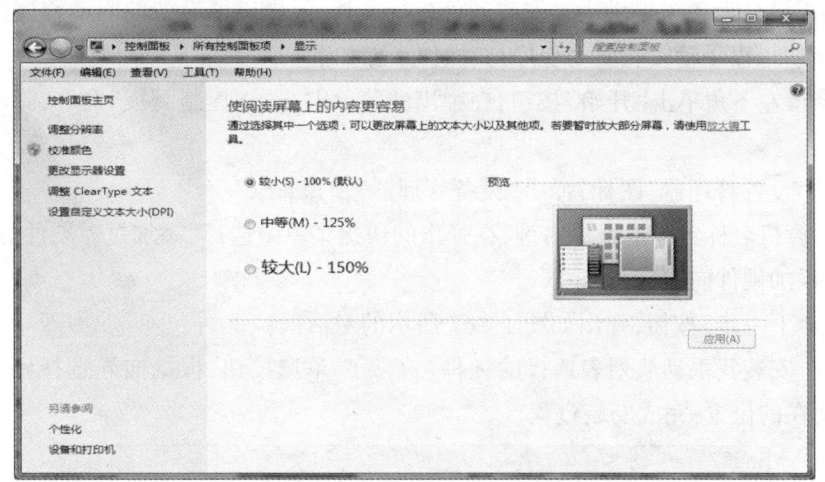

图1-65 控制面板"显示"命令窗口

窗口左侧显示的是导航链接,选择"调整分辨率"命令,弹出如图1-66所示的窗口,单击"分辨率"按钮,在弹出的下拉列表框中根据需要设定合适的显示器分辨率。

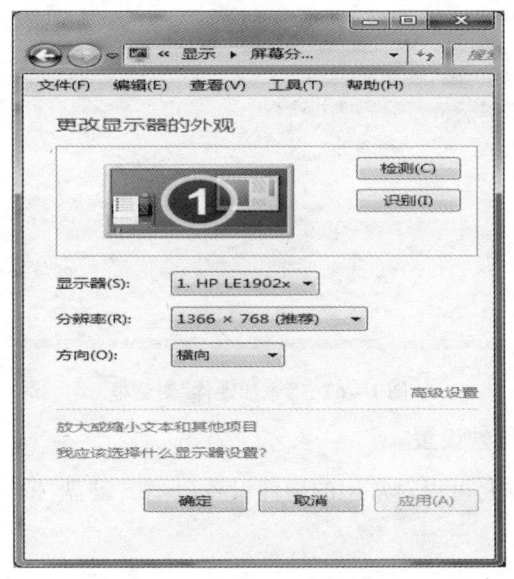

图1-66 调整显示器属性对话框

3. 添加新的硬件设备

当添加一个新的硬件设备到计算机时,应先将新的硬件连接到计算机上,Windows 7会自动尝试安装该设备的驱动程序。驱动程序在设备与计算机之间架起一座桥梁,保证两者之间能够进行正常的通信。

Windows 7对设备的支持有了很大的改进。通常情况下,当设备与计算机连接时,Windows 7会自动完成驱动程序的安装,不需要人工的干预。完成安装后,用户可以正常地使用设备,否则,需要手工安装驱动程序。手工安装驱动程序有两种方式。

(1)利用硬件设备自带的安装光碟或者从网上下载相应的安装程序,根据安装提示进行安装。

(2)如果硬件设备未提供用来安装的可执行文件,但提供了设备的驱动程序(无自动安装程序),用户可以手动安装驱动程序,其操作步骤如下:

①在屏幕左下角单击"开始"按钮,在弹出的菜单中选择"控制面板"命令,弹出"控制面板"窗口;

②单击"设备管理器"图标,弹出"设备管理器"窗口;

③在计算机名称上单击鼠标右键,在弹出的快捷菜单中选择"添加过时硬件"命令,弹出"欢迎使用添加硬件向导"对话框;

④单击"下一步"按钮,弹出如图1-67所示的对话框;

⑤单击"安装我手动从列表选择的硬件(高级)"单选按钮,根据向导选择硬件的类型、驱动程序所在的位置,完成安装过程。

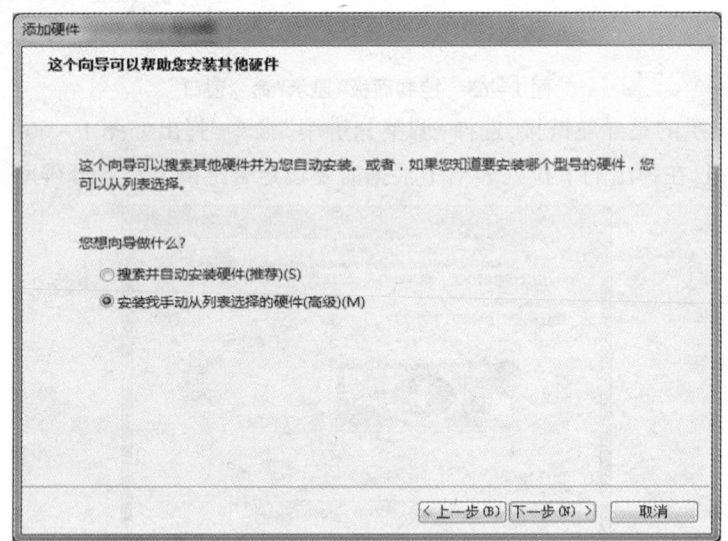

图1-67 "添加硬件"对话框

4. 常见硬件设备的属性设置

在"控制面板"窗口中,可以对常用的硬件设备(例如,键盘、鼠标、打印机、显示器等)进行相关的设置。

1)键盘属性的设置

在控制面板中单击"键盘"图标,弹出如图1-68所示的对话框,用户可以根据需要,适当调整键盘按键的反应速度和文本光标的闪烁频率等。

2)鼠标属性的设置

在"控制面板"窗口中单击"鼠标"图标,弹出如图1-69所示的对话框,在"按钮"选项卡中可以将一般用户习惯的鼠标右手操作方式改为左手操作方式,并设置鼠标双击的速度。在"滑轮"选项卡中可以设置鼠标滑轮一次滚动的行数。在"指针选项"选项卡中可以设置鼠标指针在屏幕上移动的速度和"是否显示指针的轨迹"。

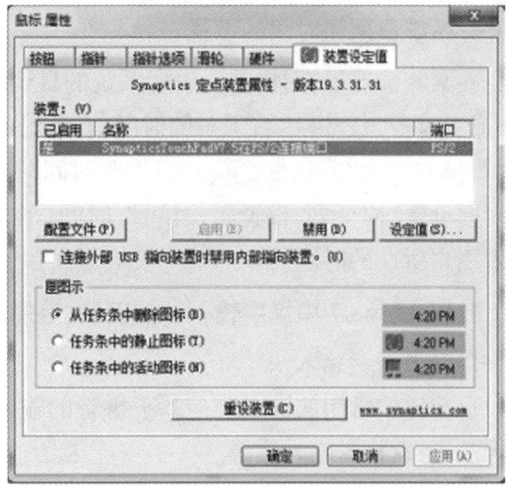

图1-68 "键盘属性"对话框　　图1-69 "鼠标属性"对话框

3) 打印机的管理

在"控制面板"窗口中单击"设备和打印机"图标,或者在屏幕的左下角单击"开始"按钮,在弹出的菜单中选择"设备和打印机"命令,弹出如图1-70所示的窗口。在窗口的工具栏中选择"添加设备"或"添加打印机"命令,添加新的设备或打印机到计算机中。在目标打印机上单击鼠标右键,在弹出的快捷菜单中选择并执行与选定的打印机有关的任务。例如,选择并执行"查看现在正在打印机打印什么""设置为默认打印机""打印首选项""打印机属性"等命令,选择"打印机属性"命令,设置打印机为工作组的其他计算机所共享。

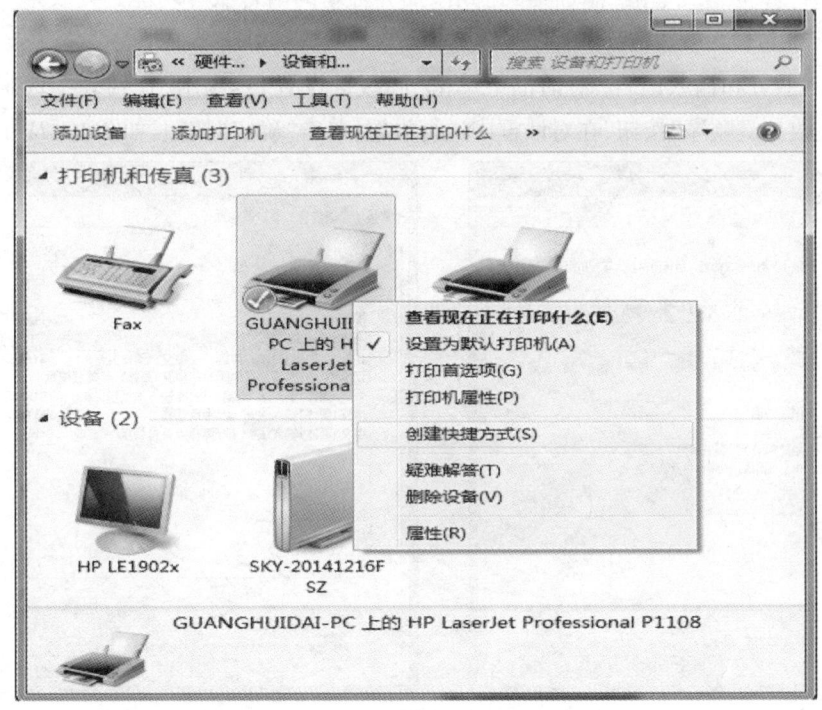

图1-70 "设备和打印机"窗口

5. 系统日期和时间的设置

在某些情况下，用户需要设置系统的日期/时间，在"控制面板"中单击"日期和时间"图标，或者单击"任务栏"右下角的时间，在弹出的界面中单击"更改日期和时间设置"链接，弹出"日期和时间"对话框，单击"日期和时间"选项卡单击"更改日期和时间"按钮，弹出"日期和时间设置"对话框，设置年、月、日、时间；单击"更改时区"按钮，弹出"时期设置"对话框，设置用户所在的时区。

6. Windows 7 中汉字输入法的安装、选择及属性设置

1）安装新的输入法

目前比较常用的输入法是基于拼音的输入法和五笔输入法，拼音输入法包括搜狗拼音输入法、谷歌拼音输入法等。

2）输入法的选择

单击语言栏图标，在弹出的列表中选择某种输入法。不同输入法之间的切换也可以使用【Ctrl】+【Shift】组合键，使用【Ctrl】+空格组合键可以完成中文输入法与英文输入法之间的切换。

3）输入法的卸载与添加

在语言栏图标上单击鼠标右键，在弹出的快捷菜单中选择"设置"命令，弹出"文本服务和输入语言"对话框，如图 1-71(a)所示。在"常规"选项卡中选中一种输入法，单击"卸载"按钮，卸载在列表中选定的文字服务功能，而且在启动或登录计算机时，已卸载的选项将不再加载到计算机中。单击"添加"按钮则添加一种新的语言服务功能到列表中。

4）输入法热键的设置

在"文本服务和输入语言"对话框中单击"高级键设置"选项卡，在列表中选定某种输入法，单击"更改按键顺序"按钮，在对话框中进行设置，单击"确定"按钮，如图 1-71(b)所示。

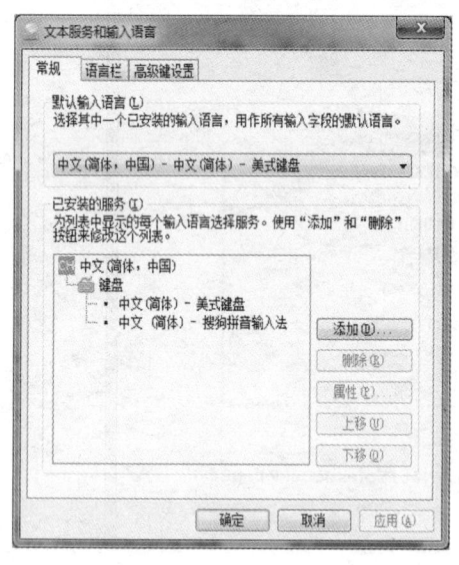

(a)"常规"选项卡

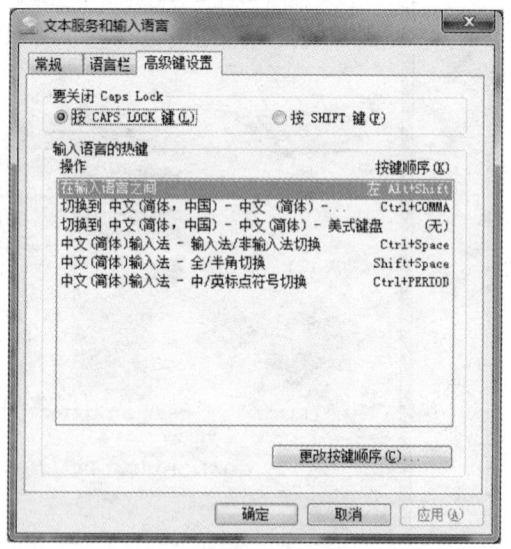

(b)"高级键设置"选项卡

图 1-71 "文本服务和输入语言"对话框

7. 个性化环境设置与用户帐户管理

Windows 7 在安装过程中允许设定多个用户使用同一台计算机,每个用户可以设置个性化的环境,这意味着每个用户可以有不同的桌面、"开始"菜单、收藏夹、文档目录以放置每个用户收集的图片,音乐和下载的信息等。每个用户还可以拥有对相同资源不同的访问方式。

计算机中的用户有计算机管理员帐户和受限制帐户两种类型,用户帐户建立了分配给每个用户的特权,定义了用户可以在 Windows 7 中执行的操作。

一台计算机上可以有多个帐户,至少有一个拥有计算机管理员帐户的用户。计算机管理员帐户是专门为可以对计算机进行全系统更改、安装程序和访问计算机上所有文件的用户而设置的。只有拥有计算机管理员帐户的用户才拥有对计算机上其他用户帐户的完全访问权,并创建和卸载计算机上的用户帐户,为计算机上其他用户帐户创建帐户密码,更改其他用户的帐户名、图片、密码和帐户类型等。

被设置为受限制帐户的用户可以访问已经安装在计算机上的程序,但不能更改计算机设置和卸载重要文件,不能安装软件或硬件。受限制帐户的用户可以更改其帐户图片,创建、更改或卸载其密码,但不能更改帐户名称和帐户类型。对使用受限制帐户的用户来说,某些程序可能无法正确工作,如果发生这种情况,可以由拥有计算机管理员帐户的用户将其帐户类型临时或者永久地更改为计算机管理员。

在"控制面板"窗中单击"用户帐户"图标,弹出如图 1-72 所示的窗口,从中选择一项任务实现对"用户帐户"的管理和设置。

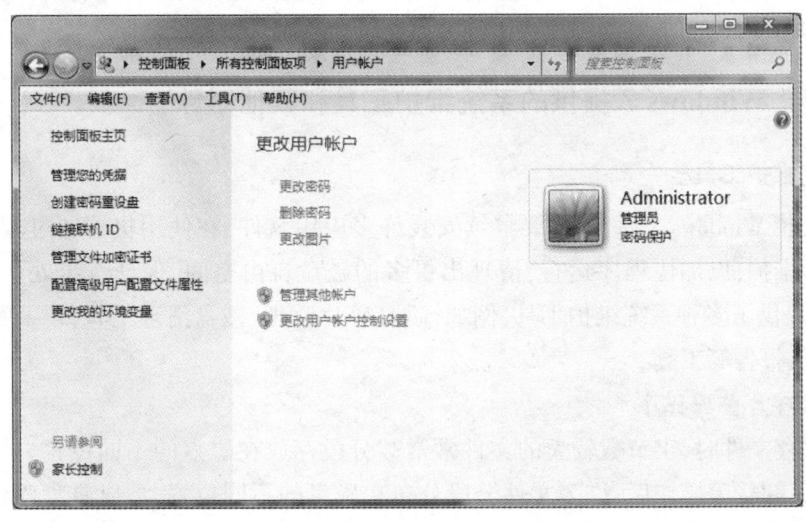

图 1-72 "用户帐户"窗口

8. 备份文件和设置

Windows 7 提供的备份功能包括备份文件、文件夹以及用户的有关设置等,用于避免误卸载、病毒破坏、磁盘损坏等原因导致用户重要数据的丢失。

为了执行备份操作,可以在屏幕左下角单击"开始"按钮,在弹出的菜单中选择"控制面板"命令,弹出"控制面板"窗口,将查看方式设置为小图标显示方式,选择"备份和还原"命令,弹出"备份和还原"窗口,如图 1-73 所示。单击"设置备份"命令,系统会自动搜索可以用来存储备份数据的存储介质。推荐用户使用时可刻录光碟、移动硬盘、U 盘等外部存储介质,避免计算机的磁盘发生损坏的影响备份数据。

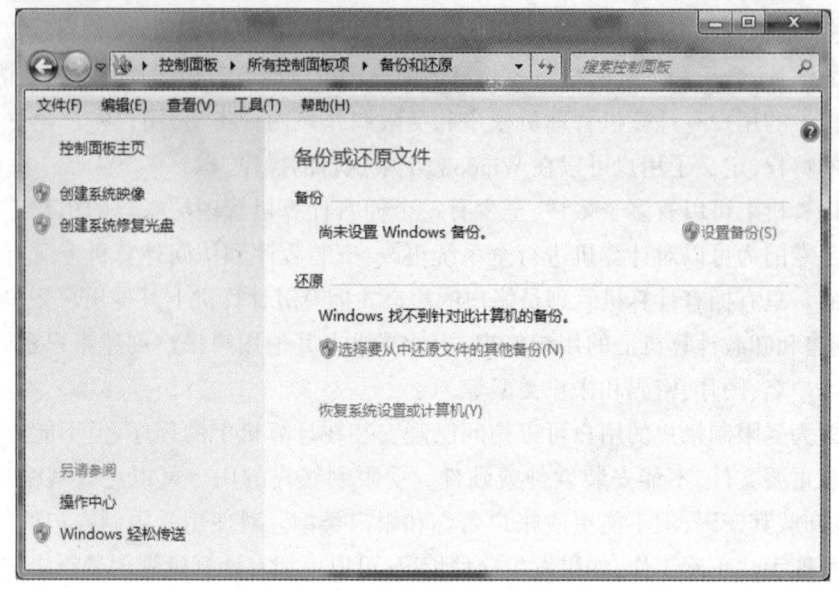

图 1-73 "备份和还原"窗口

如果需要还原备份的文件,则在如图 1-73 所示的窗口中选择"选择要从中还原文件的其他备份"命令,然后根据还原向导进行操作。需要注意的是,还原备份的文件之前,必须要有正确的备份文件,即由备份操作产生的备份文件。

1.4.7 Windows 7 提供的系统维护工具和其他附件

1. 系统维护工具

用户安装 Windows 7 后,一般要继续安装许多应用软件,在使用机器的过程中,要经常对系统进行维护,以加快程序运行,清理出更多的磁盘自由空间,保证系统处于最佳状态。Windows 7 提供了多种系统维护工具,例如,磁盘碎片整理、磁盘清理工具,以及系统数据备份、系统信息报告等工具。

1) 磁盘碎片整理程序

用户保存文件时,字节数较大的文件常常被分段存放在磁盘的不同位置。长时间执行文件的写入、卸载等操作后,许多文件分段分布在磁盘的不同位置,形成磁盘碎片。碎片的增加直接影响大文件的存取速度,从而影响机器的整体运行速度。

磁盘碎片整理程序重新安排磁盘中的文件和磁盘自由空间,使文件尽可能存储在连续的单元中,并使磁盘空闲的自由空间形成连续的块。

启动磁盘碎片整理程序的方法如下:

(1) 在屏幕左下角单击"开始"按钮,在弹出的菜单中选择"所有程序|附件|系统工具|磁盘碎片整理程序"命令,启动此程序后,弹出如图 1-74 所示的对话框。

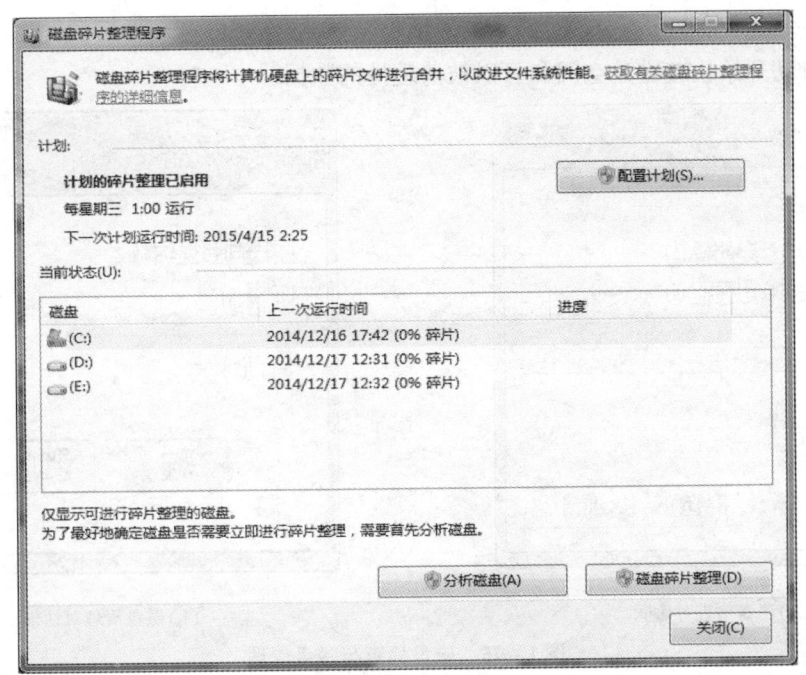

图1-74 "磁盘碎片整理程序"对话框

(2)在"计算机"窗口中的目标磁盘图标单击鼠标右键,在弹出的快捷菜单中选择"属性"命令,在"工具"选项卡的"碎片整理"组中单击"立即进行碎片整理"按钮,也可以启动磁盘碎片整理程序。

2)磁盘检查程序

Windows 7将硬盘的部分空间作为虚拟内存,另外,许多应用程序的临时文件也存放在硬盘中,因此,保持硬盘的正常运转是很重要的。

若用户在系统正常运行或运行某程序、移动文件、卸载文件的过程中,非正常关闭计算机的电源可能造成磁盘的逻辑错误或物理错误,影响机器的运行速度或文件的正常读写。

磁盘检查程序可以诊断硬盘或U盘的错误,分析并修复若干种逻辑错误,查找磁盘的物理错误,即坏扇区,并标记出其位置,下次执行文件写操作时就不会写到坏扇区中。磁盘检查需要较长时间,对某磁盘作检查前必须关闭所有文件,运行磁盘检查程序过程中,该磁盘分区也不可以用于执行其他任务。

启动磁盘检查程序的一种方法是:在"计算机"或"资源管理器"窗口中需要检查的目标磁盘分区目标上单击鼠标右键,在弹出的快捷菜单中选择"属性"命令,在属性窗口"工具"选项卡的"查错"栏中单击"开始检查"按钮,弹出如图1-75(a)所示的对话框,在"检查磁盘选项"栏勾选"自动修复文件系统错误"复选框,单击"开始"按钮。

3)磁盘清理程序

磁盘清理工具可以辨别硬盘上的无用的文件,在征得用户许可后卸载这些文件,以便释放一些硬盘空间。所谓"无用文件"指临时文件、Internet缓存文件和可以安全卸载的不需要的程序文件。

在屏幕的左下角单击"开始"按钮,在弹出的菜单中选择"所有程序|附件|系统工具|磁

盘清理"命令,弹出如图1-75(b)所示的对话框,选择要清理的驱动器后,单击"确定"按钮,该程序便自动开始检查磁盘空间和可以被清理掉的数据。

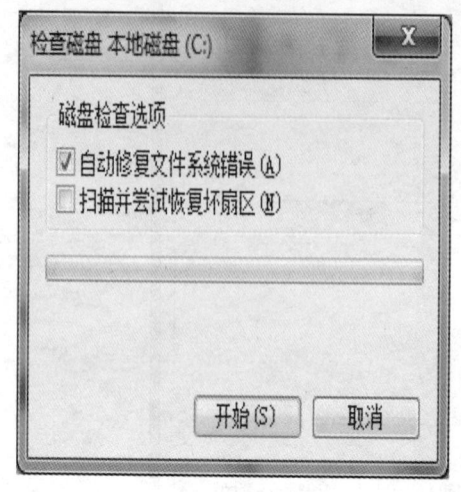
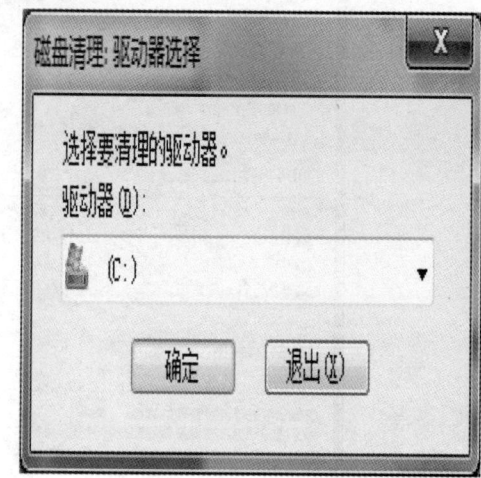

(a)磁盘检查对话框　　　　　　　　　　　　　　(b)磁盘清理对话框

图1-75　磁盘检查与磁盘清理

在"计算机"或"资源管理器"窗口需要清理的磁盘图标上单击鼠标右键,在弹出的快捷菜单中选择"属性"命令,在"属性"窗口的"常规"选项卡中单击"磁盘清理"按钮启动磁盘清理程序,也可以对磁盘进行清理。

清理完毕后,程序将报告清理后可能释放的磁盘空间,列出可以被卸载的目标文件类型和每个目标文件类型的说明,用户选择确定要卸载的文件类型后,单击"确定"按钮即可清理磁盘空间。

2. 记事本

1)记事本的功能

记事本是用来创建和编辑小型文本文件(以. TXT 为扩展名)的应用程序。它保存的TXT文件不包含特殊格式代码或控制码,可以被Windows 7的大部分应用程序调用。正因为记事本保存的是不含格式的纯文本文件,因此常被用于编辑各种高级语言程序文件,并成为创建网页HTML文档的较好工具。

"记事本"窗口打开的文件可以是记事本文件或其他应用程序保存的TXT文件。若创建或编辑对格式有一定要求或信息量较大的文件,可以使用写字板或Word应用程序。记事本可以作为一种随记本,记载办公活动中的一些零星琐碎的事情,例如,电话记录、留言、摘要、备忘事项等,打印后可以备用,以便随时查看。

2)记事本的使用

在屏幕左下角单击"开始"按钮,在弹出的菜单中选择"所有程序|附件|记事本"命令,或者"运行"命令,然后输入命令"notepad",弹出"记事本"窗口。记事本的使用方法与其他文档编辑软件类似。

习 题

一、选择题

1. 世界上首先实现存储程序的电子数字计算机是_____。
   A. ENIAC　　　B. UNIVAC　　　C. EDVAC　　　D. EDSAC
2. 在 PC 机中,人们常提到的"Pentium""Pentium 4"指的是_____。
   A. 存储器　　　B. 内存品牌　　　C. 主板型号　　　D. CPU 类型
3. 第四媒体是指_____。
   A. 报纸媒体　　　B. 网络媒体　　　C. 电视媒体　　　D. 广播媒体
4. 按计算机应用的类型划分,某单位自行开发的工资管理系统属于_____。
   A. 科学计算　　　B. 辅助设计　　　C. 数据处理　　　D. 实时控制
5. 计算机中的所有信息都是以_____的形式存储在机器内部的。
   A. 字符　　　B. 二进制编码　　　C. BCD　　　D. ASCII
6. 连到局域网上的节点计算机必需要安装_____。
   A. 调制解调器　　B. 交换机　　　C. 集线器　　　D. 网络适配卡
7. 若计算机系统需要热启动,应按下_____组合键。
   A.【Ctrl】+【Alt】+【Break】　　　B.【Ctrl】+【Esc】+【Del】
   C.【Ctrl】+【Alt】+【Del】　　　　D.【Ctrl】+【Shift】+【Break】
8. 在 Windows 7 中,可以通过拖放_____同时改变窗口的高度和宽度。
   A. 窗口边框　　B. 窗口角　　　C. 滚动条　　　D. 菜单栏
9. 在 Windows 7 中有两个管理系统资源的程序组,它们是_____。
   A. 我的电脑和控制面板　　　　B. 资源管理器和控制面板
   C. 我的电脑和资源管理器　　　D. 控制面板和"开始"菜单

二、判断题

1. 一个完整的计算机系统通常是由硬件系统和软件系统两大部分组成的。　　　(　　)
2. CPU 是由控制器和运算器组成的。　　　(　　)
3. 键盘和显示器都是计算机的 I/O 设备,键盘是输入设备,显示器是输出设备。(　　)
4. 任何存储器都有记忆能力,其中的信息不会丢失。　　　(　　)
5. 计算机的中央处理器简称为 ALU。　　　(　　)
6. 计算机的分辨率和颜色数由显示卡决定,但显示的效果由显示器决定。　　(　　)
7. 微机系统常用的打印机有机械式打印机、喷墨式打印机、激光式打印机三种。(　　)
8.【Shift】键是上档键,主要用于辅助输入字母。　　　(　　)
9. 微型计算机的微处理器主要包括 CPU 和控制器。　　　(　　)

三、简答题

1. 简述一个完整的计算机系统的组成。
2. 简述计算机的发展史。
3. 简述计算机的应用。

第 2 章　同一个世界——计算机网络

本章概述

本章主要介绍了计算机网络的定义、分类和组成,以及计算机网络中的 IP 地址、子网掩码、DNS 等相关定义及使用,指导学生入校以后构建网络家园的方法及注意事项。

教学目标

◇理解及掌握网络的相关概念。
◇掌握网络的拓扑结构及其分类。
◇了解上网所需参数的含义及用法。
◇了解因特网的相关知识。
◇掌握构建网络家园的方法。

2.1　计算机网络基础

2.1.1　计算机网络概述

登陆后微信扫一扫
跟我学上网

人类社会信息化进程的加快,信息种类和信息量的急剧增加要求更有效地、正确地和大量地传输信息,促使人们将简单的通信形式发展成网络形式。计算机网络的建立和使用是计算机与通信技术发展结合的产物,是信息高速公路的重要组成部分。计算机网络是一门涉及多种学科和技术领域的综合性技术,它使人们不受时间和地域的限制,实现资源共享。

关于计算机网络的定义多种多样,主要有以下两种:

(1)计算机网络是一些自治的、相互连接的、以共享资源为目的的计算机的集合;

(2)计算机网络只有两台计算机和连接它们的一条链路,即两个节点和一条链路,由于没有第三台计算机,因此不存在交换的问题。

最庞大的计算机网络是因特网,它由计算机网络通过路由器互联而成,因此也称为网络的网络。另外,从网络媒介的角度来看,计算机网络可以看作是由多台计算机通过特定的设备与软件连接起来的一种新的传播媒介。因此,多数人认为计算机网络的标准定义为:计算机网络是利用通信线路和网络设备,把分散在不同位置的功能独立的计算机连接起来,按照网络协议进行数据通信,实现资源共享的计算机系统。

2.1.2 计算机网络的产生和发展

1. 第一代计算机网络

1954年,美国军方的半自动地面防空系统将远距离的雷达和测控器测量到的信息通过线路汇集到某个基地的一台 IBM 计算机上进行处理,然后将处理好的数据通过通信线路送回各自的终端设备。终端设备(例如,雷达、测控仪器等,它们本身没有数据处理能力)、通信线路和计算机连接起来的形式是一个简单的计算机网络。以单个主机为中心、面向终端设备的网络结构称为第一代计算机网络。由于终端设备不能为中心计算机提供服务,因此,终端设备与中心计算机之间不提供共享资源,网络功能以数据通信为主。简单的计算机网络如图2-1所示。

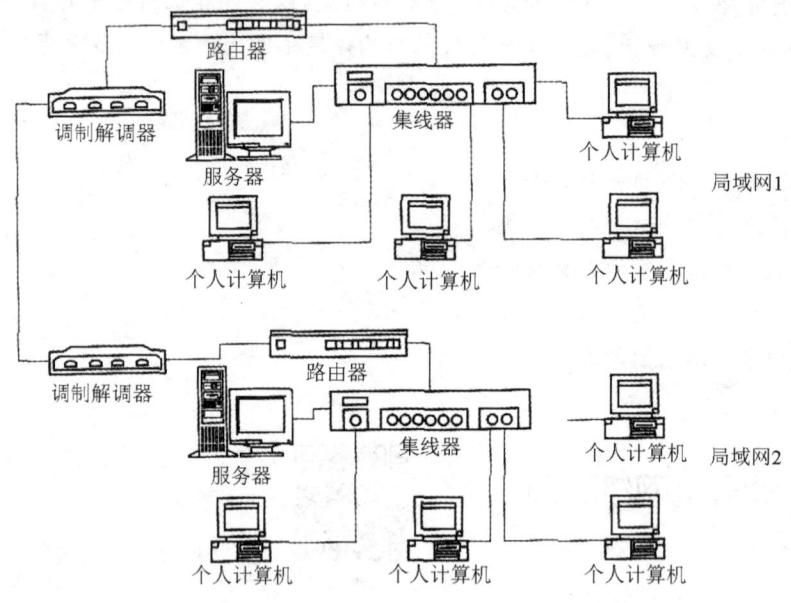

图 2-1　计算机网络示意图

2. 第二代计算机网络

到了20世纪60年代中期,美国出现了将若干台计算机互连起来的系统。这些计算机之间不但可以彼此通信,还可以实现与其他计算机之间的资源共享,使系统发生了本质变化,形成多处理中心。成功的典范是美国国防部高级研究计划署(Advanced Research Projects Agency,ARPA)在1969年将分散在不同地区的计算机组建的 ARPANET,它是 Internet 的起源。最初的 ARPANET 只连接了四所高校的四台计算机,到1972年,50余所大学的研究所参与了 ARPANET 的连接;1983年,已有100多台不同体系结构的计算机连接到 ARPANET 上;1994年4月20日,我国全功能接入互联网。我国是第77个接入互联网的国家。

ARPANET 在网络的概念、结构、实现和设计方面奠定了计算机网络的基础,标志着计算机网络的发展进入了第二代。

第二代计算机网络是以分组交换网(又称通信子网)为中心的计算机网络。在网络内,各用户之间的连接必须经过交换机(也称通信控制处理机)。分组交换是一种存储－转发交换方式,它将到达交换机的数据送到交换机存储器内暂时存储和处理,等到相应的输出电路空闲时再转发出去。

第二代计算机网络与第一代计算机网络的区别主要表现在两个方面,一是网络中的通信双方都是具有自主处理能力的计算机,而不是终端计算机;二是计算机网络功能以资源共享为主,而不以数据通信为主。

3. 第三代计算机网络

由于 ARPANET 的成功,到了 20 世纪 70 年代,不少公司推出了自己的网络体系结构,最著名的是 IBM 公司的 SNA(Systems Network Architecture)和 DEC 公司的 DNA(Digital Network Architecture),多种不同的网络体系结构相继出现。信息的交流要求不同体系结构的网络都能互连,相同体系结构的网络设备互连是非常容易的,而不同体系结构的网络设备互连却十分困难。因此,国际标准化组织(International Organization for Standardization,ISO)在 1977 年设立了一个分委员会,专门研究网络通信的体系结构。经过多年艰苦的工作,该委员会于 1983 年提出了著名的开放系统互连参考模型(Open System Interconnection Basic Reference Model,OSI),为网络的发展提供了一个可以遵循的规则,从此,计算机网络走上了标准化的轨道。我们把体系结构标准化的计算机网络称为第三代计算机网络。

4. 第四代计算机网络

20 世纪 90 年代,Internet 把分散在各地的网络连接起来,形成一个跨越国界、覆盖全球的网络,逐渐成为人类最重要、最大的知识宝库。网络互连和高速计算机网络的发展使计算机网络进入到第四代。

随着信息高速公路计划的提出和实施,Internet 在地域、用户、功能的应用等方面不断拓展,当今世界进入一个以网络为中心的时代。网络传输的信息已不仅仅限于文字、数字等文本信息,还包括声音、图形、视频等多媒体信息。网络服务的快速发展对人类生活的影响越来越大。

2.1.3　计算机网络的组成

1. 计算机网络的几何组成

计算网络的几何组成表现为拓扑结构。从拓扑机构看,计算机网路由一些结点和连接结点的链路组成。其中,结点主要分为三类,即访问结点、交换结点和混合结点;链路是指相邻两个结点间的连接,分为物理链路和数据链路。

2. 计算机网络的物理组成

从物理组成来看,计算机网络由硬件和软件两部分组成。计算机网络硬件包括计算机、网络操作系统和传输介质。其中,传输介质既可以是有形的,也可以是无形的,例如,无线网络的传输介质是空气等。计算机网络软件包括系统软件和应用软件,即网络操作系统和协议。

3. 计算机网络的逻辑组成

从逻辑组成来看,计算机网络主要由用户子网和通信子网两部分组成。用户子网又称为资源子网,由访问结点以及连接结点的链路构成,其主要功能是负责全网的信息处理,并向网络用户提供网络资源和网络服务;通信子网由交换结点及连接结点的链路按某种结构连接而成,它服务于通信,具有为用户子网提供数据传输和数据交换服务的能力。

2.1.4 计算机网络的分类

1. 按照网络的覆盖范围分类

按照计算机网络所覆盖的地理范围,计算机网络通常可以分为局域网(Local Area Network,LAN)、广域网(Wide Area Network,WAN)和城域网(Metropolitan Area Network,MAN),城域网和广域网又称为互联网。

2. 按照交换方式分类

按照交换方式,计算机网络可以分为线路交换网络和存储转发交换网络,存储转发交换又可以分为报文交换和分组交换。

3. 按照使用的网络操作系统分类

计算机网络主要使用的操作系统有三类,即 Windows NT 系列、UNIX(Linux)系列和早期的 NetWare 系列。

2.1.5 网络拓扑结构

计算机网络拓扑通过网络节点与通信线路之间的几何关系表示网络结构。计算机网络拓扑结构通常有星形结构、总线型结构、环形结构、树形结构和网形结构,在组建局域网时常常采用星形结构、环形结构、总线型结构和树形结构。树形结构和网形结构在广域网中比较常见,但是实际的网络可能是上述几种网络结构的混合应用。

1. 星形结构

星形结构是以中心结点为中心与各结点连接而组成的,各结点与中心结点通过点与点方式连接,中心结点执行集中式通信控制策略,各结点之间不能直接通信,需要通过该中心处理机转发,因此,中心结点相当复杂,负担也重,必须有较强的功能和较高的可靠性。星形结构如图 2-2 所示。

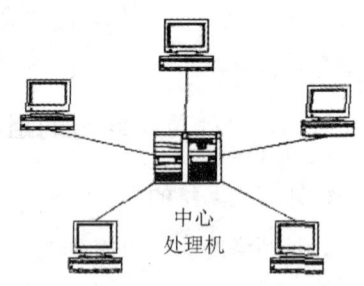

图 2-2 星形结构

星形结构具有结构简单、组网容易、控制相对简单的优点,但集中控制,主机负载过重,可靠性低,通信线路利用率低。

2. 总线型结构

用一条称为总线的中央主电缆将相互之间以线性方式连接的工作站连接起来的布局方式称为总线型结构。在总线型结构中,所有网上的主机都通过相应的硬件接口直接连接在总线上,任何一个结点的信息都可以沿着总线向两个方向传输扩散,并且能被总线中任何一个结点所接收。由于总线型结构的信息向四周传播,类似于广播电台,故总线型网络也被称为广播式网络。总线型结构如图 2-3 所示。

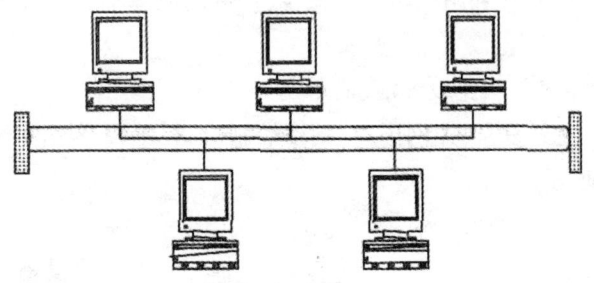

图 2-3　总线型结构

总线型结构具有以下优点：
(1) 结构简单灵活，非常便于扩充；
(2) 可靠性高，网络响应速度快；
(3) 设备数量少，价格低，安装及使用方便；
(4) 共享资源能力强。

总线型网络结构是目前使用最广泛的结构，也是传统的主流网络结构，适用于信息管理系统、办公自动化系统等领域。目前，在局域网中多采用总线型结构。

在总线两端连接的器件称为端接器（末端阻抗匹配器或终止器），主要用于与总线进行阻抗匹配，最大限度吸收传送端的能量，避免信号反射回总线产生不必要的干扰。总线有一定的负载能力，因此，总线长度有一定限制，一条总线只能连接一定数量的结点。

3. 环形结构

环形结构将各个连网的计算机由通信线路连接形成一个首尾相连的闭合的环，如图 2-4 所示。在环形结构的网络中，信息按固定方向流动，或者为顺时针方向，或者为逆时针方向。环形结构的传输控制机制比较简单，实时性强，但可靠性较差，网络扩充复杂。环形网络结构也是局域网中常用的拓扑结构之一，适用于信息处理系统和工厂自动化系统。

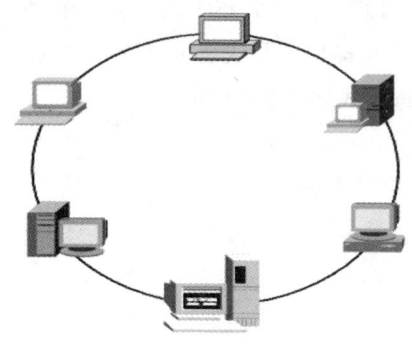

图 2-4　环形结构

4. 树形结构

树形结构实际上星形结构的一种变形，它将原来用单独链路直接连接的结点通过多级处理主机进行分级连接，如图 2-5 所示。树形结构与星形结构相比，降低了通信线路的成本，但增加了网络复杂性。网络中除最低层结点及其连线外，任何一个结点连线的故障均会影响其所在支路网络的正常工作。

5. 网形结构

网形结构具有以下优点：

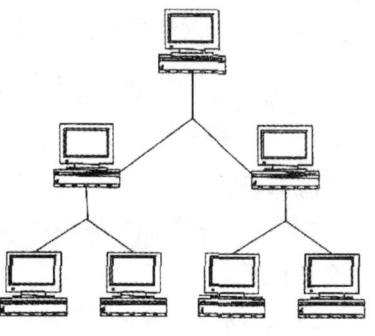

图 2-5　树形结构

（1）节点间路径多，碰撞和阻塞可大大减少，局部的故障不会影响整个网络的正常工作，可靠性高；

（2）网络扩充和主机入网比较灵活、简单。

网形结构的网络关系复杂，建网困难，网络控制机制复杂，广域网中一般采用网形结构。网形结构如图 2-6 所示。

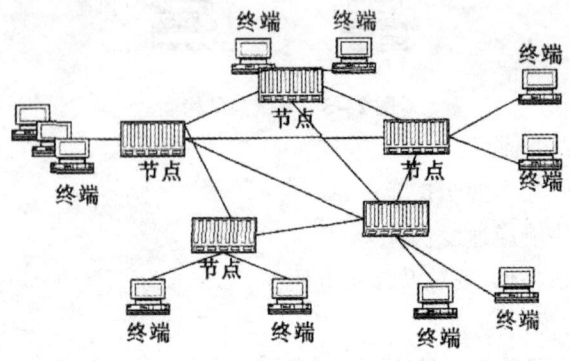

图 2-6　网形结构

2.1.6　计算机网络体系结构和 TCP/IP 参考模型

1. 计算机网络体系结构

1977 年 3 月，ISO 成立了一个专门研究 OSI（Open System Interconnection）的机构，并于 1983 年提出了开放系统互连参考模型，该模型采用七个层次的体系结构。OSI 模型的传输数据模式如图 2-7 所示。

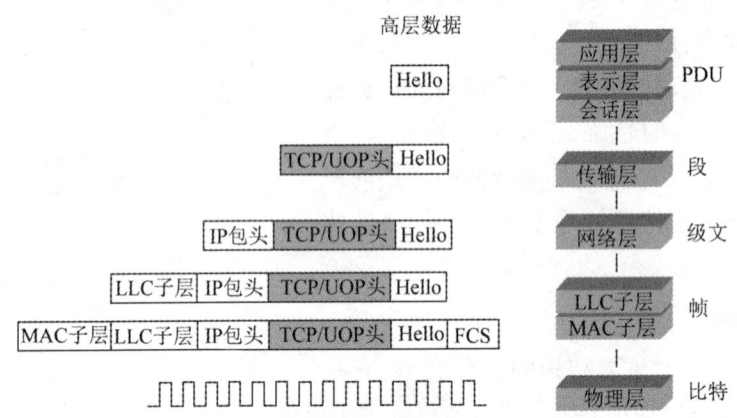

图 2-7　OSI 参考模型传输数据示意图

1）应用层

应用层作为与用户应用进程的接口，负责用户信息的语义表示，并在两个通信者之间进行语义匹配。

2）表示层

表示层对源站点内部的数据结构进行编码，形成适合于传输的比特流，到了目的站再进行解码。主要用于数据格式转换。

3) 会话层

会话层提供一个面向用户的连接服务,主要用于会话的管理和数据传输的同步。

4) 传输层

传输层从端到端经网络透明地传送报文,完成端到端通信链路的建立、维护和管理。

5) 网络层

网络层用于完成分组传送、路由选择和流量控制,主要用于实现端到端通信系统中间结点的路由选择。

6) 数据链路层

数据链路层通过一些数据链路层协议和链路控制规程,在不太可靠的物理链路上实现可靠的数据传输。

7) 物理层

物理层实现相邻计算机节点之间比特流的透明传送,尽可能屏蔽具体传输介质和物理设备的差异。

2. TCP/IP 参考模型

TCP/IP 的使用范围极广,是目前网络通信使用的唯一协议体系,适用于连接多种机型,既可以用于局域网,也可用于广域网。计算机厂商的计算机操作系统和网络操作系统都采用或含有 TCP/IP,TCP/IP 已经成为事实上的工业标准和国际标准。TCP/IP 是一个分层的网络协议,不过它与 OSI 模型层次有所不同,自底至顶分别为网络接口层、网际层、传输层、应用层共四个层次。TCP/IP 与 OSI 模型的对应关系见表 2-1。

表 2-1 TCP/IP 结构对应 OSI 模型

OSI	TCP/IP	功能	TCP/IP 协议族
应用层	应用层	文件传输,电子邮件,文件服务,虚拟终端	TFIP、HTTP、SNUP、FIP、SMTP、ONS、Tetnet 等
表示层		翻译、加密、压缩	没有协议
会话层		对话控制、建立网步点(续传)	没有协议
传输层	传输层	端口寻址,分投重递,流量、差错控制	TCP,UDP
网结层	网络层	逻辑寻址、路由选择	IP、ICMP、OSPF、EIGRP、IGMP、RIP、APP、RARP
数据链路层	链路层	成输、物理寻址、流量、差错、投入控制	SLIP、CSLIP、PPP、MTU
物理层		设置网络拓扑结构、比特传输、位网步	SOI 2110、IEEE 802、IEEE 8022

2.1.7 局域网及其标准

1. 局域网概述

局域网是在一个局部的地理范围内(例如,学校、工厂和机关等)将各种计算机、外部设备和数据库等互相连接起来组成的计算机通信网,它可以通过数据通信网或专用数据电路,与远方的局域网、数据库或处理中心相连接,构成一个大范围的信息处理系统,即在某一区域内由多台计算机相互连接的计算机组合。"某一区域"指同一办公室、同一建筑物、同一公司或同一学校等,一般是方圆几千米以内。局域网内可以实现文件管理、应用软件共享、打印机共享、扫描仪共享、工作组内的日程安排、电子邮件和传真通信服务等功能。局域网是封闭的,可以由办公室内的两台计算机组成,也可以由一个公司内的上千台计算机组成。

2. 局域网的体系结构和标准

按照 IEEE 802 标准,局域网的体系结构由三层协议构成,即物理层(Physical Layer,PHY)、媒体访问控制层(Media Access Control,MAC)和逻辑链路控制层(Logical Link Control,LLC)。

媒体访问控制层和逻辑链路控制层相当于 OSI 七层参考模型中的第二层,即数据链路层。在局域网参考模型中,每个实体必须与另一个系统的同等实体按协议进行通信。在一个系统中,上下层之间则通过接口进行通信,用服务访问点(Service Access Point,SAP)来定义接口。SAP 是一个层次系统的上下层之间进行通信的接口,N 层的 SAP 是 N+1 层访问 N 层服务的访问点。

为了对 OSI 参考模型中的多个高层实体提供支持,在局域网参考模型中的 LLC 子层的顶部有多个 LLC 服务访问点(LSAP),为 OSI 高层提供接口端。媒体访问控制服务访问点(MSAP)向 LLC 实体提供单个接口端,物理服务访问点(PSAP)向 MAC 实体提供单个接口端。在 OSI 参考模型网络层的顶部有多个网间服务访问点(NSAP),为传输层提供接口端。以上局域网体系结构不仅使得 IEEE 802 标准更具有可扩充性,有利于将来接纳新的介质访问控制方法和新的局域网技术,同时避免了局域网技术的发展影响网络层。

在局域网中,绝大多数标准都是由 IEEE 802 委员会制定的 IEEE 802,系列标准中的大部分内容是在 20 世纪 80 年代制定的第一个系列标准,当时个人计算机网络刚刚兴起。1985 年,IEEE 公布了 IEEE 802 标准的五项标准文本,同年被美国国家标准学会(ANSI)采纳作为美国国家标准。后来,国际标准化组织经过讨论,建议将 802 标准定为局域网国际标准。IEEE 802 国际标准见表 2-2。

表 2-2　IEEE 802 国际标准

编号	内容
IEEE 802.1	局域网概述、体系结构、网络管理和网络互联
IEEE 802.2	逻辑链路控制子层 LLC
IEEE 802.3	CSMA/CD 总线媒体访问控制子层与物理层规范
IEEE 802.4	令牌总线(Token BUS)媒体访问控制子层与物理层规范
IEEE 802.5	令牌环(Token Ring)媒体访问控制子层与物理层规范
IEEE 802.6	城域网(MAN)媒体访问控制子层与物理层规范
IEEE 802.7	宽带技术咨询和物理层课题与建议实施
IEEE 802.8	光纤技术咨询和物理层课题
IEEE 802.9	综合语音/数据服务的访问控制方法和物理层规范
IEEE 802.10	局域网安全性规范
IEFE 802.11	无线局域网访问控制方法和物理层规范
IEEE 802.12	100VG-Any LAN 星形快速局域网访问控制方法和物理层规范
IEEE 802.14	协调混合光纤同轴(HFC)网络的前端和用户站点间数据通信的协议
IEEE 802.15	无线个人网技术标准,代表技术是蓝牙(Bluetooth)

2.1.8　Internet 基础

1. Internet 概述

Internet 即因特网,又称国际互联网,它是由使用公用语言互相通信的计算机连接而成的全球网络。一旦用户将计算机连接到它的任何一个节点上,就意味着该计算机连入 Internet。目前,Internet 的用户已经遍及全球,数十亿人在使用 Internet,并且它的用户数还在以等比级数上升。据中国互联网信息中心 2014 年 1 月发布的《中国互联网发展状况统计报告》显示,截至 2013 年 12 月,我国网民规模达 6.18 亿,全年共计新增网民 5 538 万人,互联网普及率达 45.89%;我国手机网民达 5 亿,较 2012 年底增加 8 009 万人,手机继续保持第一大上网终端的地位。

Internet 是一组全球信息资源的汇总。有一种粗略的说法,认为 Internet 是由许多小的网络(子网)互连而成的逻辑网络,每个子网中连接着若干台计算机(主机)。Internet 以相互交流信息资源为目的,基于一些共同的协议,并通过许多路由器和公共网互联而成,是一个信息资源和资源共享的集合。

20 世纪 60 年代,美国国防部高级研究计划署建立了阿帕网(ARPANET),向美国国内大学和一些公司提供经费,以促进计算机网络和分组交换技术的研究。

1969 年 12 月,ARPANET 投入运行,建成了一个由四个节点连接的实验性网络。到 1983 年,ARPANET 已连接了三百多台计算机,供美国各研究机构和政府部门使用。

1983 年,ARPANET 分为 ARPANET 和军用 MILNET(Military Network),两个网络之间可以进行通信和资源共享。由于这两个网络都是由许多网络互连而成的,因此它们都被称为 Internet。ARPANET 是 Internet 的前身。

1986 年,美国国家科学基金会(National Science Foundation,NSF)建立了自己的计算机通信网络 MILNET,将美国各地的科研人员连接到分布在美国不同地区的超级计算机中心,并将按地区划分的计算机广域网与超级计算机中心相连。MILNET 是一个三级计算机网络,分为主干网、地区网和校园网,覆盖了全美国主要的大学和研究所。

最初,MILNET 主干网的速率仅为 56kb/s。在 1989—1990 年,MILNET 主干网的速率提高到 1.544Mb/s,成为 Internet 中的主要部分。

MILNET 逐渐取代了 ARPANET 在 Internet 的地位,1990 年,ARPANET 的实验任务已经完成,在历史上起过重要作用的 ARPANET 正式宣布关闭。

2. 地址和域名

1) 地址分类

使用 TCP/IP 协议的互联网使用三个等级的地址,即物理(链路)地址、互联网(IP)地址和端口地址,每一种地址都与 TCP/IP 体系结构中的特定层相对应,如图 2-8 所示。

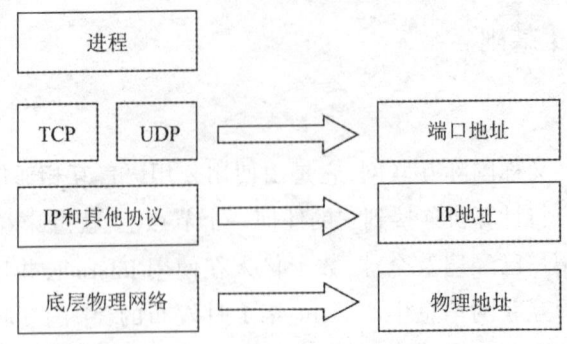

图 2-8 TCP/IP 体系结构中的特定层与地址对应关系

(1)物理地址也称为链路地址,是结点的地址,包含在数据链路层使用的帧中,是最低级的地址。以太网使用网络接口卡(NIC)上的 6 个字节(48 位)的物理地址(Physical Address)。物理地址又称为 MAC 地址,一台机器在不更换网卡时,MAC 地址是固定不变的,查询 MAC 地址的方法如下。

①在 Windows XP 系统中利用如下两种方式进入 DOS 窗口。

方法 1:在屏幕的左下角单击"开始"按钮,在弹出的菜单中选择"运行"命令,在弹出"运行"对话框,在"打开"文本框中输入"cmd"命令,单击"确定"按钮。

方法 2:在弹出的菜单中选择"所有程序|附件|命令提示符"命令,在弹出"命令提示符"窗口,输入"ipconfig/all"命令,按回车键,将显示本机的 MAC 地址,如图 2-9 所示。

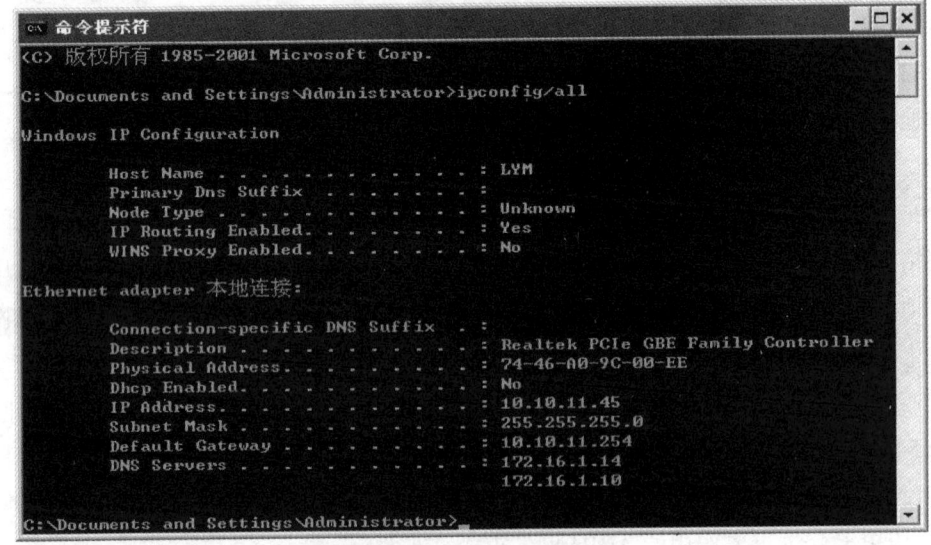

图 2-9 "命令提示符"窗口

②Windows 7 系统中利用如下两种方式进入 DOS 窗口。

方法 1:在屏幕左下角单击"开始"按钮,在弹出的菜单中的搜索框中输入"cmd"命令,单击搜索按钮或按回车键,在弹出的列表中选择"cmd.exe"命令;

方法 2:按 Windows 键的同时按【R】键,弹出"运行"对话框,在"打开"文本框中输入"cmd"命令。

(2)IP 地址是一种通用的编址系统,用来唯一标识每一台主机,而不管底层使用何种物理地址。目前,IP地址是一个32位地址,可以用来标识连接在Internet上的每一台主机。在Internet上没有任何两台主机具有相同的IP地址。

(3)端口地址。到达目的主机并非在Internet上进行数据通信的最终目的,今天的计算机是多进程设备,可以在同一时间内运行多个进程,因此,Internet通信的最终目的是使一个进程能够和另一个进程通信。

为了能够同时运行多个进程,需要有一种方法对不同的进程编号,换言之,必须将地址赋予进程,为进程指派标号,例如,8080称为端口地址。

2) IP地址

(1) IP地址的定义。Internet上的每台主机(Host)都有一个唯一的IP地址,IP协议使用该地址在主机之间传递信息,这是Internet运行的基础。IP地址的长度为32位,分为四段,每段八位,用十进制数字表示,每段数字范围为0～255,段与段之间用句点隔开,称为"点分十进制"表示法,例如,159.226.1.1。IP地址由两部分组成,分别为网络地址和主机地址。

IP地址与住址一样,如果写信给一个人,需要知道收信人的地址,邮递员将信送到。计算机发送信息好比邮递员送信,它必须知道唯一的"家庭地址"才不至于把信送错。只不过住址用文字表示,计算机的地址用十进制数字表示。

众所周知,在电话通讯中,电话用户是靠电话号码来识别的。同样,在网络中为了区别不同的计算机,也需要给计算机指定一个号码,这个号码就是IP地址。

(2)十进制记法。为了使32位地址更加简洁和容易阅读,Internet的地址通常写成用小数点将各字节分开的形式,如图2-10所示。

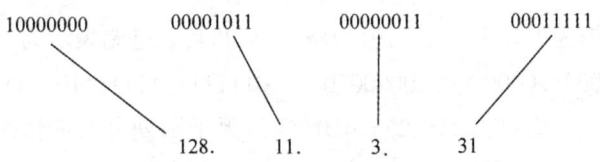

图 2-10 IP地址表示方式

(3) IP地址的分类。IP地址共分为5个不同的类,即A、B、C、D和E,如图2-11所示。

图 2-11 IP地址的分类

其中,A、B、C类(见表2-2)在全球范围内统一分配,D、E类为特殊地址。

表 2-3 A、B、C 类网络地址

网络类别	最大网络数	第一个可用的网络号	最后一个可用的网络号	每个网络中的最大主机数
A	126	1	126	16 777 214
B	16 382	1 281	191 254	65 534
C	2 097 150	19 201	223 255 254	254

① A 类 IP 地址。一个 A 类 IP 地址是指在 IP 地址的四段号码中,第一段号码为网络号码,剩下的三段号码为本地计算机的号码。如果用二进制表示 IP 地址,A 类 IP 地址由一个字节的网络地址和三个字节主机地址组成,网络地址的最高位必须是"0"。A 类 IP 地址中网络的标识长度为七位,主机标识的长度为 24 位。A 类网络地址数量较少,可以用于主机数达 1 600 多万台的大型网络。

A 类 IP 地址范围为 1.0.0.1~126.255.255.254,二进制表示为
00000001.00000000.00000000.00000001~01111110.11111111.11111111.11111110。

A 类 IP 地址的子网掩码为 255.0.0.0(默认无子网划分时的情况),每个网络支持的最大主机数为 $256^3 - 2 = 16\ 777\ 214$ 台。

② B 类 IP 地址。一个 B 类 IP 地址是指在 IP 地址的四段号码中,前两段号码为网络号码。如果用二进制表示 IP 地址,B 类 IP 地址由两个字节的网络地址和两个字节主机地址组成,网络地址的最高位必须是"10"。B 类 IP 地址中网络的标识长度为 14 位,主机标识的长度为 16 位。B 类网络地址适用于中等规模的网络,每个网络所能容纳的计算机台数为 6 万多台。

B 类 IP 地址范围为 128.1.0.1~191.254.255.254,二进制表示为
10000000.00000001.00000000.00000001~10111111.11111110.11111111.11111110。

B 类 IP 地址的子网掩码为 255.255.0.0(默认无子网划分时的情况),每个网络支持的最大主机数为 $256^2 - 2 = 65\ 534$ 台。

③ C 类 IP 地址。一个 C 类 IP 地址是指在 IP 地址的四段号码中,前三段号码为网络号码,剩下的一段号码为本地计算机的号码。如果用二进制表示 IP 地址,C 类 IP 地址由三个字节的网络地址和一个字节主机地址组成,网络地址的最高位必须是"110"。C 类 IP 地址中网络的标识长度为 21 位,主机标识的长度为八位。C 类网络地址的数量较少,适用于小规模的局域网络。

C 类 IP 地址范围为 192.0.1.1~223.255.254.254,二进制表示为
11000000.00000000.00000001.00000001~11011111.11111111.11111110.11111110。

C 类 IP 地址的子网掩码为 255.255.255.0(默认无子网划分时的情况),每个网络支持的最大主机数为 $256 - 2 = 254$ 台。

2. 域名(Domain Name)

1)域名的定义

域名是由一串圆点分隔的名字组成的 Internet 上某一台计算机或计算机组的名称,用于在数据传输时标识计算机的电子方位(有时也指地理位置)。目前,域名已经成为互联网的品牌与网上商标保护的产品之一。

Internet 地址与互联网协议(IP)地址相对应的一串容易记忆的字符组成,由若干个从"a"到"z"的 26 个拉丁字母、"0"到"9"的 10 个阿拉伯数字及"-"、"."符号构成,并按一定的层次和逻辑排列。一些国家在开发其他语言的域名,例如,中文域名。域名便于记忆,即使在 IP 地址发生变化的情况下,通过改变解析对应关系,域名仍然可以保持不变。

网络是基于 TCP/IP 协议进行通信和连接的,每一台主机都有一个唯一的标识固定的 IP 地址,以区别网络上成千上万的用户和计算机。网络在区分所有与之相连的网络和主机时,采用一种唯一的、通用的地址格式,即每一个与网络相连接的计算机和服务器都被指派了一个独一无二的地址。为了保证网络上每台计算机的 IP 地址的唯一性,用户必须向特定机构申请注册,该机构根据用户单位的网络规模和近期发展规划分配 IP 地址。网络中的地址方案分为 IP 地址系统和域名地址系统,这两套地址系统是一一对应的关系。IP 地址用二进制数来表示,每个 IP 地址长 32 位,由四个小于 256 的数字组成,数字之间用圆点间隔,例如,100.10.0.1 表示一个 IP 地址。由于 IP 地址是数字标识,使用时难以记忆和书写,因此在 IP 地址的基础上又发展出一种符号化的地址方案来代替数字型的 IP 地址。每一个符号化的地址都与特定的 IP 地址对应,以方便访问网络上的资源。与网络上的数字型 IP 地址相对应的字符型地址称为域名。

域名是上网单位的名称,是一个通过计算机登录网络的单位在该网中的地址。如果一个公司希望在网络上建立主页,就必须取得一个域名。域名由若干部分组成,包括数字和字母。通过该地址,用户可以在网络上找到需要的详细资料。域名是上网单位和个人在网络上的重要标识,起着识别作用,便于他人识别和检索企业、组织或个人的信息资源,从而更好地实现网络上的资源共享。除了识别功能外,域名在虚拟环境下还可以起到引导、宣传、代表等作用。

通俗地说,域名就相当于一个家庭的门牌号码,别人通过该号码可以很容易找到你。

2)域名的构成

以一个常见的域名"www.baidu.com"为例说明,百度网址由两部分组成,标号"baidu"是域名的主体,而最后的标号"com"则是该域名的后缀,代表这是 com 网际域名,是顶级域名,而前面的 WWW 是网络名。

DNS 规定,域名中的标号必须由英文字母和数字组成,每个标号不超过 63 个字符,并且不区分大小写字母。标号中除连字符(-)外,不能使用其他标点符号。级别最低的域名写在最左边,而级别最高的域名写在最右边。多个标号组成的完整域名不超过 255 个字符。机构性域名及地域性域名见表 2-4 和表 2-5。

表 2-4 机构性域名

域名	意义	域名	意义	域名	意义
.com	盈利性商业实体	.net	网络资源	.firm	商业或公司
.org	非盈利性组织	.store	商业销售机构	.rec	消遣性娱乐
.edu	教育机构或设施	.arts	艺术机构	.web	WWW 有关实体
.gov	政府组织	.info	提供信息机构	.mil	军事机构或设施

表 2-5 地域性域名

域名	意义	域名	意义	域名	意义
.cn	中国	.uk	英国	.kr	韩国
.de	德国	.jp	日本	.nl	荷兰
.us	美国	.br	巴西	.au	澳大利亚
.fr	法国	.ca	加拿大		

2.1.9 Internet 基本服务和应用

Internet 基本服务是指 TCP/IP 所包括的基本功能,该协议是为美国 ARPANET 设计的,目的是使不同厂家生产的计算机能在共同的网络环境下运行。

1. WWW

WWW 是环球信息网(World Wide Web)的缩写,也可以简称为 Web,中文名字为万维网。

在进入万维网上一个网页或其他网络资源前,首先在浏览器上输入网页的统一资源定位符(Uniform Resource Locator,URL),或者通过超链接方式链接到需要访问的网页或网络资源。URL 的服务器名部分被称为域名,系统的解析数据库分布于全球的因特网,并根据分析结果决定进入哪个 IP 地址。

然后,为所要访问的网页向在目标 IP 地址工作的服务器发送一个超文本传输协议(Hyper Text Transfer Prtocol,HTTP)请求。在通常情况下,超文本标记语言(Hyper Text Markup Language,HTML)文本、图片和构成该网页的一切文件会很快被逐一请求并发送回用户。

最后,网络浏览器将 HTML、层叠样式表(Cascading Style Sheets,CSS)等接收到的文件所描述的内容,以及图像链接到其他必需的资源显示给用户,构成用户所看到的网页。

2. 电子邮件

电子邮件(Electronic Mail,简称 E-mail)标志为"@",被大家昵称为"伊妹儿",又称电子信箱、电子邮政,是一种利用电子手段提供信息交换的通信方式,是 Internet 应用最广的服务。通过网络的电子邮件系统,用户可以用非常低廉的价格,以非常快速的方式与世界上任何一个角落的网络用户联系,电子邮件的内容可以是文字、图像、声音等,同时,用户可以得到大量免费的新闻、专题邮件,并轻松地实现信息搜索。

1) 电子邮件的发送和接收

当我们要寄送包裹的时候,首先要找到具有该项业务的邮局,填写收件人姓名、地址等信息后寄出包裹,包裹到达收件人所在地的邮局,收件人必须去邮局才能取出包裹。同样,当我们发送电子邮件的时候,该邮件由邮件发送服务器发出,并根据收信人的地址判断对方的邮件接收服务器而将邮件发送到该服务器上,收信人只有访问该服务器才能够收取邮件。

2) 电子邮件地址的构成

电子邮件的地址由三部分组成。例如,USER@ 为电子邮件服务器名,第一部分"USER"代表用户信箱的账号,对于同一个邮件接收服务器来说,该账号必须是唯一的;第二部分"@"是分隔符;第三部分是用户信箱的邮件接收服务器域名,用以标识其所在的位置。

3. 文件传输服务

Internet 的入网用户可以利用文件传输服务（FTP）命令系统进行计算机之间的文件传输。使用 FTP 几乎可以传送任何类型的多媒体文件，例如，图像、声音、数据压缩文件等。FTP 服务由 TCP/IP 的文件传输协议支持，是一种实时的联机服务。

4. 远程登录 Telnet 服务

远程登录是指用户使用 Telnet 命令，使自己的计算机暂时成为远程主机的一个仿真终端的过程。仿真终端等效于一个非智能的机器，它只负责将用户输入的字符传送给主机，再将主机输出的信息显示在屏幕上。Telnet 是进行远程登录的标准协议和主要方式，它为用户提供了在本地计算机上完成远程主机工作的能力。通过使用 Telnet，Internet 用户可以与全世界的信息中心、图书馆及其他资源联系。

5. 电子公告牌 BBS

1) BBS 的历史

1978 年，在芝加哥地区的计算机交流会上，克瑞森（Krison）和苏斯（Russ Lane）一见如故，两人经常在各方面进行合作，但两个人并不住在一起，电话只能进行语言的交流，有些问题语言是很难表达清楚的，芝加哥冬季的暴风雨又使他们不能每天见面，因此，他们借助于当时刚上市的 Hayes 调制解调器（Modem）将家里的两台苹果机通过电话线连接在一起，通过计算机聊天，传送信息。他们把自己编写的程序命名为计算机公告牌系统（Computer Bulletin Board System，CBBS），这是第一个 BBS 系统的开始。当时，软件销售商考尔金斯看到这一成果，立即意识到它的商业价值，在他的推动下，CBBS 加上调制解调器组成的第一个商用 BBS 软件包于 1981 年上市。

早期的 BBS 是一些计算机爱好者在家里通过一台计算机、一个调制解调器、一部或两部电话连接起来的，只能同时接收一两个人访问，内容没有严格的规定，以讨论计算机或游戏问题为多，一座单线 BBS 每天最多能够接受 200 人的访问。后来，BBS 逐渐进入 Internet，出现了以 Internet 为基础的 BBS，政府机构、商业公司、计算机公司也逐渐建立自己的 BBS，使 BBS 迅速成为全世界计算机用户交流信息的园地。

2) BBS 的种类

从第一个 BBS 开始，BBS 已经有了近 20 年的历史，它随着网络的出现而出现，也将随着网络的发展而发展。最初的 BBS 只是利用调制解调器通过电话线拨到某个电话号码上，然后通过软件阅读公告牌上的信息，发表意见，现在这种形式的 BBS 已经很少见了，唯一的例外是 Fido.net，全世界仍然有近百万的忠实用户，Roy Luo 创建的第一个 BBS——北京长城站仍然在对外服务。

上述 BBS 只需要一个 RS-232C 串口的 PC 电脑、一条电话线和一个 Modem（调制解调器），使用的软件包括一个汉字系统、一个通信软件和一个离线读信器，而不用连接到一个 ISP 或通过局域网连接到 Internet 上。

另外一种 BBS 以 Internet 为基础，用户必须首先连接到 Internet 上，然后利用 Telnet 软件（Telnet、Hyper terminal）登录到一个 BBS 站点，这种方式大大增加了同时上站的用户数，使多人之间的直接讨论成为可能。国内许多大学的 BBS 都采用该方式，清华大学的"水木清华"(地址为 bbs. tsinghua. edu. cn,IP 为 202.112.58.200)、北京邮电大学的"鸿雁传情"(地址为 nkl. bupt. edu. cn,IP 为 202.112.101.44)、北京大学的"北京大学未名站"(地址为 bbs. plcu. edu. cn,IP 为 162.105.176.202)、复旦大学的"日月光华"(地址为 bbs. fudan. edu. cn,IP 为 202.120.224.9)等,这些站点都是通过专线连接到 Internet 上,用户只要连接到 Internet 上,通过 Telnet 就可以进入 BBS,每一个站点可以同时有 200 人上线,这是业余 BBS 无法实现的。

现在许多用户习惯的 BBS 是基于 Web 的 BBS,用户只要连接到 Internet 上,直接利用浏览器就可以使用 BBS,阅读其他用户的留言,发表自己的意见。这种 BBS 大多为商业 BBS,以技术服务或专业讨论为主,操作简单,速度快,几乎没有用户限制,是今后 BBS 主要的发展方向,国内许多大学的 BBS 也正在向这个方向发展。

3) BBS 的作用

BBS 之所以受到广大网友的欢迎,与它独特的形式、强大的功能是分不开的,利用 BBS 可以实现许多独特的功能。

BBS 原先为电子布告栏,但由于用户的需求不断增加,BBS 已不仅是电子布告栏,还包括信件讨论区、文件交流区、信息布告区和交互讨论区等部分。

(1) 信件讨论区。这是 BBS 最主要的功能之一,包括各类学术专题讨论区、疑难问题解答区和闲聊区等。在这些信件讨论区中,上站的用户留下自己想要与别人交流的信件,例如,在各种软、硬件的使用、天文、医学、体育、游戏等方面的心得和经验。MOOC 学习区域中的讨论区类似于 BBS,用于提供师生之间互通互享的平台。

目前,国内业余 BBS 已经联网开通的用户闲聊区、软件讨论区、硬件讨论区、HAM 无线电、Internet 技术探讨、音乐音响讨论、电脑游戏讨论、球迷世界、军事天地等数十个各具特色的信件讨论区。

(2) 文件交流区。很多 BBS 站台设有用于交流的文件区,里面依照不同的主题分区存放了大量软件,有的 BBS 站还设有 CD-ROM 光碟区。众多的共享软件和免费软件都可以通过 BBS 获取得到,不仅使用户得到合适的软件,也使软件开发者的心血由于公众的使用而得到肯定。

BBS 对国内 Shareware (共享软件) 的发展起到了不可替代的推动作用,国内 BBS 提供的文件服务区主要有 BBS 建站、通信程序、网络工具、Internet 程序、加/解密工具、多媒体程序、电脑游戏、病毒防治、图像、创作发表和用户上传等。

(3) 信息布告区。这是 BBS 的基本功能。一些有心的站长会在自己的站台上发布大量的信息,例如,BBS 的使用方法介绍、国内 BBS 台站介绍、某些热门软件的介绍和 BBS 用户统计资料等。用户在生日时会收到站长热情洋溢的"贺电",感受到 BBS 大家庭的温暖。BBS 上还提供了在线游戏功能,用户闲聊时可以玩游戏。

(4) 多线交谈。多线的 BBS 可以与其他同时上站的用户做到即时的联机交谈。该功能有许多变化,例如,ICQ、Chat、Net meeting 等,有的只能进行文字交谈,有的可以直接进行声音对话。

6. 搜索引擎 (Search Engine)

搜索引擎根据一定的策略,运用特定的计算机程序从互联网上搜集信息,在对信息进行组织和处理后,为用户提供检索服务,将用户检索的相关信息展示给用户。

1)搜索引擎的分类

(1)图片搜索。图片搜索引擎是全新的搜索引擎,它基于图像形式特征进行抽取,即由图像分析软件自动抽取图像的颜色、形状、纹理等特征,建立特征索引库,用户只需要将要查找的图像的大致特征描述出来,就可以找出与之具有相近特征的图像。这是一种基于图像特征层次的机械匹配,特别适用于检索目标明确的查询要求,例如,对商标的检索,搜索结果也是最接近用户要求的。目前,这种较成熟的检索技术主要用于图像数据库的检索,在网上图像搜索引擎中应用该检索技术还存一定的困难。

(2)全文索引。全文索引引擎是名副其实的搜索引擎,例如,Google、百度搜索等。它们从互联网提取各个网站的信息(以网页文字为主),建立数据库,并检索与用户查询条件相匹配的记录,按一定的排列顺序返回结果。

根据搜索结果来源的不同,全文搜索引擎可分为两类:一类拥有自己的网页抓取、索引、检索系统(Indexer),能够自建网页数据库,搜索结果直接从自身的数据库中调用,上面提到的 Google 和百度就属于此类;另一类则租用其他搜索引擎的数据库,按照自定的格式排列搜索结果,例如,Lycos 搜索引擎。

(3)目录索引。目录索引虽然有搜索功能,但严格意义上不能称为真正的搜索引擎,只是按目录分类的网站链接列表而已,用户完全可以按照分类目录找到需要的信息,而不依靠关键词(Keywords)进行查询。目录索引中最具代表性的有 Yahoo、新浪分类目录搜索。

2)工作原理

(1)抓取网页。每个独立的搜索引擎都有自己的网页抓取程序(Spider)。Spider 顺着网页中的超链接,连续抓取网页,被抓取的网页称为网页快照。由于互联网中超链接的应用很普遍,理论上,从一定范围的网页出发,就能搜索到绝大多数的网页。

(2)处理网页。搜索引擎抓到网页后,还要做大量的预处理工作,才能提供检索服务。其中,最重要的就是提取关键词,建立索引文件,以及卸载重复网页、分词(中文)、判断网页类型,分析超链接,计算网页的重要度和丰富度等。

(3)提供检索服务。用户输入关键词进行检索,搜索引擎从索引数据库中找到与关键词匹配的网页。为了便于用户判断,除了网页标题和 URL 外,搜索引擎还会提供一段来自网页的摘要及其他信息。

2.2 构建自己的网络家园

登陆后微信扫一扫
构选自己的网络家园

新的校园生活开始了,大家在进入优美的校园环境学习的同时构建自己的网络家园,有利于我们的学生和生活。我们要学会利用学院网站和现代教育中心的网站,以及新媒体来辅助我们的学习、工作和生活。

2.2.1 获取本人的 IP 地址、子网掩码、网关和 DNS

(1)到学院的现代教育技术中心(综合实验楼 101 室)报修,详细填写相关信息,网络管理员老师将按照相关规定为用户设置准确的 IP 地址、子网掩码、默认网关和 DNS 服务器。

（2）通过学院主页访问查询。

①在 IE 地址栏中输入"www.wanfang.edu.cn"，打开学院主页，如图 2 – 12 所示。

图 2 – 12　学院主页

②在导航栏中选择"党政机构 | 现代教育技术中心"命令，打开现代教育技术中心的部门主页后，单击"上网说明"图标，如图 2 – 13 所示。

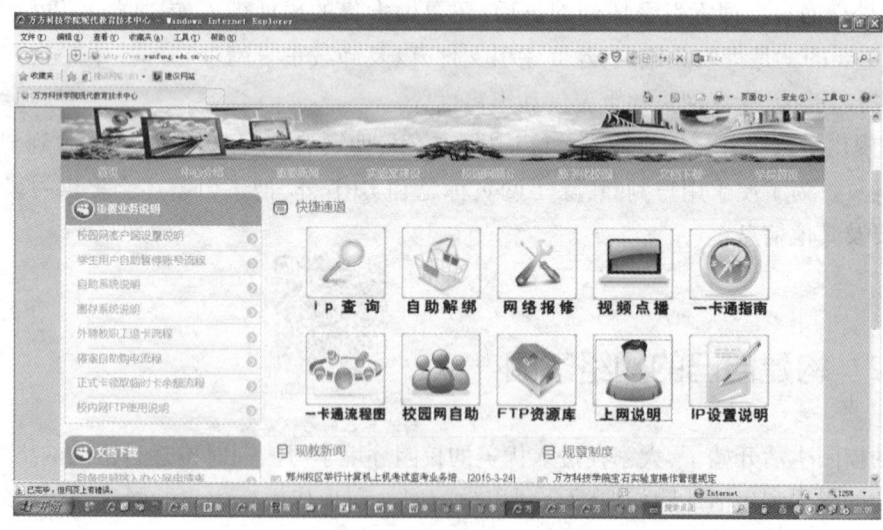

图 2 – 13　现代技术教育中心主页

③在该主页左下角的服务项目中单击"IP 自助查询"按钮，打开自助查询主页，如图 2 – 14 所示。

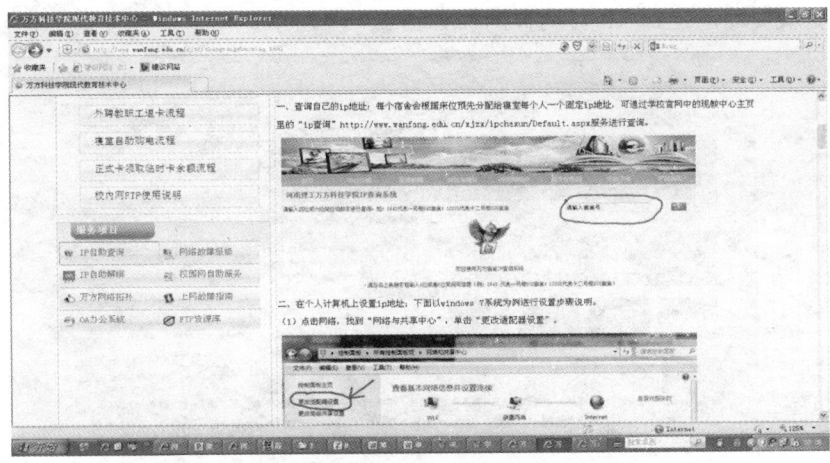

图 2-14　选择"IP 自助查询"

④在"IP 自助查询"页面输入楼号和宿舍号,如图 2-15 所示。注意页面中的提示文字,输入无误则显示查询结果,如图 2-16 所示。

图 2-15　"IP 自助查询"页面

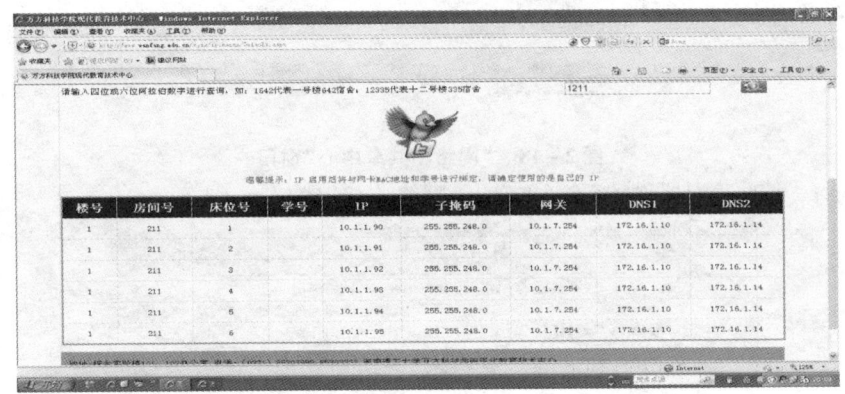

图 2-16　输入正确的内容后的查询结果

此时,每间宿舍的床位所对应的上网参数一目了然。IP 地址和床位号一一对应,IP 使用不正确将被禁止访问网络。

⑤除了在第②步时选择"现代教育技术中心"命令外,在学院的主页下方,有一个"快速

通道"可以更快捷地定位到"IP 自助查询",如图 2-17 所示。

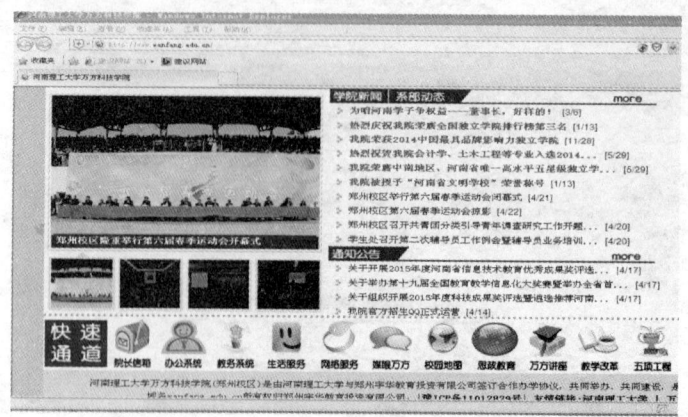

图 2-17 主页下方的"快速通道"

在主页下方的"快速通道"中,单击"网络服务"图标,打开网络服务,打开的页面中有 IP 查询,其功能和"IP 自助查询"一样。

2.2.2 在个人计算机上设置 IP 地址

在 Windows 7 系统中设置 IP 地址的步骤如下。

(1)在桌面上鼠标左键双击"网络"图标或在屏幕左下角单击"开始"按钮,在弹出的菜单中选择"网络"命令,在工具栏中单击"网络和共享中心"按钮,弹出"网络和共享中心"窗口,如图 2-18 所示。

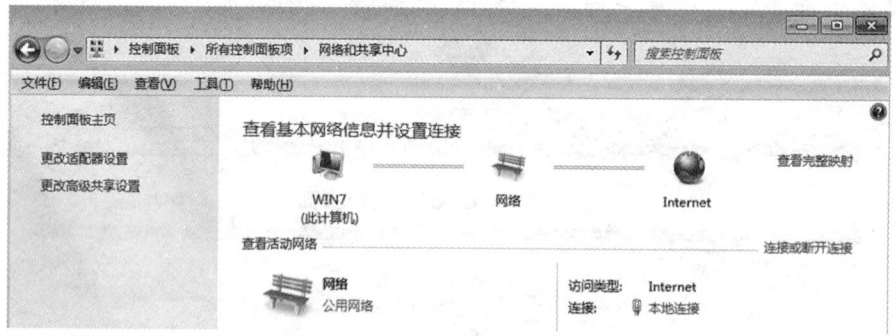

图 2-18 "网络和共享中心"窗口

(2)选择"更改适配器设置"命令,弹出"网络连接"窗口;

图 2-19 "网络连接"窗口

(3)双击"本地连接"图标,弹出"本地连接状态"对话框,如图 2-20 所示。

(4)单击"属性"按钮,弹出"本地连接属性"对话框,如图 2-21 所示。

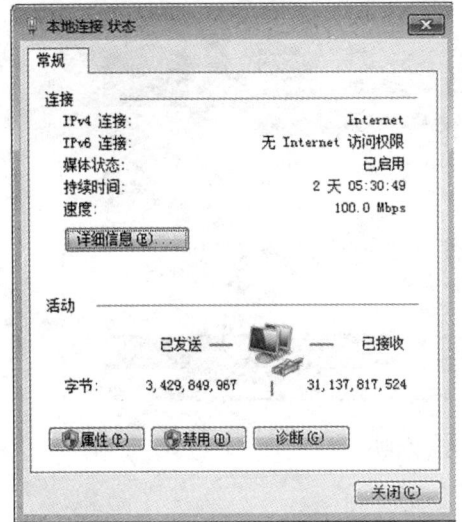
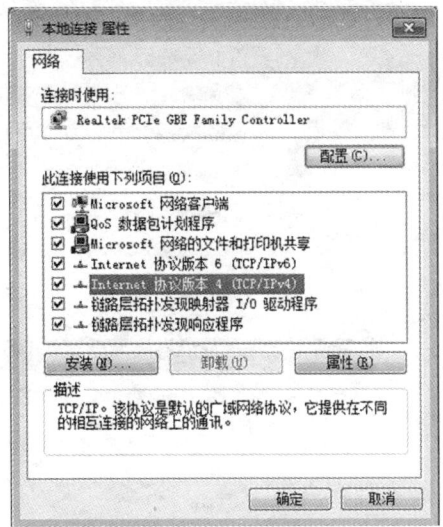

图 2-20 "本地连接状态"对话框　　　　图 2-21 "本地连接属性"对话框

(5)在"网络"选项卡中双击"Internet 协议版本 4(ICP/IPv4)"选项,弹出"Internet 协议版本 4(TCP/IPv4)属性"对话框,填写相应的 IP、子网掩码、网关、DNS 等内容,如图 2-22 所示。

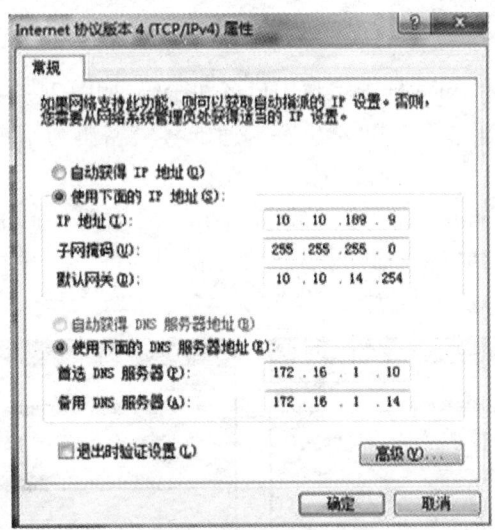

图 2-22 填写网络信息

注意:学校首选 DNS 服务器为 172.16.1.10,备选 DNS 服务器为 172.16.1.14。

2.2.3 获取与安装客户端,新建 802.1X 连接

1. 获取客户端

(1)通过学院的 ftp 网站下载上网客户端,下载地址为 ftp://ftp.wanfang.edu.cn。

(2)在主页下方的快速通道中单击"网络服务"图标,打开网络服务,单击"附件下载"按

钮,下载客户端,如图 2-23 所示。

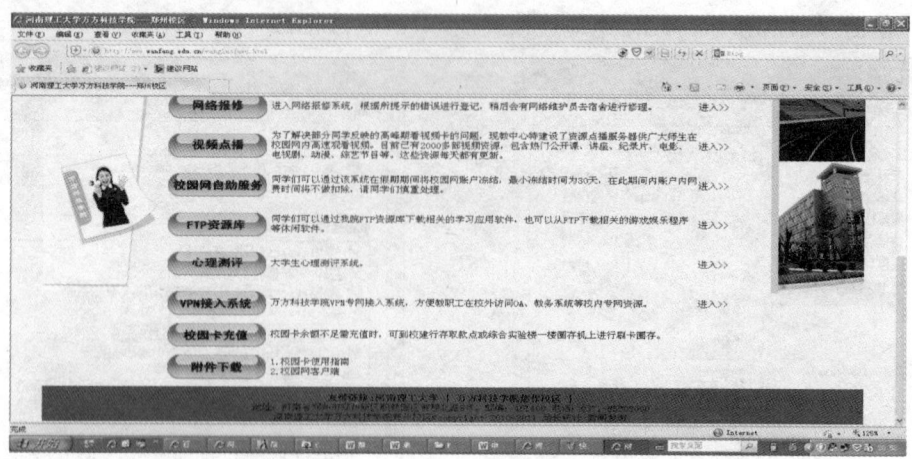

图 2-23 客户端下载界面

2. 安装客户端

将下载的客户端解压后双击安装包,进行自动安装。

安装完 H3C iNode 客户端后,电脑桌面上出现图标 ,首次登录客户端时,会提示用户新建一个 802.1X 连接。

注意:在安装客户端时,要将电脑上的杀毒软件关闭,防止杀毒软件误报为病毒而无法安装。

3. 新建 802.1X 连接

(1)在"新建连接向导"对话框中填写用户名和密码,如图 2-24 所示。

用户名为"教工一卡通卡号"或"学生一卡通卡号",密码为用户身份证号码后六位(出现字母 X 填"0"即可)。

注意:学生临时卡的上网用户名为临时卡卡号,密码为 000000;教工临时卡上网密码仍为身份证后六位。

(2)单击"下一步"按钮,弹出如图 2-25 所示的对话框,在"选择网卡"的下拉列表中选择合适的网卡连接网络。

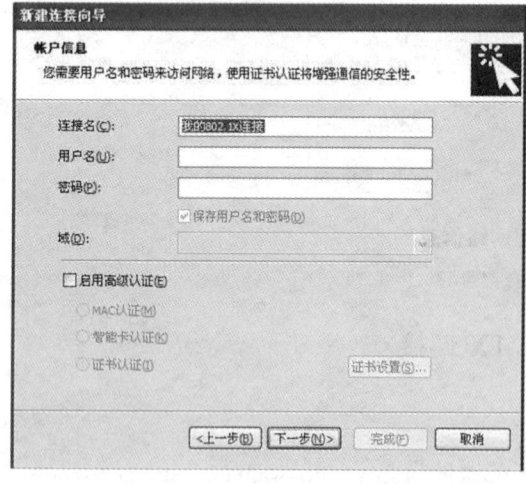

图 2-24 "新建连接向导"对话框

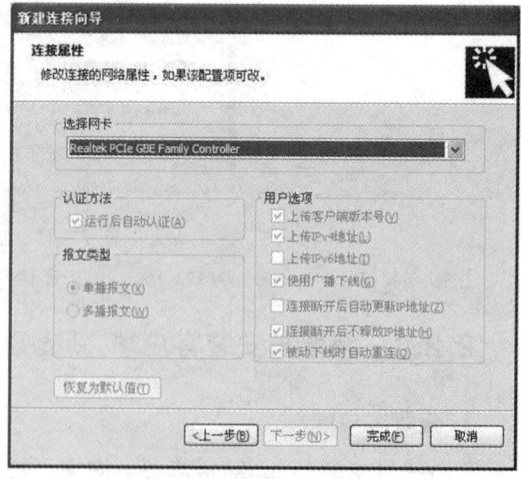

图 2-25 "连接属性"设置对话框

选择网卡时要注意,笔记本电脑一般会有多个网卡选项(无线网卡、蓝牙、有线网卡等),一定要选择其中的有线网卡。

(3)单击"完成"按钮,建立连接,在弹出的"iNode 智能客户端"窗口中双击"我的 802.1X 连接"图标,如图 2-26 所示。当服务器提示验证成功后即可接入校园网络。

用户设置 IP 地址及客户端后,即可通过 iNode 客户端登录网络,打开 iNode 客户端,单击连接,服务器认证成功后即可上网。登录现代教育技术中心的网站,参阅网络内容处理网上自助服务及常见故障。

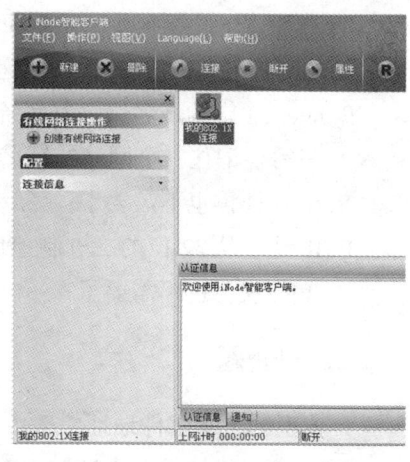

图 2-26 "iNode 智能客户端"窗口

习 题

一、选择题

1. 下列属于计算机局域网基本部件的是_____。
   A. 声卡　　　　　B. 网卡　　　　　C. 网页浏览器　　　　　D. 媒体播放器
2. 信息安全危害的两大源头是病毒和黑客,其中,黑客是_____。
   A. 计算机编程高手　　　　　B. Cookies 的发布者
   C. 网络的非法入侵者　　　　　D. 信息垃圾的制造者
3. 要查找局域网中的计算机,应进入_____。
   A. 我的电脑　　　　B. 网上邻居　　　　C. IE 浏览器　　　　D. 控制面板
4. 使用 IE 浏览器浏览 WWW 信息_____。
   A. 必须输入某站点的域名　　　　　B. 必须输入某站点的 IP 地址
   C. 输入某站点的域名或 IP 地址均可　　　　　D. 什么都不输入
5. 决定计算机档次的主要因素是_____。
   A. 打印机的速度　　　　　B. CPU 的性能
   B. 键盘上键的多少　　　　　D. 所带软件的多少
6. 一般在 Internet 中的域名(例如,www.nit.edu.cn)依次表示的含义是_____。
   A. 用户名,主机名,机构名,最高层域名　B. 用户名,单位名,机构名,最高层域名
   C. 主机名,网络名,机构名,最高层域名　D. 网络名,主机名,机构名,最高层域名
7. 以下关于网络的说法错误的是_____。
   A. 将两台电脑用网线连在一起就是一个网络
   B. 网络按覆盖范围可以分为 LAN 和 WAN
   C. 计算机网络有数据通信、资源共享等功能
   D. 上网时我们享受的服务不只是眼前的电脑提供的

8. _____服务不属于Internet服务。
A. 电子邮件　　　　B. 货物速递　　　　C. 电子商务　　　　D. 文件传输
9. Internet中的域名服务器系统负责全网IP地址的解析工作,它的好处是_____。
A. 只需要记住一个网站的域名,而不必记住IP地址
B. IP地址再也不需要了
C. IP地址从32位的二进制地址缩减为8位的二进制地址
D. IP协议再也不需要了

二、判断题

1. 典型的电子邮件地址一般由用户名和主机域名组成,中间用"&"字符隔开。（　　）
2. Internet最初是以ARPANET为主干网建立的,ARPANET最初主要用于美国的大学研究。（　　）
3. TCP/IP协议是为ARPANET设计的,目的是使不同厂家生产的计算机在共同的网络环境下运行。（　　）
4. 在以字符特征名为代表的域名地址中,教育机构一般用gov作为网络分类名。（　　）
5. "因特网"一词源于英文单词"Internet"。（　　）
6. 为客户提供接入Internet服务的代理商的简称是PSP。（　　）
7. WWW浏览器所使用的应用协议是HTTP。（　　）
8. Internet采用TCP/IP协议实现网络互连。（　　）
9. 电子公告牌的英文缩写是BBS。（　　）
10. 按照TCP/IP协议,接入Internet的每一台计算机都有一个唯一的地址标识,该地址标识称为IP地址,当前的IP地址是32位的十进制数。（　　）

三、简答题

1. 简述计算机网络的定义和特点。
2. 简述计算机网络的应用。
3. 简述IP地址的分类及特点。
4. 简述构建网络家园的主要步骤。

第3章 让文字飞——文字处理软件 Word 2010

本章概述

本章主要介绍文字处理软件 Word 2010 中文档的基本操作、文档的编辑与排版、表格、图形、图文混排、页面排版等内容,以帮助用户编辑与处理文档。

教学目标

◇掌握 Word 2010 的基本知识,包括启动与退出方法,了解快速启动工具栏的修改。

◇掌握 Word 2010 文档的基本操作,包括创建与保存文档的方法,文档内容的录入技巧,以及公式的使用。

◇掌握 Word 2010 文档版面设计操作,包括文字、段落、页面格式的设置。

◇掌握 Word 2010 表格的制作和处理,包括插入、斜线表头的绘制、标题行的重复、行列的插入与卸载、表格的格式化,了解表格的计算功能。

◇掌握 Word 2010 图文处理的操作,包括基本图形的绘制及修饰、艺术字的插入及修饰,了解 SmartArt 图形的使用。

◇掌握图片的插入与卸载方法、图片效果的设置方法,灵活应用文本框功能,并掌握图片与文字的位置排列。

3.1 Word 2010 概述

登陆后微信扫一扫

初识 Word 2010(一)

随着计算机技术的发展,文字信息处理技术发生了一场革命性的变革,用计算机录入文字、编辑文稿、排版印刷和管理文档是实用新技术的一些具体内容。优秀的文字处理软件能使用户方便自如地在计算机上编辑和修改文章,大大提高了工作效率。

Word 是由 Microsoft 公司推出的一款文字处理软件,用于制作各种文档,例如,信函、传真、公文、报刊、书刊和简历等。

Word 2010 与以前的版本相比,其界面更友好、更合理,功能也更为强大,为用户提供了一个智能化的工作环境,并利用极富视觉冲击力的图形与用户更有效地沟通。Word 2010 提供了一套完整的工具,供用户在新的界面中创建文档并设置格式,从而帮助用户制作具有专业水准的文档;具有丰富的审阅、批注和比较功能,有助于快速收集和管理反馈信息;高级的数据集成可以确保文档与重要的业务信息源时刻相连。

本章将从文档的基本操作、文档的编辑与排版、表格处理、图文混排、页面设置等方面介绍 Word 2010 的使用方法。

3.1.1 Word 2010 的启动和退出

1. 启动 Word 2010

进入 Word 2010 的方法与进入其他应用程序的方法类似,主要有以下三种常用方法。

(1) 利用桌面上 Word 2010 快捷方式启动。若桌面上有 Word 2010 快捷方式图标,双击该图标快速启动 Word 2010。Word 2010 的快捷方式图标如图 3-1 所示。

(2) 通过 Word 2010 文件启动。双击文件扩展名为.docx 的文件即启动 Word 2010 并打开该文件。Word 2010 文件的图标如图 3-2 所示。

图 3-1　通过快捷方式启动

图 3-2　Word 2010 文件的图标

(3) 利用"开始"菜单中的应用程序菜单命令启动。在屏幕左下角单击"开始"按钮,在弹出的菜单中选择"所有程序|Microsoft Office|Microsoft Office Word 2010"命令,启动Word 2010。

提示:

(1) 若桌面上没有 Word 2010 快捷方式,可以按照上述方法中的第二种方法找到 Microsoft Office Word 2010 菜单,单击鼠标右键,在弹出的快捷菜单中选择"发送到|桌面快捷方式"命令,即可完成 Word 2010 快捷方式的建立。

(2) 早期版本的 Word 文档文件扩展名为.doc,而 Word 2010 版本的文件扩展名为.docx,改变格式后文档占用的空间将有一定程度的缩小。若早期版本的 Word 打不开.docx 文件,可以从微软的官方网站上下载 Microsoft Office 2010 文件格式兼容包,该补丁能够使该版片之前的 Microsoft Office(例如,Office 2003)版本打开、编辑、保存 Office 2010 新增的文件格式。

2. 退出 Word 2010

退出 Word 2010 有以下五种方法:

(1) 单击 Word 2010 主窗口右上角的关闭按钮;

(2) 在 Word 2010 窗口中单击"文件"选项卡,在弹出的菜单中选择"退出"命令,如图 3-3 所示;

(3) 双击 Word 2010 窗口标题栏最左端的图标;

(4) 在标题栏的任意处单击鼠标右键,在弹出的快捷菜单中选择"关闭"命令,如图 3-4

所示；

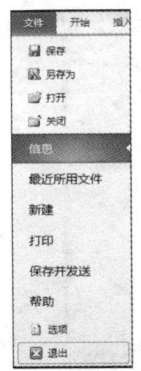 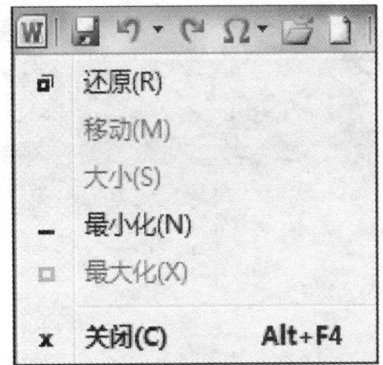

图3-3 "文件"选项卡的"退出"命令　　图3-4 快捷菜单的"关闭"命令

(5) 按【Alt】+【F4】组合键。

当文档尚未保存而按以上五种方法之一退出Word 2010时,会弹出"Microsoft Word"对话框,如图3-5所示。单击"保存"按钮,则保存文档;单击"不保存"按钮,则不保存文档,直接退出程序;单击"取消"按钮,则取消此次操作,返回编辑窗口。

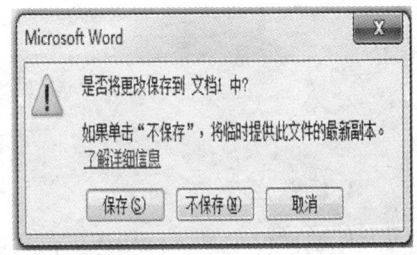

当用户单击"保存"按钮保存文档时,若该文档已经命名,Word 2010会直接保存文档并退出程序;若该文档从未保存,则弹出"另存为"对话框,设定文件的保存位置、文件名及文件类型后,单击"保存"按钮,保存文档。"另存为"对话框如图3-6所示。

图3-5 "Microsoft Word"对话框

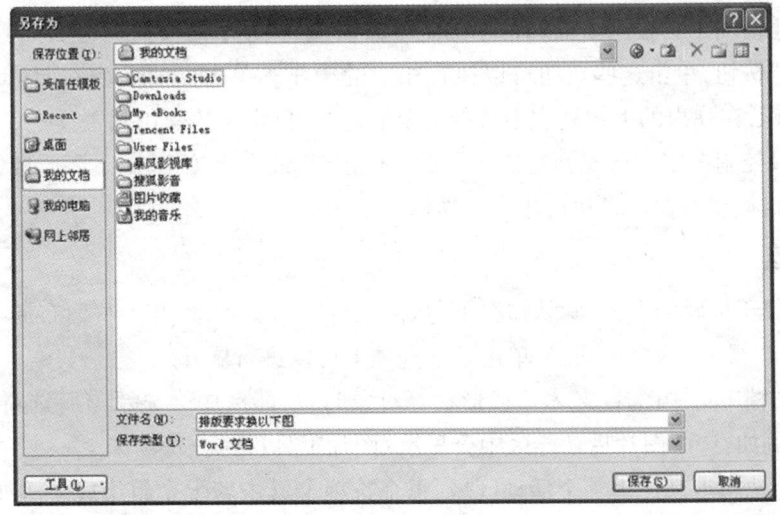

图3-6 "另存为"对话框

3.1.2 Word 2010的工作界面

启动Word 2010后,首先显示的是软件的启动画面。Word 2010窗口主要由标题栏、功能区、文档编辑区及状态栏等部分组成,如图3-7所示。

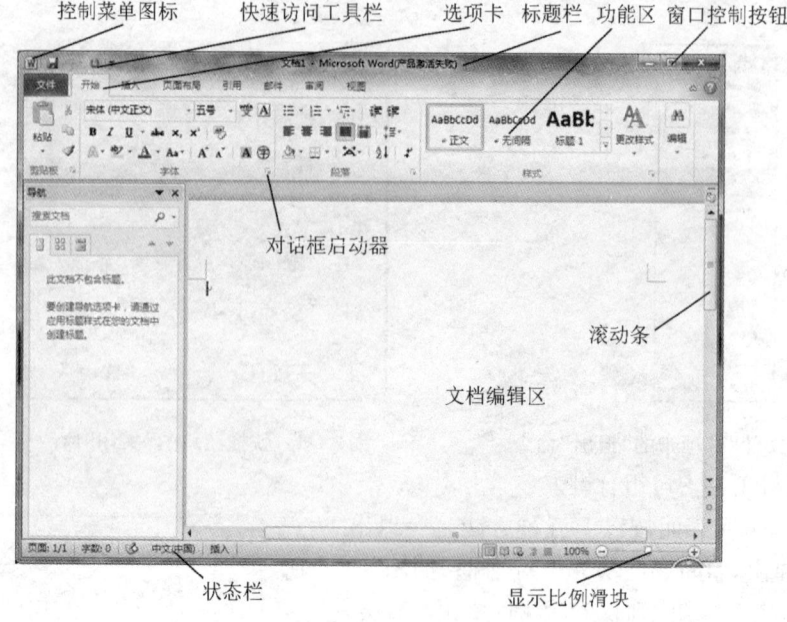

图 3-7　Word 2010 窗口

1. 标题栏

标题栏位于 Word 2010 主窗口的最上方,从左到右依次为控制菜单图标、快速访问工具栏、正在操作的文档名称、程序的名称和窗口控制按钮。

(1)单击控制菜单图标,弹出窗口控制菜单,可以对窗口执行还原、最小化和关闭等操作。

(2)快速访问工具栏用于显示常用的工具按钮,默认显示的按钮有"保存"按钮、"撤销"按钮、"恢复"按钮,单击这些按钮可以执行相应的操作。单击"自定义快速访问工具栏"右侧的下拉按钮,在弹出的下拉列表中选择需要的命令,自定义快速访问工具栏。

(3)窗口控制按钮。从左到右依次是最小化按钮、最大化按钮、向下还原按钮、和关闭按钮。单击窗口控制按钮可以执行相应的操作。

2. 功能区

功能区位于标题的下方,默认情况下包含"文件""开始""插入""页面布局""引用""邮件""审阅"和"视图"八个选项卡,单击某个选项卡可以进行展开。

(1)在文档中选中图片、艺术字或形状等对象时,功能区中会显示与所选对象设置相关的选项卡。例如,选中图片后功能区中会显示"图片工具|格式"选项卡。

(2)每个选项卡都代表一个活动区域,每个选项卡又由若干个组组成。例如,"开始"选项卡由"剪贴板""字体""段落""样式""编辑"五个组组成,这些组将相关功能按钮显示在一起,这些功能按钮又称为命令。

(3)有些组的右下角有一个小图标 ,该图标称为对话框启动器,单击"对话框启动器"图标可以弹出对应的对话框或任务窗格,提供更多的功能选项。

(4)在 Word 2010 功能区中的"文件"选项卡取代了 Word 2007 的"Office"按钮和 Word 2003 的"文件"菜单,单击"文件"选项卡时会看到许多与单击传统版本的"Office"按钮或"文件"菜单时相同的基本命令,可以找到"打开""保存""打印"和"保存并发送"的新 Backstage 视图选项卡。Microsoft Office Backstage 视图是用于对文档执行操作的命令集。在 Backstage 视图中可以管理文档和有关文档的相关数据,例如,创建、保存、发送文档等。"文件"选项卡如图 3-8 所示。

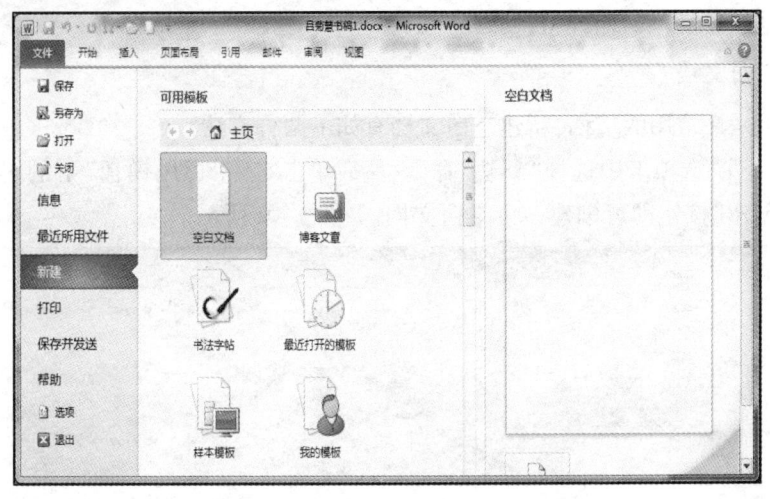

图 3-8   Word 2010 的"文件"选项卡

3. 文档编辑区

文档编辑区位于窗口中央,是工作区域,即文档内容录入、修改、查阅的区域。在编辑区内有一个插入点,即一条闪烁的竖线,称为光标。在输入文档内容时插入点会向右移动,到达一行的末尾时不需要按【Enter】键,Word 会自动换行,只需继续输入即可,输入的内容将延续到下一行。另起一段时,需要按【Enter】键。

4. 状态栏

状态栏位于 Word 2010 窗口的最底部,用于显示当前文档的页数、字数、输入语言和输入状态等信息。状态栏的右端有两栏功能按钮,即视图切换按钮和显示比例调节工具。

(1)视图切换按钮。视图按钮及当前使用的视图方式(用浅黄色亮度显示)有五种,分别是页面视图、阅读版式视图、Web 版式视图、大纲视图和草稿,用于控制视图模式的快速切换。

(2)显示比例调节工具。显示比例调节工具位于状态栏右端,用于更改文档的显示比例,拖动其中的指针或者单击指针两端的缩小按钮和放大按钮,可以快速调节编辑区的显示比例。单击指针左侧的缩放级别按钮,也可以进行缩放设置。

3.2 Word 2010 文档的基本操作

Word 文档是文本、表格、图片等对象的载体,其基本操作包括文档的新建、录入、保存、关闭、打开等。

3.2.1 创建新文档

如果需要在文档中进行输入或编辑等操作，需要创建文档。在 Word 2010 中可以创建空白文档，也可以根据现有的内容创建新文档。

1. 新建空白文档

空白文档是最常用的文档，新建空白文档有如下两种方法。

(1)在"文件"选项卡中选择"新建"命令，然后单击右侧"可用模板"下的"空白文档"图标，再单击"创建"按钮即可创建一个空白文档，如图 3-9 所示。

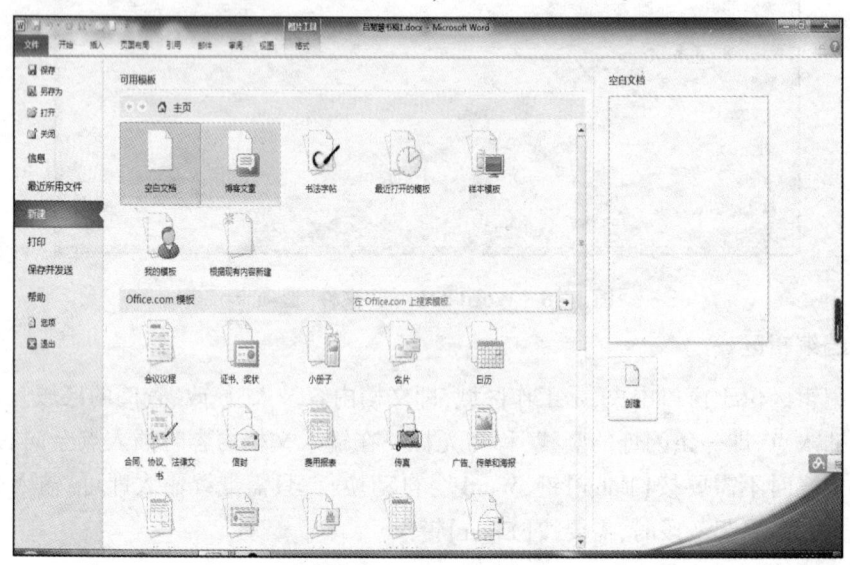

图 3-9 利用"文件"选项卡新建空白文档

(2)在标题栏上单击"自定义快速访问工具栏"按钮，在弹出的下拉菜单中选择"新建"命令，将"新建"按钮添加到快速访问工具栏，便可单击"新建"按钮创建空白文档。

2. 新建基于模板的文档

Word 2010 提供了许多文档模板，选择不同的模板可以快速地创建各种类型的文档，例如，信函和传真等。模板中包含了特定类型文档的格式和内容，只需要根据个人需求稍做修改即可创建一个精美的文档。在"文件"选项卡的"可用模板"中单击"创建"按钮，或者在"Office.com 模板"区域中选择合适的模板，再单击"下载"按钮均可以创建一个基于特定模板的新文档。

3.2.2 文档的录入与卸载

文本是文档的重要组成部分，除了图片、表格、特殊符号外，文档的大部分内容都由文本组成，只有输入了文本，才能对文档进行编辑操作。输入文本就是在文档编辑区的插入点处输入文本内容或其他特殊符号。

1. 输入普通文本

普通文本的输入非常简单,用户只需将光标移到指定位置,选择合适的输入法后即可。在文档编辑区中的插入点处开始文本的输入。输入文本内容时只需依次录入文本字符,不必考虑字符在文档中的位置,尽量避免使用空格键产生空格设置文本,以利于后期进行段落的格式化和排版操作。当完成一行文本信息的录入时,不需要按【Enter】键换行,随着文本信息的录入,Word 2010会自动转至下一行。若需要分段,则按【Enter】键换行进行下一段信息的录入。

2. 输入符号

在文档录入的过程中,经常要输入一些符号,在 Word 2010 中,主要通过"插入"选项卡中的"符号"组和"特殊符号"组来完成此操作。

若要插入特殊符号,需要先将光标插入点置于特殊符号将要插入的位置,在"插入"选项卡的"符号"组中单击"符号"下拉按钮,弹出"符号"下拉列表,如图3－10所示,选择要插入的特殊符号完成插入;若下拉列表中没有要插入的符号,则选择"其他符号"命令,弹出"符号"对话框,如图3－11所示。在"符号"对话框既可以插入键盘上没有的符号(例如,长划线"－"或省略号"…"),也可以插入 Unicode 字符。

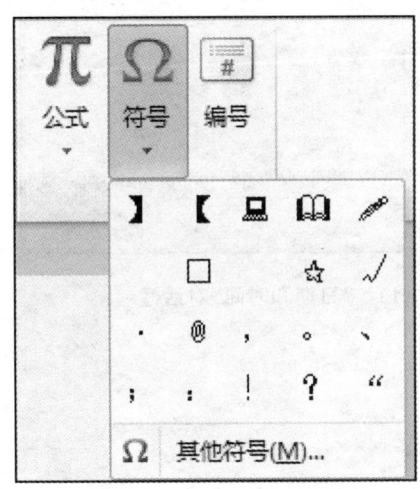 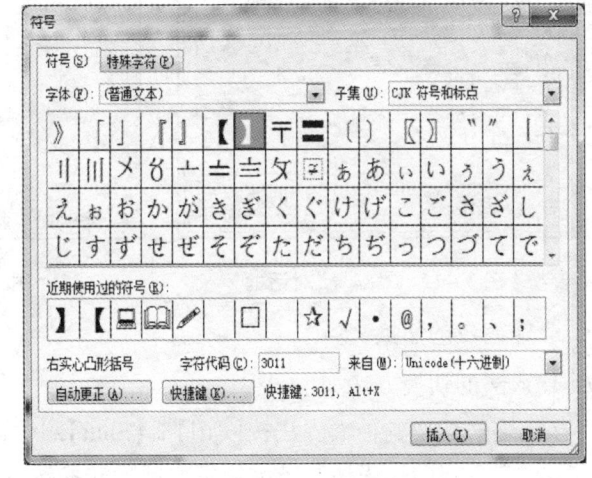

图 3－10 "符号"下拉列表　　　　图 3－11 "符号"对话框

在"符号"对话框中单击"字体"下拉列表可以选择相应的字体,若要快速定位到一些符号集合中,可以在"子集"下拉列表框中选择相应的符号集合,定位到所选符号集合位置。

提示:

(1)在"符号"对话框中,可以插入的符号和字符的类型取决于选择的字体。例如,有些字体可能会包含分数(1/4)、国际字符(C,e)和国际货币符号(£,¥)。内置的"Symbol"字体包含箭头、项目符号和科学符号,"Wingdings"字体包含装饰符号。

(2)"符号"对话框的大小可以改变。将鼠标指针移至对话框的右下角,鼠标指针变成双向箭头时,拖动鼠标改变对话框的大小。

3. 输入编号

输入编号的操作步骤如下:

(1)在"插入"选项卡的"符号"组中单击"编号"按钮,弹出"编号"对话框,如图3-12所示;

(2)在"编号"文本框中输入要插入的编号数值,在"编号类型"中选择所需要的编号类型;

(3)单击"确定"按钮,在插入点处插入数值编号。

4. 输入日期和时间

插入系统当前日期和时间的操作步骤如下:

(1)将插入点置于要输入日期和时间的位置;

(2)在"插入"选项卡的"文本"组中单击"日期和时间"按钮,弹出"日期和时间"对话框,如图3-13所示;

(3)在"可用格式"下拉列表框中选择某一时间格式,单击"确定"按钮。

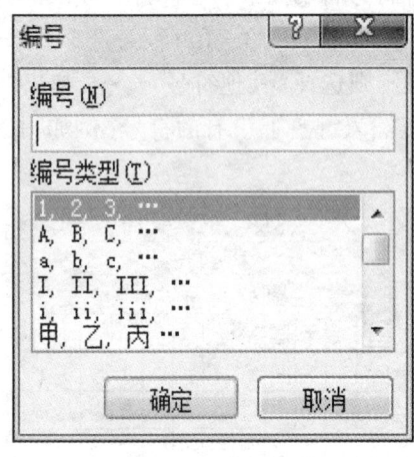
图3-12 "编号"对话框

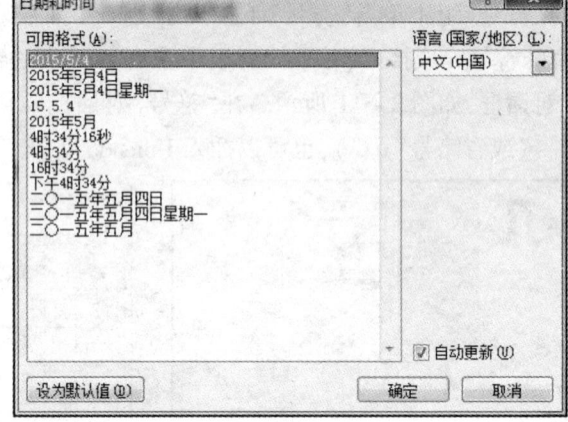
图3-13 "日期和时间"对话框

5. 输入法的切换

输入法的切换方法如下:

(1)逐一切换各种输入法按【Ctrl】+【Shift】组合键;

(2)实现当前输入法与英文字符之间的转换按【Ctrl】+【Space】组合键;

(3)在中文输入状态输入大写英文字母,按【Caps Lock】键后再按字母键,或在按住【Shift】键的同时按字母键;

(4)使插入点移动一个制表位按【Tab】键;

(5)输入双字符键上面的符号,应先按下【Shift】键,再按相应的字符键。

6. 插入/改写状态的切换

启动Word 2010后,默认编辑状态为插入状态,此时任务栏上显示"插入"字样,输入的字符将以插入方式显示在插入点位置,后面的字符依次后退。如果想将"插入"状态变为"改写"状态,可按【Insert】键或者在任务栏上单击"插入"信息字段。

7. 字符的卸载

在文档的输入过程中,按【Back Space】键或【Delete】键卸载多余的字符或出错的字符。

但两者之间有一定的区别：按一次【Back Space】键卸载插入点左侧的一个字符，按一次【Delete】键卸载插入点右侧的一个字符。若要卸载较大区域的文本，应先选定要卸载的文本，然后按【Delete】键即可。

8. 撤销与恢复操作

在文档编辑的过程中经常会出现误操作，在快速访问工具栏上单击"撤销"按钮，或按【Ctrl】+【Z】组合键来撤销完成的操作，使文档返回到之前的某一状态，以便于重新进行编辑。单击"撤销"按钮后也可以在下拉列表中选择撤销到哪一步。

若想恢复撤销的操作，则在快速访问工具栏上单击"恢复"按钮，或按【Ctrl】+【Y】组合键。

3.2.3 保存文档

在文档编辑的过程中，如果出现了计算机突然死机、停电等非正常关闭的情况，文档中的信息可能丢失，因此及时保存文档是十分重要的工作。

在 Word 2010 中，可以通过菜单或工具栏完成文档的保存。

1. 保存新建的文档

对于进入 Word 2010 后自动创建的新文档或是用户在 Word 2010 中创建的文档，往往要进行保存操作，操作步骤如下。

（1）单击"文件"选项卡，在弹出的菜单中选择"保存"命令，弹出"另存为"对话框，如图 3－14 所示。

（2）在"另存为"对话框中首先要确定文档的保存位置。Word 2010 默认的保存位置为"我的文档"。若重新指定磁盘，则在"另存为"对话框中单击"工具"下拉按钮，在弹出的下拉列表中选择"保存选项"命令，然后单击"浏览"按钮，选择新的保存位置即可。

图 3－14　"另存为"对话框

（3）为要保存的文档命名。Word 2010 默认以文档的第一段文字作为文件名，若要重新指定文件名，则在"文件名"文本框中输入文档保存的名称。

（4）选择文档的保存类型。Word 2010 默认的保存类型为 Word 文档，即文件的扩展名为".docx"，若要另行指定保存类型，则在"保存类型"下拉列表中进行选择。例如，选择保存为"Word 97－2003"文档，即文件的扩展名为".doc"或选择其他格式进行保存。

（5）当确定了保存位置、文档名及文件类型后，单击"保存"按钮，完成保存操作。单击快速访问工具栏中的"保存"按钮或按【Ctrl】+【S】组合键也可以弹出"另存为"对话框，对文件进行保存。

提示：

对已经保存过的文档，需要重新保存时可以按上述方法进行保存，但不会弹出"另存为"

对话框。

2. 旧文档与换名、换类型文档保存

若当前编辑的文档是旧文档且不需要更名或更改位置保存,则在快速访问工具栏中单击"保存"按钮,或者在"文件"选项卡中选择"保存"命令即可保存文档。此时不会弹出对话框,只是以新内容代替旧内容保存到原来的旧文档中。

若要为一篇正在编辑的文档更改名称或保存位置,则在"文件"选项卡中选择"另存为"命令,弹出"另存为"对话框,根据需要选择新的存储路径或者输入新的文档名称即可。通过"保存类型"下拉列表中的选项还可以更改文档的保存类型,选择"Word 97 – 2003 文档"命令可以将文档保存为 Word 的早期版本类型,命令"Word 模板"选项可以将该文档保存为模板类型。

3. 自动保存文档

使用 Word 2010 编辑文档时,有时可能由于特殊的原因(例如,停电、非法操作等)造成 Word 2010 被突然关闭,没有存盘的文件丢失。为了防止意外事件发生,保证文档的安全,可以为文档设置自动保存,系统会按照用户设定的时间间隔自动对文档所做的编辑进行保存,及时保护用户所做的工作,减少数据丢失的可能。

为文档设置自动保存的操作步骤如下。

(1)在当前文档的"文件"选项卡中选择"选项"命令,弹出"Word 选项"对话框,如图 3 – 15 所示;

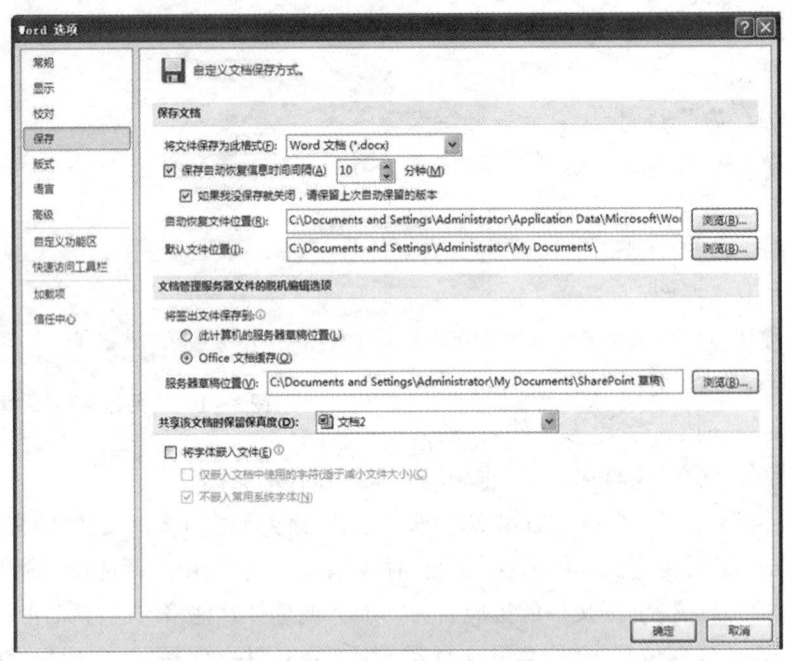

图 3 – 15 "Word 选项"对话框的"保存"选项卡

(2)在左侧窗格中单击"保存"选项卡,在弹出的"自定义文档保存方式"窗格中勾选"保存自动恢复信息时间间隔"复选框,在"分钟"数值框中输入自动文档的时间间隔,例如,输入"10"。Word 2010 默认自动保存间隔是 10 分钟;

(3)单击"确定"按钮保存设置。

提示：

设置自动保存文档的时间间隔以 5～10 分钟为宜，设置时间太短，频繁地保存文档会占用系统大量资源，反而会降低工作效率。

4. 保存文档时创建文档副本

为了防止文件的意外卸载，Word 2010 提供了保存文档时自动创建文档副本的功能。开启手动创建副本功能后，首次保存文档时，Word 2010 将自动为当前文档创建一个标有备份属性的 *.wbk 格式的备份副本。备份副本是最后一次保存的文档版本，如果若对文档进行的最新编辑未保存，则在备份副本中是不会体现的。不小心保存了不需要的信息或卸载了原文档，即可使用备份副本使工作成果免受或少受损失。

设置自动创建文档副本的操作步骤如下：

(1)在当前文档的"文件"选项卡中选择"选项"命令，弹出"Word 选项"对话框；

(2)在左侧窗格中单击"高级"选项卡，在弹出的"使用 Word 时采用的高级选项"窗格中拖动垂直滚动条至"保存"选项组，勾选"始终创建备份副本"复选框，如图 3-16 所示；

(3)单击"确定"按钮，保存设置。

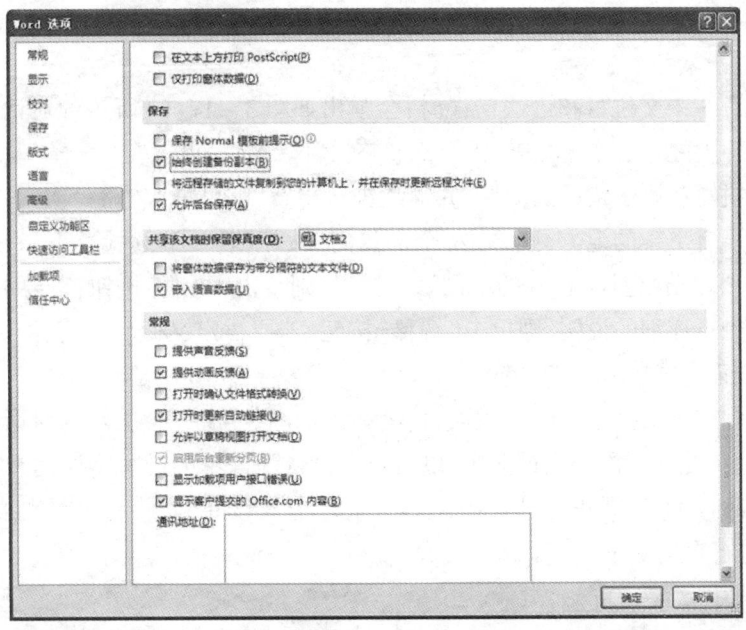

图 3-16 "Word 选项"对话框的"高级"选项卡

3.2.4 关闭文档

关闭文档有以下四种操作方法：

(1)在"文件"选项卡中选择"关闭"命令；

(2)单击标题栏右侧的"关闭"按钮；

(3)在标题栏上单击鼠标右键，在弹出的快捷菜单中选择"关闭"命令；

(4)按【Ctrl】+【F4】组合键。

3.2.5 打开已存在的文档

打开已经存在的文档主要有五种方法。

(1) 直接打开 Word 文档。在文件夹中用鼠标双击扩展名为 .doc 或 .docx 的文档，Word 2010 会自动启动并且打开该文档。

(2) 通过快速启动工具栏打开。如果已经启动 Word 2010，则在快速访问工具栏中单击"打开"按钮，在弹出的"打开"对话框中选择要打开的文档，单击"打开"按钮即可；

(3) 单击控制菜单图标，在弹出的下拉菜单中选择"打开"命令；

(4) 按【Ctrl】+【O】组合键；

(5) 单击控制菜单图标，在"最近使用的文档"列表中选择要打开的文档。

3.2.6 文本拼写与语法检查

拼写和语法检查

在默认情况下，随着文档的录入和编辑，Word 2010 会自动把存在拼写错误和语法错误的内容标记出来。如果对现有的文档进行拼写检查和语法检查，则打开要检查的文档，在"审阅"选项卡的"校对"组中单击"拼写和语法"按钮，或者按【F7】键，Word 2010 会启动拼写和语法检查。

当文档中存在中文拼写和语法错误时，会弹出如图 3-17(a) 所示的对话框。在"拼写和语法"对话框中主要有"忽略一次""全部忽略""下一句""更改"、"解释"及"词典"按钮。若要忽略本次拼写和语法错误的单词，并继续进行检查，则单击"忽略一次"按钮；若要忽略文档中该单词所有出现的地方，则单击"全部忽略"按钮；若要继续检查下一句，则单击"下一句"按钮；若要根据"建议"栏中的单词修正错误，则单击"更改"按钮；若要打开"帮助"对话框对该错误进行详细的说明，则单击"解释"按钮；若要自定义微软拼音输入法的词库，则单击"词典"按钮。

当文档中存在英文拼写和语法错误时，会弹出如图 3-17(b) 所示的对话框，其中，"添加到词典"是指把此单词添加到词典中，以后将不再认为该单词拼写错误；"自动更正"是指把该单词添加到"自动更正"列表中，以后每次输入该单词时发生类似的错误拼写，Word 2010 将进行自动更正。

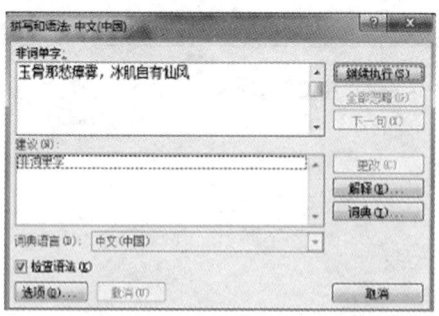
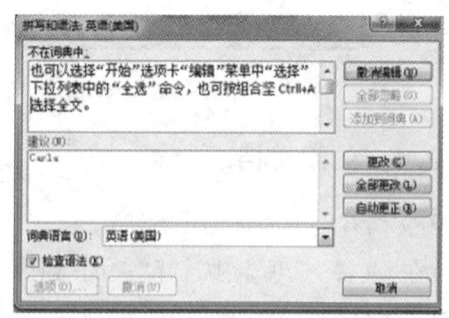

(a) "拼写和语法：中文（中国）" 对话框　　(b) "拼写和语法：英语（美国）" 对话框

图 3-17　"拼写和语法"对话框

添加自动更正条目的操作步骤如下：

（1）在"拼写和语法"对话框中单击"选项"按钮，弹出"Word 选项"对话框，其"校对"选项卡如图 3-18 所示；

（2）单击"自动更正选项"按钮，弹出"自动更正"对话框，在对话框中显示了已有的自动更正条目，如图 3-19 所示；

（3）若要添加新条目，则在"替换"文本框及"替换为"文本框中输入相应的文本，单击"添加"按钮，完成条目添加；

（4）单击"确定"按钮，关闭"自动更正"对话框，返回"Word 选项"对话框；

（5）单击"确定"按钮，关闭"Word 选项"对话框。

提示：

Word 2010 用红色波形下划线表示可能的拼写错误，用绿色波形下划线表示可能的语法错误，使用蓝色波形下划线标明不一致格式的可能实例。

图 3-18 "Word 选项"对话框的"校对"选项卡

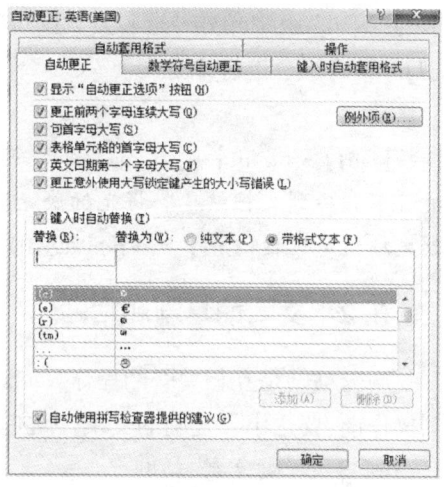
图 3-19 "自动更正"对话框

3.3 Word 2010 文档编辑

3.3.1 选定文本

对文档中的文本信息进行编辑和格式化时，需要先选定文本，再进行操作。熟练掌握文本的选定方法，将有助于提高工作效率。

1）选择任意文本

在文本的起始位置单击鼠标左键并拖动到文本的结束处，释放鼠标左键，即可选中相应文本。

2）选择一行文本

将鼠标移动到某行左边的选定栏上，当鼠标形状变为反向鼠标形状时，单击鼠标左键，即可选定该行。

3）选择多行文本

将鼠标移动到起始行左边的选定栏上，当鼠标形状变为反向鼠标形状时，单击鼠标左键并垂直向下拖拉，可以选定多行。若要选择多个不连续的行，可在单击每一行的同时按【Ctrl】键。若要选择多个连续行，则先选中第一行，按【Shift】键的同时再单击最后一行即可选中将该区域内的所有行。

4）选择段落

将鼠标移动到段落左边的选定栏上，当鼠标形状变为反向鼠标形状时，双击鼠标左键即可选中当前段落。若要选择不连续的段落，则在选择的同时按【Ctrl】键；若要选择连续段落，则在选择最后一段的同时按【Shift】键。

5）选择全篇文本

将鼠标指针移动到文档左边的选定栏上，连续单击鼠标左键三次。也可以在"开始"选项卡的"编辑"组中单击"选择"下拉按钮，在弹出的下拉列表中选择"全选"命令，或按【Ctrl】+【A】组合键选择全文。

提示：

按【Ctrl】+【Shift】+【Home】组合键可以选择到文档开头，按【Ctrl】+【Shift】+【End】组合键可以选择到文档结尾。将光标快速定位到文档开头则可按【Ctrl】+【Home】组合键，定位到文档结尾则按【Ctrl】+【End】组合键。

3.3.2 文本的复制和粘贴

复制与粘贴是互相关联的操作，一般来说，复制的目的是为了粘贴，是粘贴的前提，而在复制操作前，要选中要复制的文本。对选中的文本进行复制及粘贴操作主要有三种方法。

1）利用快捷键复制/粘贴

选中文本，按【Ctrl】+【C】组合键完成复制操作，将光标置于插入文本的目标位置后，按【Ctrl】+【V】组合键进行粘贴操作。这是最简单和常用的复制/粘贴操作方法。

2）利用快捷菜单命令复制/粘贴

选中文本后，单击鼠标右键，在弹出的快捷菜单中选择"复制"命令，将光标置于插入文本的目标位置，单击鼠标右键，在弹出的快捷菜单中选择"粘贴"命令。

3）利用选项卡命令复制/粘贴

选中文本，在"开始"选项卡中单击"复制"按钮进行复制操作，再将光标置于插入文本的目标位置，单击"粘贴"按钮。

Word 2010 中除了粘贴操作外，还提供了选择性粘贴功能。选择性粘贴主要用于跨文档之间进行的粘贴。选中文本，在"开始"选项卡的"剪贴板"组中单击"粘贴"下拉按钮，在弹出的下拉列表中选择"选择性粘贴"命令，弹出"选择性粘贴"对话框，如图 3 - 20 所示。

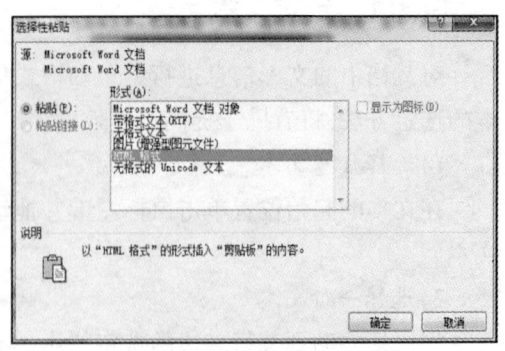

图 3 - 20 "选择性粘贴"对话框

若只粘贴文本内容,则在"形式"下拉列表框中选择"无格式文本"命令,然后单击"确定"按钮。

3.3.3 文本的剪切和移动

要实现文本的移动,可以利用剪切和粘贴操作完成,方法与复制类似,此处不再赘述。

另外通过鼠标也可以拖拉移动文本。在近距离移动文本时,选定要移动的文本,然后把鼠标移动到所选区域中,待光标变为左指箭头时,再按下鼠标左键并拖至所要的位置。如果在按鼠标左键之前先按下【Ctrl】键再进行拖动,可以实现复制功能。

3.3.4 查找和替换

在处理一篇较长的文档时,有时要对整篇文档中的某一相同内容进行修改,例如,将文档中所有的"计算机"改成"电脑"。Word 2010 提供了强大的查找与替换功能,查找和替换文本、格式、段落标记、分页符及其他项目。

1. 查找文本

(1)在"开始"选项卡的"编辑"组中单击"查找"下拉按钮,或按【Ctrl】+【F】组合键弹出"查找和替换"对话框,"其"查找选项卡如图 3-21 所示。

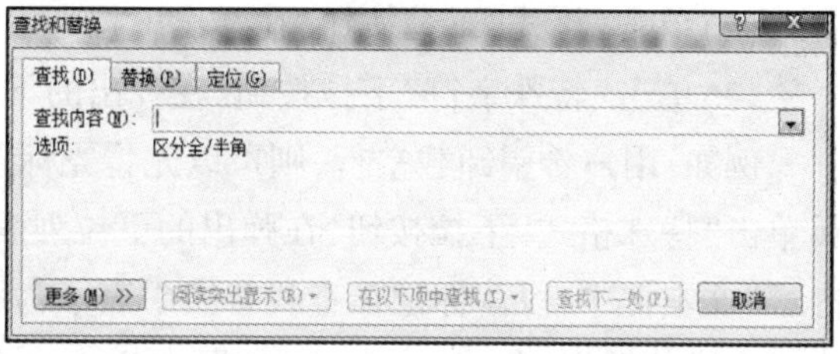

(2)在"查找内容"文本框中输入要搜索的文本,例如,输入"计算机"。可以使用

图 3-21 "查找和替换"对话框的"查找"选项卡

通配符和代码来扩展搜索,查找包含特定字母和字母组合的单词或短语。

(3)若要直观地浏览单词或短语在文档中出现的所有位置,则在"查找和替换"对话框中单击"阅读突出显示"按钮,在下拉列表中选择"全部突出显示"命令。设置后的文本只在屏幕上突出显示,在文档打印时正常显示。

(4)在"查找和替换"对话框中单击"在以下项中查找"下拉按钮,在弹出的下拉列表中有四个命令供用户选择,分别为"当前所选内容""主文档""页眉和页脚"和"主文档中的文本框",用户可以根据查找内容所在的位置设置查找范围。默认为从插入点所存位置向后查找。

(5)在"查找和替换"对话框中单击"查找下一处"按钮,Word 2010 便在指定的范围查找指定内容,找到后将内容反色显示。再次单击"查找下一处"按钮或按【Enter】键,Word 2010 便继续向后查找指定内容,依此类推。如果单击"取消"按钮,则关闭"查找"对话框,Word 2010 将反色显示最近一个找到的指定内容,用户可以在该位置进行编辑工作。

2. 替换文本

替换文本是在文本中查找某个文字符号或控制标记,并修改为另外的文字符号或控制标记。按【Ctrl】+【H】组合键,或者在"开始"选项卡的"编辑"组中单击"替换"按钮,弹出"查找和替换"对话框,然后分别设置需要查找的文本和替换的文本。

若通过查找文本内容已经弹出"查找和替换"对话框,则可单击"替换"选项卡。例如,将前面查找到的"计算机"替换为"电脑",可在"替换为"文本框中输入"电脑",如图3-22所示。

查找和替换功能除了可以应用于一般文字外,还可以用于查找和替换带有格式的文本,以及一些特殊的字符,例如,空格符、制表符、分栏符和图片等。要实现上述功能,只需单击"更多"按钮,设置对话框中各选项即可。

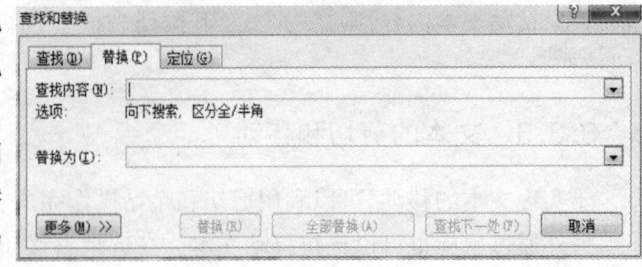

图3-22 "替换"选项卡

在"查找和替换"对话框的"替换"选项卡中单击"更多"按钮,打开"搜索选项"和"替换"功能区,各个选项的功能如下:

(1)"搜索"下拉列表框用于选择查找和替换的方向,可以选择从当前插入点处向上或是向下查找,或者选择全部;

(2)单击"格式"下拉按钮,在弹出下拉列表的设置查找与替换的文本;

(3)单击"特殊字符"下拉按钮,在弹出的下拉列表选择查找或替换的一些特殊符号。

例如,用户希望卸载空行,则可以先将光标置于"查找内容"文本框中,单击"更少"按钮后单击"特殊格式"下拉按钮,在弹出的下拉列表中选择"段落标记"命令,将其插入到"查找内容"文本框中,段落标记在查找替换中表示为"^p"。依此过程操作一次,使得"查找内容"为两个段落标记,在"替换为"文本框中插入一个段落标记,如图3-23所示,单击"全部替换"按钮就可以将文档中的空行全部卸载。

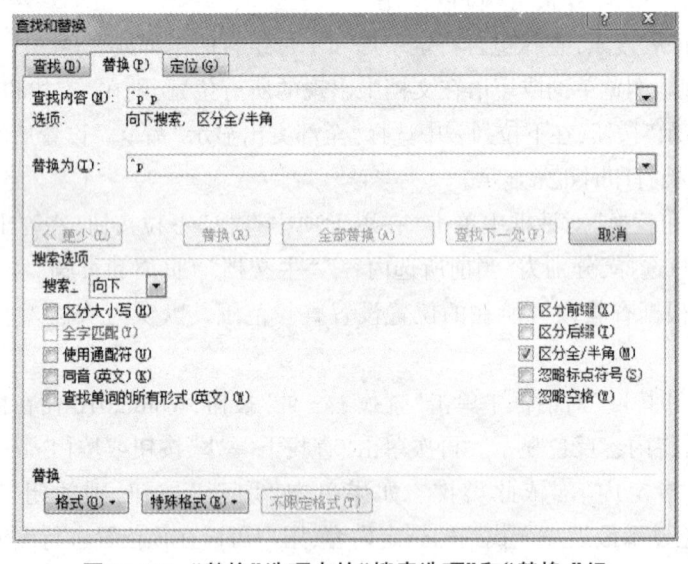

图3-23 "替换"选项卡的"搜索选项"和"替换"组

提示:

(1)如果在选择"样式类型"的同时选择"表格"选项,则"样式基准"中仅列出表格相关的样式供选择,无法设置段落间距等段落格式。

(2)如果在选择"样式类型"的同时选择"列表"选项,则不再显示"样式基准",且格式设置仅限于项目符号和编号列表相关的格式选项。

3.4 Word 2010 文档排版

3.4.1 字符格式化

在一篇文档中,不同的内容应该使用不同的字体和字形,以保证文章的层次分明,使读者一目了然,抓住重点,下面介绍 Word 2010 中字符的格式化。

字符是作为文本输入的字母、汉字、数字、标点符号及特殊符号等,字符格式化主要是设置字体、字号、字符的加粗、倾斜、下划线等文本外观。在 Word 2010 中设置字符格式主要采用浮动菜单设置、选项卡设置及字体对话框设置三种方法,使用户快捷地完成字符格式设置。

1. 通过浮动菜单设置字符格式

选中需要设置格式的文字,当鼠标略微移开被选中文字时,显示一个半透明的字体设置浮动菜单。将光标移动到半透明菜单上时,菜单以不透明方式显示,如图 3-24 所示。

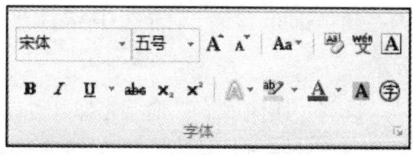

图 3-24 "字体"格式浮动菜单

1) 设置字体

字体的设置包括设置中文字体和英文字体。Word 2010 中默认的中文字体是"宋体",英文字体是"Times New Roman"(新罗马)。

若要改变默认的设置,则选中文字后,在弹出的下拉列表中选择相应字体。例如,在案例文档"联欢会通知书"中选中所有文字,将鼠标移到动态菜单上,在字体列表中选择"方正舒体"字体。

2) 设置字号

字号的设置主要有设置号值和设置磅值两种方式。Word 2010 中默认的字号大小为"五号",若要改变当前字符的大小,则选中文字,单击"字号"下拉按钮,在弹出的下拉列表中选择相应字号。利用"增大字体"按钮和"缩小字体"按钮也可改变字体大小。

3) 格式刷的使用

格式刷是一种可以复制和粘贴段落格式及字符格式的快速工具,可以将选中的源字体的格式复制到格式刷选中的文字。

选择已经设置格式的源文本,按【Ctrl】+【Shift】+【C】组合键进行复制,再选择目标文本,按【Ctrl】+【Shift】+【V】组合键进行粘贴。

提示:

(1) 若要反复使用格式刷,则在浮动菜单中双击"格式刷"按钮,系统进入"格式刷"的设置状态。

(2) 在双击"格式刷"按钮并实现重复设置格式操作后,若需要取消重复执行功能,则再次单击"格式刷"按钮或按【Esc】键即可。

4）设置字体加粗 **B** 与倾斜 *I*

选中文字,在"文件"选项卡的"字体"组中单击字体"加粗"或字体"倾斜"按钮设置文字加粗或倾斜效果。例如,选中"联欢会通知书"中"神奇宝宝"文本,将鼠标移到浮动菜单的加粗命令按钮"B"上,单击鼠标左键,再移到倾斜命令按钮"*I*"上,单击鼠标左键,设置字体倾斜。

5）以不同颜色突出显示文本

该功能可以使文本文字看上去像用荧光笔做了标记。选中文字,在"文件"选项卡的"字体"组中单击"以不同颜色突出显示文本"按钮,或者单击该按钮旁边的下拉按钮,在弹出的颜色列表中选择要设置突出显示的颜色。

6）设置字体颜色

选中文本,单击字体颜色按钮,可以使文字以当前颜色显示,即显示字母"A"下的横线颜色。单击该按钮右侧的下拉按钮,在弹出的颜色列表中选择某一颜色即可设置当前选中字体颜色,如图 3 – 25 所示。

选择"其他颜色"命令,弹出"颜色"对话框,在该对话框中有两个选项卡,分别是"标准"选项卡和"自定义"选项卡。在"标准"选项卡中可以单击某个颜色块选择字体颜色,如图 3 – 26 所示,也可以单击"自定义"选项卡切换当前选项卡,如图 3 – 27 所示,在该选项卡中可以用鼠标单击颜色框设置文体颜色,也可以选择颜色模式,例如,选择"RGB"模式,再分别设置红色、绿色及蓝色的配比值,最后单击"确定"按钮,确认当前的修改。

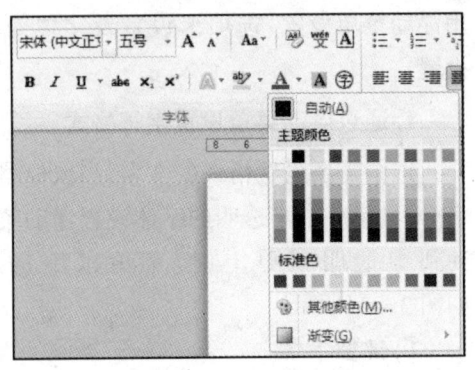

图 3 – 25 "字体颜色"列表

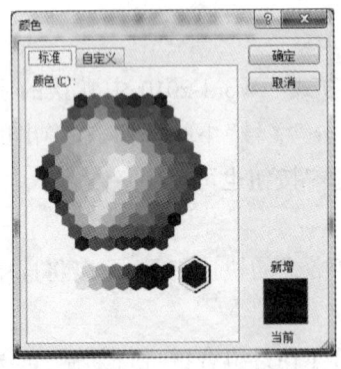

图 3 – 26 "标准"选项卡

图 3 – 27 "自定义"选项卡

2. 通过选项卡设置字体格式

选项卡中除了可以设置浮动菜单中的字体格式外,还可以设置其他字符格式。选中需要设置格式的文字,在"开始"选项的"字体"组中单击各个功能按钮完成相应的格式设置,如图 3 – 28 所示。

图3-28 "开始"选项卡

在"字体"组中涉及的新的格式按钮有六个。

1)"清除格式"按钮

单击"清除格式"按钮可以清除文字格式,将英文字体恢复为"Times New Roman",字号恢复为"五号";中文字体恢复为"宋体",字号也恢复为"五号"。例如,选中"联欢会通知书"文档中的所有文字,单击清除格式按钮,则选中文字恢复为"宋体""五号"字,单击"撤销"按钮或按【Ctrl】+【Z】组合键可以将文本恢复到原来的格式。

2)"下划线"下拉按钮

单击该按钮在所选定的文字下方添加下划线,再次单击则取消下划线的添加。若要在文字下方添加其他样式的下划线,可以单击"下划线"下拉按钮,在弹出的下拉列表中选择下划线样式,如图3-29所示。选择"其他下划线"命令则弹出"字体"对话框,如图3-30所示,在"下划线线型"下拉列表中选择各种下划线样式。单击"下划线颜色"按钮设置下划线的颜色。

图3-29 "下划线"下拉菜单

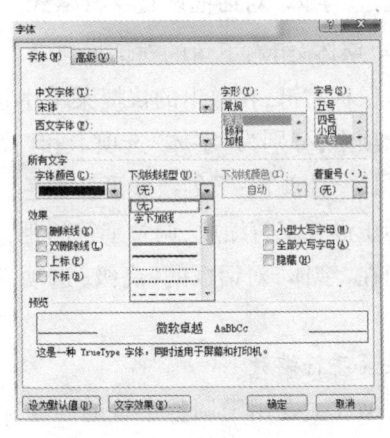

图3-30 "字体"对话框

3)"卸载线"按钮

单击该按钮在所选定的文字中间画一条线,再次单击则取消卸载线。

4)"下标"按钮和"上标"按钮

"下标"按钮用于将所选文字设置为文字基线下方的小字符,例如,输入"H_2O"水分子,可以先输入"H2O",选中分子式中"2",单击"下标"按钮将"2"设置为下标。"上标"按钮用于在文本行上方创建小字符。例如,输入"X^2Y",按设置下标的方法先输入"X2Y",再选中"2",单击"上标"按钮即可。当然也可以先设定格式,再输入文字。仍以"X^2Y"为例,先输入字母"X",单击"上标"按钮使当前输入格式为上标格式,再输入字符"2",此时字符格式仍处于上标输入状态,如果接着输入字符"Y",则字符"Y"也将作为上标字符。为了取消当前的上标格式输入状态,再次单击"上标"按钮,使其属于非选中状态,再输入字母"Y"即可。

提示：

（1）Word 2010 的命令按钮有些具有开、关两种状态，命令按钮显示为灰色，表明按钮处于按下状态，当前格式生效，再次单击可使其处于非选中状态，其对应字符格式不生效。

（2）若没有选中文字而使某一格式按钮处于选中状态，则该状态将应用于后面输入的文字，直到取消该按钮的选中状态为止。

5)"更改大小写"下拉按钮

该命令按钮主要应用于英文字符，将所选文字更改为全部大写、全部小写或其他常见的大小写形式。单击该按钮，在弹出的下拉列表中，选择相应的大小写形式应用于所选文字如图 3-31 所示。

6)"突出显示"按钮

单击"突出显示"按钮，已选定的文本将变成带有背景色的文本。若没有选定文本，鼠标的外观会变为彩笔样式，单击鼠标左键拖拉选中的文本都会带上背景色。再次单击"突出显示"按钮，鼠标恢复到文本编辑状态，在弹出的下拉列表中可以设置其他背景色。

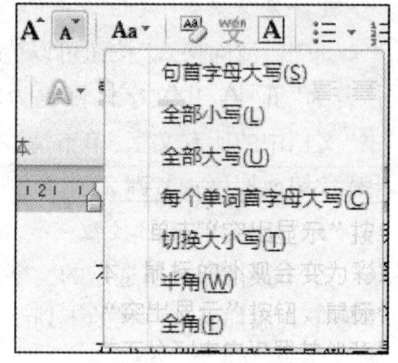

图 3-31 "更改大小写"下拉列表

3. 通过"字体"对话框设置字符格式

单击"字体"组右下角的对话框启动器，或在选定的文字上单击鼠标右键，在弹出的快捷菜单中选择"字体"命令，弹出"字体"对话框。该对话框有两个选项卡，分别为"字体"选项卡和"高级"选项卡。"字体"选项卡主要用于设置字体、字形、字号、字体颜色、下划线线形及颜色、着重号及其他各种文字效果复选框。"高级"选项卡主要用于设置字符缩放、调整字符间距、设置字符位置等。

下面在"字体"对话框的"高级"选项卡中设置字符缩放、字符间距和字符位置，并调整字间距。

1) 设置字符缩放

字符缩放主要用于调整字符的高与宽。有一些特殊格式的排版，例如，文章的标题可能需要宽高比例有变化，此时需要用户调整字符的宽高比例。

在"字体"对话框中单击"高级"选项卡，在"字符间距"组中单击"缩放"下拉按钮，在弹出的下拉列表中勾选缩放比例，或者在"开始"选项卡的"字体"组中单击"字符缩放"下拉按钮，在弹出的下拉列表中将鼠标指向"字符缩放"后，选择字符缩放的比例，如图 3-32 所示。

2) 设置字符间距

字符间距是指字符与字符之间的距离。在调整字符间距前，需要先选定若干文本，在"字体"对话框中单击"高级"选项卡，在"字符间距"栏中单击"间距"下拉按钮，在弹出的下拉列表中根据需要选择"标准"、"加宽"或"紧缩"命令。

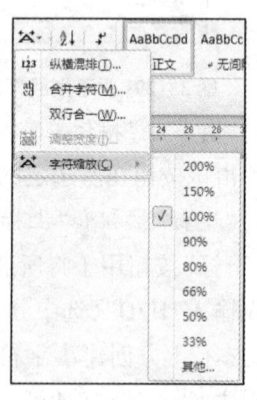

图 3-32 "字符缩放"下拉列表

3）设置字符位置

字符位置可以相对于基线进行提升或降低。在"字体"对话框的"高级"选项卡中单击"位置"下拉按钮，在弹出的下拉列表中选择"标准"、"提升"或"降低"命令，通过窗口下方的预览区域查看设置效果。

4）为字体调整字间距

在"字体"对话框中单击"高级"选项卡，在"字符间距"栏勾选"为字体调整字间距"复选框后，在"磅或更大"下拉列表中选择字体大小，Word 2010 会自动设置大于或等于选定字体的字符间距。

3.4.2 段落格式化

设置段落格式可以使文档阅读起来更加清晰、结构分明、版面整洁，可以根据情况对段落设置缩进方式、行间距、段间距等。在 Word 2010 中设置段落格式可以采用浮动菜单、选项卡设置及"字体"对话框设置三种方法，但浮动菜单中关于段落格式的设置内容相对较少。

1. 通过浮动菜单设置段落格式

在浮动菜单中，有字符格式设置命令，还有一些段落格式设置命令。

1）设置文本对齐方式

选中文字，在浮动菜单中单击"居中"按钮可以实现文本的居中显示。除了居中对齐外，Word 2010 还提供了文本靠左对齐、靠右对齐及分散对齐，这三种对齐方式没有在浮动菜单中出现，若要设置，需要在"开始"选项卡的"段落"组中单击"左对齐"按钮、"右对齐"按钮、"两端对齐"按钮或"分散对齐"按钮。

2）减少或增加缩进量

该命令主要用于减少或增加段落相对于左边界或右边界的缩进值。将光标置于某一段文字上，在"开始"选项卡的"段落"组中单击"减少缩进量"按钮或"增加缩进量"按钮，实现段落文字向左缩进或向右缩进。

在"页面布局"选项卡"段落"组中的左缩进及右缩进的文本框中输入缩进值，可以对选定段落进行缩进操作。

2. 通过选项卡设置段落格式

在选项卡中除了可以设置项目符号、缩进、对齐方式，还可以设置排序、行距、显示/隐藏编辑标记等。

1）数据排序

数据排序主要用于按字母顺序排列所选文字或按数值数据排序。

例如，在文档中输入如图 3-33 所示的数据（数据之间用【Tab】键作为分隔符），将该数据先按"成绩"降序排列，若成绩相同，则按"姓名"的汉语拼音降序排列；若姓名相同，则按"学号"的升序排列。为了完成以上功能，先选中所有数据，在"开始"选项卡的"段落"组中单击"排序"按钮，弹出"排序文字"对话框，如图 3-34 所示。选择排序关键字、排序的类别及排序方式（升序/降序），设置列表为"有标题行"排序，单击"确定"按钮，排序结果如图 3-34 所示。

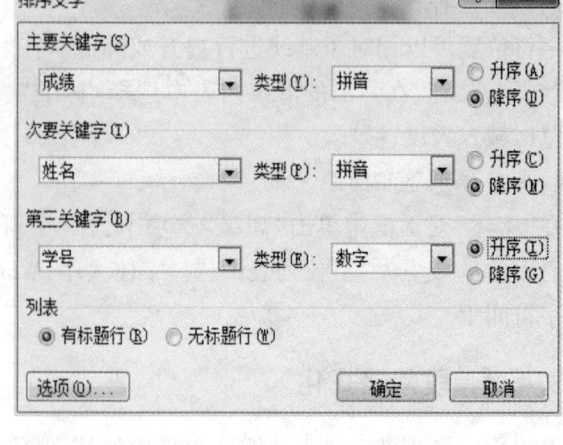

(a) 初始数据

(b) 排序后数据

图 3-33 排序　　　　　图 3-34 "排序文字"对话框

2) 显示/隐藏编辑标记

显示/隐藏编辑标记主要用于在显示和隐藏段落标记及空格等其他格式符号之间进行切换。

3) 设置行距和段间距

设置行距和段间距主要用于设置段内行与行之间的距离,也可以用于设置段前与段后的间距变化。

将光标定位在要设置行间距的段落的任意位置,单击"行和段落间距"下拉按钮,在弹出的下拉列表中选择行距值(1.0~3.0),如图3-35所示。若列表中的值不能满足格式要求,则在下拉列表中选择"行距选项"命令,弹出"段落"对话框,光标自动定位到行距"设置值"文本框中,输入要设置的行距值,可以在"行距"列表中选择行距的不同选项。

若要增加段落间距,则在下拉列表中选择"增加段前间距"或"增加段后间距"命令,根据段落间距值的设置显示"卸载段前间距"或"卸载段后间距"命令。

在"页面布局"选项卡"段落"组中的"段前"或"段后"文本框中输入间距值,也可以设置选定段落间距。

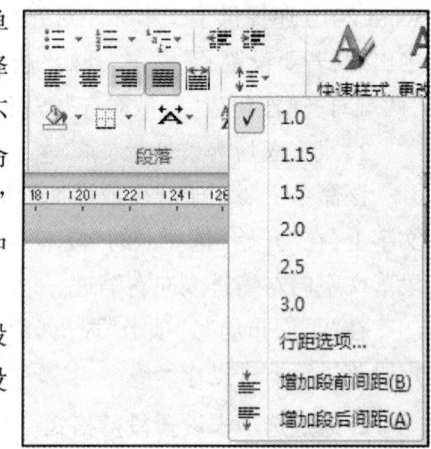

图 3-35 "行和段落间距"下拉列表

3.4.3 设置边框和底纹

1. 设置边框

边框是一种修饰文字或段落的方式,给文字或段落加上边框可以强调相应内容,突出显示。

1) 通过"字符边框"按钮设置边框

选定文字,在单击"开始"选项卡的"字体"组中单击"字符边框"按钮,在所选定的文字周围添加边框。若要取消文字边框,则选中已加边框的文字,再次单击"字符边框"按钮即可。

2)通过边框按钮设置边框

在"开始"选项卡的"段落"组中单击"边框设置"按钮,在弹出的下拉列表显示所有边框的设置选项,如图3-36所示。选中一段文字后,单击下边框、上边框、左边框及右边框分别设置段落,其他边框选项主要应用于表格中。单击"横线"按钮可以在指定位置插入一条横线。

3)通过"边框和底纹"对话框设置边框

在"开始"选项卡的"段落"组中单击"边框和底纹"按钮,弹出"边框和底纹"对话框,如图3-37所示,该对话框有三个选项卡,分别是"边框"选项卡、"页面边框"选项卡和"底纹"选项卡。

若要给文字或段落加边框,则先选中文字或段落,在"边框和底纹"对话框中单击"边框"选项卡。边框主要有以下几种类型:

(1)单击"无"图标,表示被选中的单元格或整个表格不显示边框;

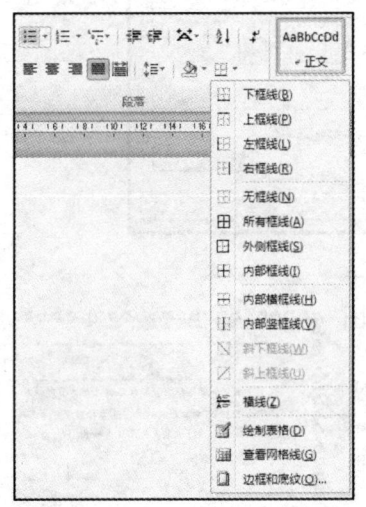
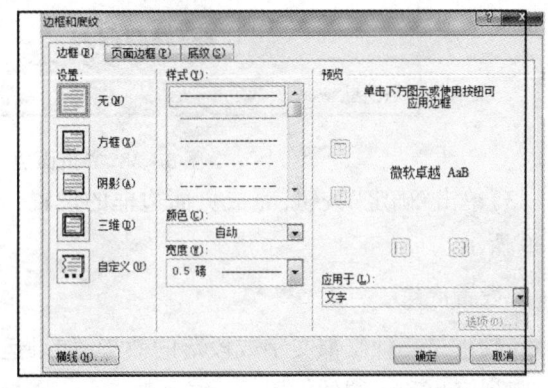

图3-36 "边框"下拉列表　　　　图3-37 "边框和底纹"对话框

(2)单击"方框"图标,表示只显示被选中的单元格或整个表格的四周边框;

(3)单击"阴影"图标,表示显示被选中的单元格或整个表格所有边框;

(4)单击"三维"图标,表示被选中的单元格或整个表格四周为粗边框,内部为细边框;

(5)单击"自定义"图标,表示被选中的单元格或整个表格由用户根据实际需要自定义设置边框的显示状态,而不仅仅局限于上述表格显示状态。

在"样式"下拉列表框中选择边框的样式,例如,双横线、点线等;单击"颜色"下拉按钮,在弹出的下拉列表中选择边框使用的颜色;单击"宽度"下拉按钮,在弹出的下拉列表中选择边框的宽度尺寸;在"预览"区域,通过单击某个方向的边框图标来确定是否显示该边框。单击"确定"按钮,完成设置。

2. 设置页面边框

在"边框和底纹"对话框中单击"页面边框"选项卡,在该选项卡中可以设置页面边框的类型、样式、颜色、宽度及应用范围,并选择艺术型边框。

下面以"联欢会通知书"文档为例,介绍设置页面边框的操作步骤。

(1)打开"联欢会通知书"文档,在"开始"选项卡的"段落"组中单击"边框"下拉按钮,在弹出的下拉列表中选择"边框和底纹"命令,弹出"边框和底纹"对话框。

(2)在对话框中单击"页面边框"选项卡,在"艺术型"列表中选择"音符"型边框,在"宽度"列表中选择"20磅",在"颜色"列表中选择"红色",设置"应用于"为"整篇文档",如图3-38所示。

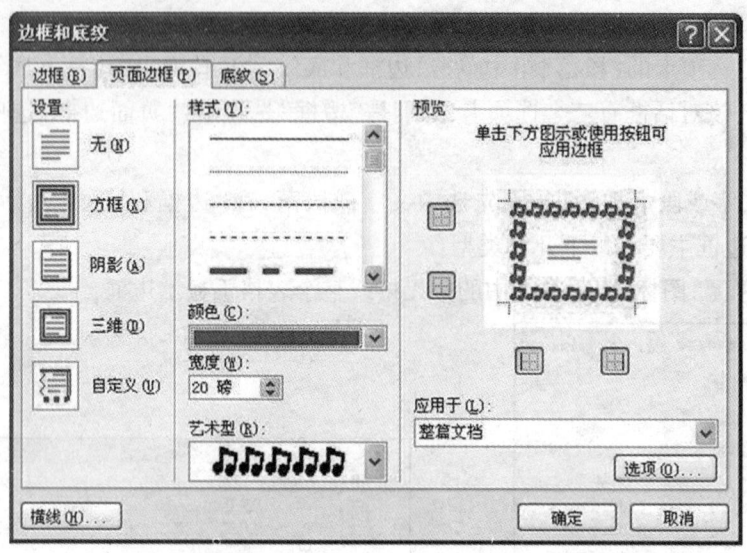

图3-38 "页面边框"选项卡

(3)单击"确定"按钮,完成页面边框的设置,效果如图3-39所示。

3. 设置底纹

底纹也是一种修饰文字或段落的效果,如果运用合理,能够起到突出和强调的作用。

1)通过"字符底纹"按钮添加底纹

选定相应文字,在"开始"选项卡的"字体"组中单击"字符底纹"按钮,为所选文字添加灰色的底纹背景。若没有选定文字而单击"字符底纹"按钮,使该按钮保持选中状态,则在该插入点后输入的文字均添加底纹效果。

2)通过底纹按钮添加底纹

在"开始"选项卡的"段落"组中单击"底纹"下拉按钮,设置文字或段落的底纹及底纹颜色。选中相应的文字或段落,单击"底纹"下拉按钮,以当前按钮上的颜色设置底纹。

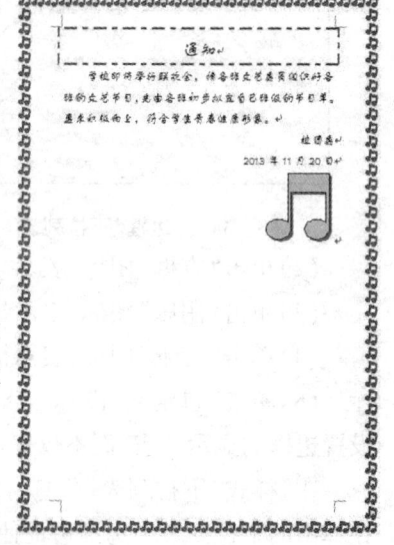

图3-39 "页面边框"应用效果

如果要更改底纹颜色,则单击"底纹"下拉按钮,在弹出的下拉列表中选择底纹颜色即可。但要注意的是,设置的底纹颜色只有当设置了文字或段落的底纹时才能显示出来。

3)通过"边框和底纹"对话框添加底纹

单击"边框"下拉按钮,在弹出的下拉列表中选择"边框和底纹"命令,弹出"边框和底纹"对话框,在"底纹"选项卡中设置底纹的填充颜色、图案的样式及颜色,以及应用范围是所选文字还是段落。

提示：

(1) 若在选定文字或段落的情况下设置底纹颜色，则底纹颜色即时显示；

(2) 若没有选中文字或段落，则设置的底纹颜色将在下一次应用底纹设置时才生效。

3.4.4　设置项目符号和编号

1. 设置项目符号

设置项目符号主要用于一些段落设置项目符号列表。

(1) 选中相应的段落，在"开始"选项卡的"段落"组中单击"项目符号"下拉按钮，在弹出的下拉列表中选择当前符号作为段落的项目符号，如图3-40所示；若要改变项目符号，则在弹出的下拉列表中选择"定义新项目符号"命令，弹出"定义新项目符号"对话框，如图3-41所示。

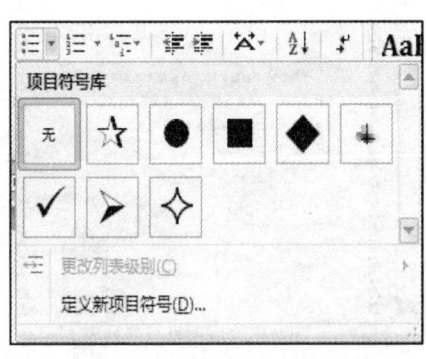
图3-40　"项目符号"下拉列表

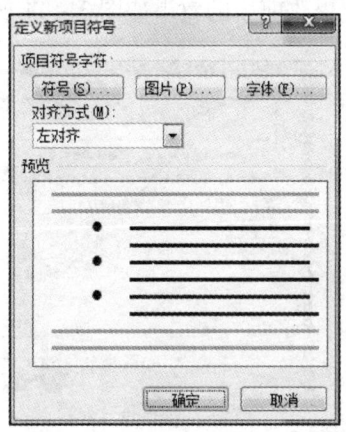
图3-41　"定义新项目符号"对话框

(2) 在"定义新项目符号"对话框中单击"符号"按钮，弹出"符号"对话框，选择相应的符号，如图3-42所示。

(3) 在"定义新项目符号"对话框中单击"图片"按钮，弹出"图片项目符号"对话框，在其中选择图片符号，单击"确定"按钮，则将图片设置为项目符号。"图片项目符号"对话框如图3-43所示。

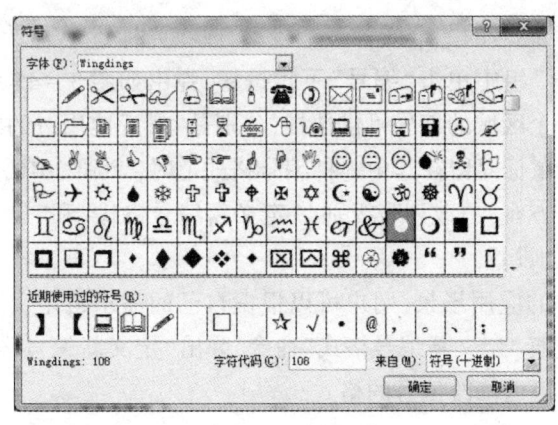
图3-42　"符号"对话框

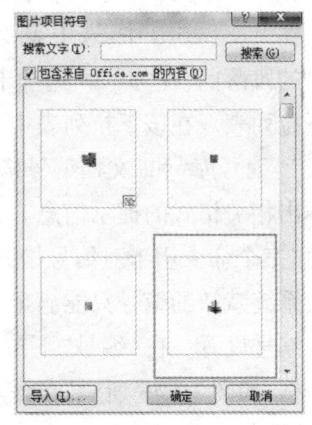
图3-43　"图片项目符号"对话框

例如,在"联欢会通知书"文档中设置项目符号的段落,更改项目符号为红色的"@"的操作步骤如下:

(1)打开"联欢会通知书"文档,选中已经设置项目符号的三行文本内容;

(2)在"开始"选项卡的"段落"组中单击"项目符号"下拉按钮,在弹出的下拉列表中选择"定义新项目符号"命令,弹出"定义新项目符号"对话框;

(3)在对话框中单击"符号"按钮,弹出"符号"对话框,单击"字体"下拉按钮,在弹出的下拉列表中选择"Wingdings"命令;单击"字号"下拉按钮,在弹出的下拉列表中选择"五号"命令,单击"确定"按钮,关闭"符号"对话框,返回"定义新项目符号"对话框;

(4)单击"字体"按钮,打开"字体"对话框,设置字体颜色为红色,单击"确定"按钮,关闭"字体"对话框,返回"定义新项目符号"对话框;

(5)单击"确定"按钮,完成更改。

更改前后的效果如图 3-44 所示。

(a)原项目符号列表

(b)更改后项目符号列表

图 3-44　更改前后的效果

2. 设置自动编号

使用自动编号组织文档可以使文档层次分明、条例清晰、容易阅读和编辑,特别是在编写一些篇幅较长且结构复杂的文档时,非常有用。

对文档设置自动编号可以在输入文档之前进行,也可以在输入文档完成后进行,设置完成后,还可以对自动编号进行修改。

在 Word 2010 中,选中需要设置自动编号的一个或者多个段落,或将光标置于需要设置编号的段落前,在"开始"选项卡的"段落"组中单击"编号"下拉按钮,弹出如图 3-45 所示的下拉列表。在该下拉列表中主要有三个区域的编号可供选择,分别是"最近使用过的编号格式""编号库"和"文档编号格式"。当鼠标停留在其中一种编号格式上时,Word 2010 会自动弹出相关格式的提示信息。在列表下方有"更改列表级别""定义新编号格式"和"设置编号值"三个命令用于对编号格式的修改和设置。

系统默认的编号只能满足一些基本的应用场景,用户可以根据自己的需求自定义所需要的编号设置。在"编号"下拉列表中选择"定义新编号格式"命令,弹出"定义新编号格式"对话框,如图 3-46 所示,在该对话框中可以修改编号的格式。

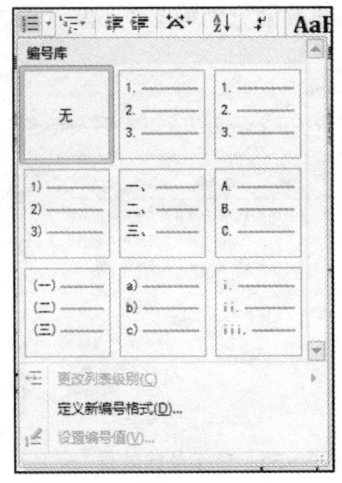 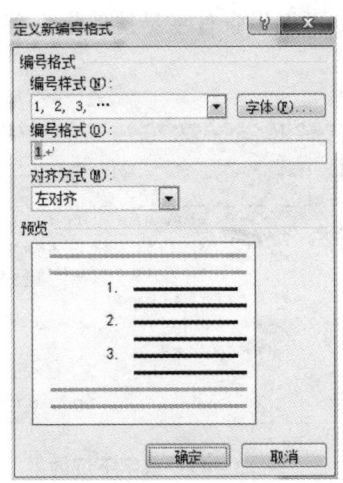

图3-45 "编号"下拉列表　　　　　图3-46 "定义新编号格式"对话框

3. 设置多级列表

在"开始"选项卡的"段落"组中单击"多级列表"下拉按钮,在弹出的下拉列表中选择"定义新的多级列表"命令,如图3-47所示,弹出"定义新多级列表"对话框,单击"更多"按钮,上端的文本框将显示多级编号,如图3-48所示。用户可以利用该对话框设置更多的多级编号。

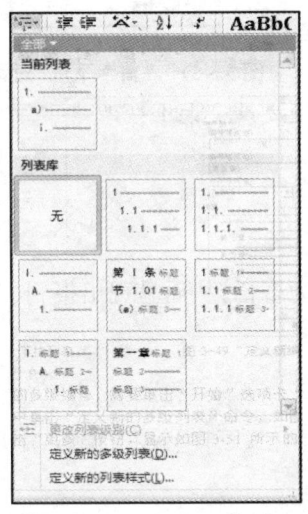 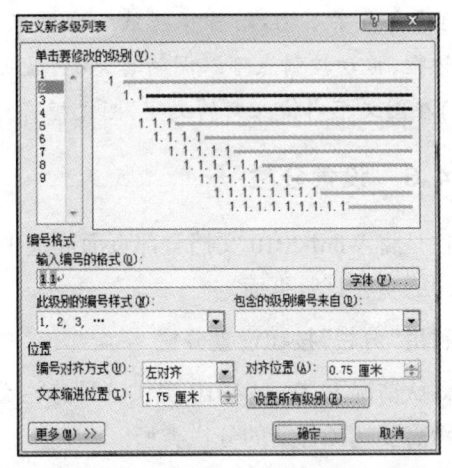

图3-47 "多级列表"下拉列表　　　　　图3-48 "定义新多级列表"对话框

3.4.5 设置段落首字下沉

首字下沉效果经常出现在报刊杂志中,文章或章节开始的第一个字字号明显较大并下沉数行,以起到吸引注意力的作用。下面介绍设置首字下沉效果的操作步骤。

(1)将插入点置于要创建首字下沉的段落中的任意位置。

(2)在"插入"选项卡的"文本"组中单击首字下沉按钮,弹出下拉列表。

(3)在下拉列表中主要有四个命令,分别为"无""下沉""悬挂"及"首字下沉选项"命令。选择"无"命令取消某一段中首字下沉效果,选择"下沉"命令设置下沉效果,选择"悬挂"命令可以设置首字悬挂效果。首字下沉效果和首字悬挂效果分别如图 3-49 和图 3-50 所示。

图 3-49　首字下沉效果

图 3-50　首字悬挂效果

（4）设置完首字下沉或悬挂下沉后，在"首字下沉"下拉列表中选择"首字下沉选项"命令，弹出"首字下沉"对话框，如图 3-51 所示。

（5）在"字体"下拉列表中选择字体，在"下沉行数"下拉列表框中输入下沉占据的行数，在"距正文"下拉列表框中输入首字与正文文字的距离，单击"确定"按钮，完成设置。

提示：

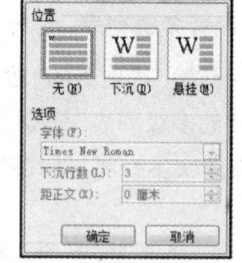
图 3-51　"首字下沉"对话框

（1）建立首字下沉后，首字将被一个图文框包围，单击图文框边框，拖动控制点可以调整其大小，里面的文字也会随之改变大小；

（2）在图文框内输入新的文字，图文框将自动扩大。

3.4.6　设置分栏

分栏是将 Word 2010 文档全部页面或选中的内容设置为多栏，从而呈现出报刊、杂志中经常使用的多栏排版页面。

1. 利用"分栏"按钮设置分栏

在默认情况下，Word 2010 提供五种分栏类型，即一栏、两栏、三栏、偏左、偏右，用户可以根据实际需要选择合适的分栏类型。

在文档中选中需要设置分栏的内容，如果未选中特定文本，则为整篇文档或当前节设置分栏。在"页面布局"选项卡的"页面设置"组中单击"分栏"下拉按钮，在弹出的下拉列表中选择合适的分栏类型，其中，"偏左"或"偏右"分栏是指将文档分成两栏，且左边或右边栏相对较窄。

以"联欢会通知书"文档为例，选中正文内容，如图 3-52 所示。在"页面设置"组中单击"分栏"按钮，在弹出的下拉列表中选择"两栏"命令，分栏效果如图 3-53 所示。

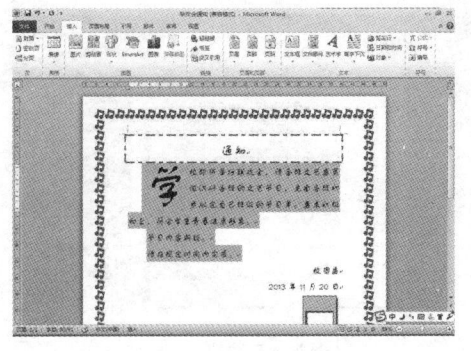

图 3-52 选中正文内容

图 3-53 分栏效果

2. 利用"分栏"对话框设置分栏

在 Word 2010 中,除了可以利用"分栏"下拉列表中的各个分栏命令设置分栏,还可以通过在下拉列表中选择"更多分栏"命令进行分栏设置,并可以修改分栏数、栏宽及间距,分栏所应用的范围及是否添加分隔符等操作。

(1)选中要设置分栏的文档内容,在"页面布局"选项卡的"页面设置"组中单击"分栏"下拉按钮。

(2)在弹出的下拉列表中选择"更多分栏"命令,弹出"分栏"对话框,如图 3-54 所示。

(3)在"分栏"对话框中的"预设"组中单击"分栏"按钮,或者在"栏数"列表框中输入分栏列数。默认情况下各栏的宽度是相等的,若要分别设置各个栏宽及间距的值,则取消"栏宽相等"复选框的选中状态。"应用于"下拉列表中有"本节""插入点之后"及"整篇文档"三个命令。

(4)根据需要勾选"分隔线"复选框,在 Word 2010中使用此选项可以在各栏之间画线。如

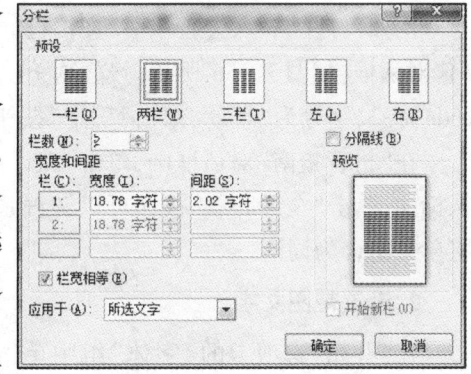

图 3-54 "分栏"对话框

果各栏的间距很近,那么分隔线可以在视觉上隔离各栏,并保持可读性。当文字不是分散对齐而且边缘有锯齿时,添加分隔线可以创建更直的边缘外观和更好的视觉平衡效果。

3. 分栏符的使用

Word 2010 中的"分栏符"按钮位于"页面布局"选项卡的"分隔符"下拉列表中。分栏符用在一栏内,使文字从下一栏的起始处开始。

例如,对于分两栏后的"联欢会通知书"文档,将"注意事项"开始后的内容设置到第二栏中,将光标置于"注意事项"开始处,如图 3-55(a)所示,

在"页面布局"选项卡的"页面设置"组中单击"分隔符"下拉按钮,在弹出的下拉列表中选择"分栏符"命令。添加分栏符后的效果如图 3-55(b)所示,"注意事项"后的内容均位于第二栏中。

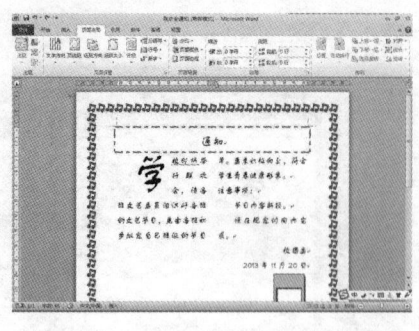 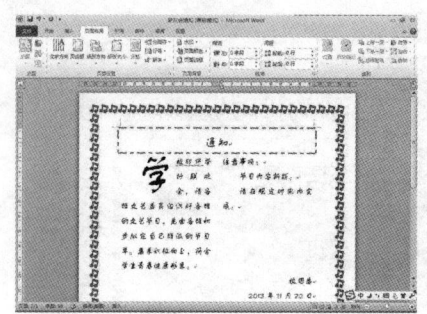

(a)未加入分栏符　　　　　　　　　　　(b)加入分栏符

图 3-55　分栏符效果

3.4.7　其他中文版式

1. 给汉字加拼音

在"开始"选项卡的"字体"组中单击"拼音指南"按钮,弹出"拼音指南"对话框。在"拼音指南"对话框中可以设置拼音和文字的对齐方式、偏移量、字体及字号等内容。其中,对齐方式可以调整汉语拼音标记的位置,偏移量可以调整拼音与汉字间的距离。

例如,打开"联欢会通知书"文档,选中"神奇宝宝",单击"拼音指南"按钮,弹出"拼音指南"对话框,如图 3-56 所示,设置对齐方式为"居中",偏移量为"1"磅,字体为"Arial Unicode MS",字号为"4"磅,单击"确定"按钮。

在"拼音指南"对话框中,单击"默认读音"按钮可以将汉语拼音的标注恢复为系统中默认标注,单击"全部卸载"按钮可以卸载系统为汉字添加的汉语拼音,单击"组合"按钮可以将单字组合为词语。

2. 设置带圈文字

在"开始"选项卡的"字体"组中单击"带圈字符"按钮,弹出"带圈字符"对话框,如图 3-57 所示。在"文字"文本框内输入一个字或在列表框中选择一个字(列表框中将列出最近使用过的带圈字),在"圈号"列表框中选择圆形圈号,在"样式""列表框中单击"缩小文字"或"增大圈号"图标,单击"确定"按钮,在文档中加入带圈字符。

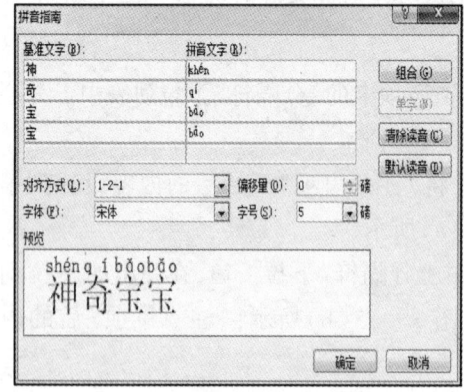 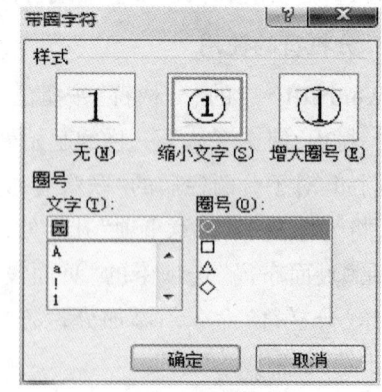

图 3-56　"拼音指南"对话框　　　　　图 3-57　"带圈字符"对话框

3. 文字纵横混排

纵横混排命令将文本以纵排和横排的方式排在一起，例如，为图形和表格添加纵排的标注等。在"开始"选项卡的"段落"组中单击"中文版式"下拉按钮，在弹出的下拉列表中选择"纵横混排"命令即可使用该功能。

下面在"联欢会通知书"中添加剪贴画并设置文字与图片的纵横混排。

(1) 打开"联欢会通知书"文档，将光标置于文档结尾处，输入文字"欢迎参加"。

(2) 在"插入"选项卡中单击"剪贴画"按钮，在窗口右侧弹出"剪贴画"任务窗格，单击"搜索"按钮，将搜索出所有剪贴画。

(3) 在剪贴画列表中查找"足球"剪贴画，单击该剪贴画完成插入。插入效果如图 3-58 所示。

(4) 选择需要纵横混排的文字和图片，即文字"欢迎大家"和"足球"剪贴画，单击"中文版式"下拉按钮，在弹出的下拉列表中选择"纵横混排"命令，排版效果如图 3-59 所示。

图 3-58　插入"剪贴画"效果

图 3-59　设置"纵横混排"效果

4. 设置字符合并

合并字符命令可以将文字合并显示。在"开始"选项卡的"段落"组中单击"中文版式"下拉按钮，在弹出的下拉列表中选择"合并字符"命令，弹出"合并字符"对话框，在"文字"文本框中输入文本，设置字体和字号后在预览框中查看合并后的效果。

5. 设置双行合一

双行合一的效果与前文介绍的合并字符的效果类似，可以使文本带上括号，但不能设置字号和字体。设置双行合一时需要选择要合并的文字，在"开始"选项卡的"段落"组中单击"中文版式"下拉按钮，在弹出的下拉列表中选择"双行合一"命令，弹出"双行合一"对话框，"文字"区内为选定字符或没有选定文本，直接在该区域内输入文字，可以选择是否带括号及括号的类型，如图 3-60 所示。预览后单击"确定"按钮，完成操作。

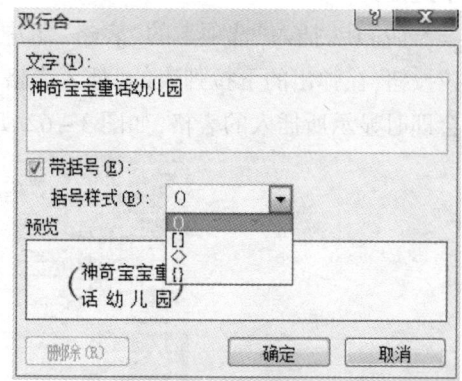

图 3-60　"双行合一"对话框

6. 中文繁简转换

利用 Word 2010 可以非常容易地实现中文简繁转换。若要将一份文档在简体中文和繁体中文之间转换,则选中需要转换的文字,在"审阅"选项卡的"中文简繁转换"组中单击"简转繁"按钮或"繁转简"按钮即可。

3.5 表　格

3.5.1 插入与删除表格

在 Word 2010 中,可以通过从一组预先设好格式的表格(包括示例数据)中选择要插入的表格,或者通过选择需要的行数和列数来插入表格,也可以将表格插入到文档中或将一个表格插入到其他表格中以创建更复杂的表格。

1. 使用表格模板插入表格

使用表格模板可以在文档中插入基于一组预先设定好格式的表格。表格模板包含示例数据,可以帮助用户想象添加数据时表格的外观。

使用表格模板插入表格的操作步骤如下:

(1) 将光标置于文档中要插入表格的位置;

(2) 在"插入"选项卡的"表格"组中单击"表格"下拉按钮,在弹出的下拉列表中选择"快速表格"命令,弹出 Word 2010 中的模板列表,如图 3 – 61 所示;

(3) 使用所需的数据替换模板中的数据。

2. 使用选择行数与列数方式插入表格

使用设置表格行数与列数的方式也可插入空白表格,其操作步骤如下:

(1) 在要插入表格的位置单击鼠标左键,将光标置于此处;

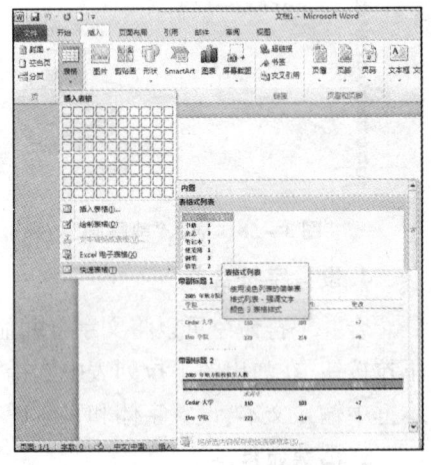

图 3 – 61　"快速表格"命令

(2) 在"插入"选项卡的"表格"组中单击"表格"下拉按钮,在弹出的下拉列表的"插入表格"区域拖动鼠标以选择需要的行数和列数,在文档中会即时显示所插入的表格,如图 3 – 62 所示。

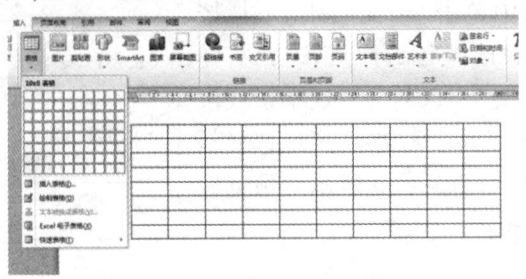

图 3 – 62　插入"表格"命令

3. 使用"插入表格"命令插入表格

"插入表格"命令可以在表格插入文档之前,选择表格尺寸和格式,其操作步骤如下:

(1)在要插入表格的位置单击鼠标左键,放于光标所在位置;

(2)在"插入"选项卡上的"表格"组中单击"表格"下拉按钮,在弹出的下拉列表选择"插入表格"命令,弹出"插入表格"对话框,如图3-63所示;

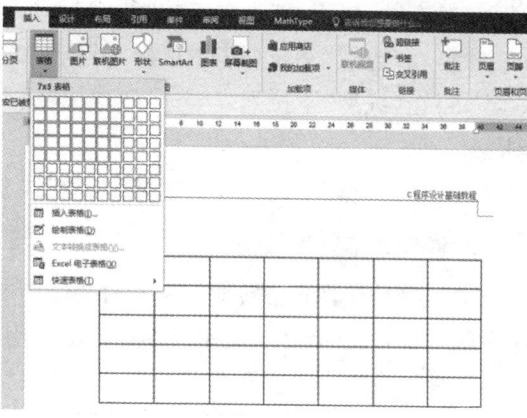

(3)在"插入表格"对话框的"表格尺寸"文本框中输入要插入表格的列数和行数;

(4)在"自动调整"操作区域中,单击单选按钮以调整表格尺寸;

①单击"固定列宽"单选按钮,可以设置表格的固定列宽尺寸;

图3-63 "插入表格"对话框

②单击"根据内容调整表格"单选按钮,单元格宽度会根据输入的内容自动调整;

③单击"根据窗口调整表格"单选按钮,所插入的表格将充满当前页面的宽度;

④勾选"为新表格记忆此尺寸"复选框,则再次创建表格时将使用当前尺寸。

(5)单击"确定"按钮,完成操作。

4. 绘制表格

Word 2010可以通过绘制需要的行(列)来创建表格。自行绘制表格功能可以让用户绘制复杂的表格,例如,绘制包含不同高度单元格或每行(列)数不同的表格。

(1)在要创建表格的位置单击鼠标左键。

(2)在"插入"选项卡的"表格"组中单击"表格"下拉按钮,在弹出的下拉列表选择"绘制表格"命令,此时鼠标在文档编辑区将呈现出铅笔状,以便于绘制表格。

在绘制表格时,要先定义表格的外边界,单击鼠标左键拖拉出一个矩形虚线框,然后在该矩形内绘制行(列)线。如果要擦除一条线或多条线,则在"表格工具"中单击"设计"选项卡,然后在"绘制边框"组中单击"擦除"按钮。

(3)若要擦除线条或整个表格,可以利用卸载表格功能或消除表格内容功能;

(4)绘制完表格后,在单元格内单击,开始输入文字或插入图形。

例如,创建一个如图3-64所示的不规则表格,其操作步骤如下:

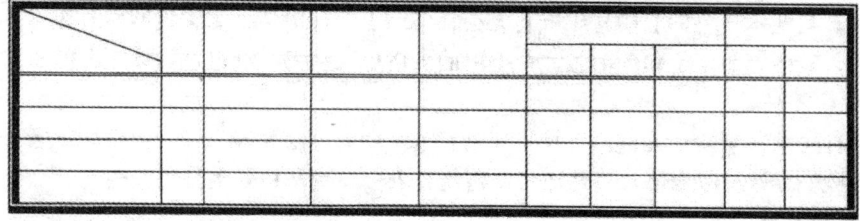

图3-64 不规则表格

(1)在"插入"选项卡的"表格"组中单击"表格"下拉按钮,在弹出的下拉列表中选择"绘制表格"命令,鼠标变为铅笔形状;

(2)在文档中要插入表格的位置拖动鼠标,绘制出表格的外边框;

(3)在"表格工具"选项卡的"线型"下拉列表框中选择"双粗线"线型;

(4)在"边框"下拉列表中选择"外侧框线"线型,将所选择的线形应用于表格的外边框;

(5)在"线型"下拉列表中选择"单线"线型,拖动鼠标依次绘制出表格中的横线、竖线和斜线;

(6)在"线型"下拉列表中选择"双线"线型,在表格的第三条横线上拖动鼠标。

5. 通过文本创建表格

分隔符是在将表格转换为文本时要使用的符号,例如,逗号或制表符。用分隔符标识文字分隔的位置,或者在将文本转换为表格时用其标识新行(列)的起始位置。

下面以成绩表为例介绍通过文本创建表格的方法。成绩表如图3-65所示。

姓名	数学	语文	英语	总分	名次
李四	98	89	85	272	1
张丰	89	90	92	271	2
王五	87	89	90	266	3
刘娟	78	86	98	262	4

图3-65 成绩表

(1)将成绩表按行方向依次输入文本内容,并依次插入分隔符,以指示将文本分成列的位置。例如,输入"姓名"后按【Tab】键,再输入"数学";接下来仍用【Tab】键作为分隔符继续输入;每一行结束时,使用【Enter】键指示新行开始的位置。

(2)选择第一步中输入的所有文本内容,在"插入"选项卡的"表格"组中单击"表格"下拉按钮,在弹出的下拉列表中选择"文本转换成表格"命令,弹出"将文本转换成表格"对话框。

(3)在"将文本转换成表格"对话框的"文字分隔符"钮中单击在文本中使用的分隔符对应的选项,即制表符。

(4)单击"确定"按钮,关闭"将文本转换成表格"对话框,完成表格的创建。

转换结果见表3-1。

表3-1 由文本转换出的成绩表

姓名	数学	语文	英语	总分	名次
李四	98	89	85	272	1
张丰	89	90	92	271	2
王五	87	89	90	266	3
刘娟	78	86	98	262	4

6. 卸载表格

在Word 2010文档中,不仅可以卸载表格中的行(列)和单元格,还可以卸载整个表格。

(1)打开Word 2010文档窗口,在准备卸载的表格中单击任意单元格。

(2)在"表格工具"中单击"布局"选项卡,在"行和列"组中单击"卸载"下拉按钮,在弹出的下拉列表中选择"卸载表格"命令。

3.5.2 编辑表格内容

1. 表格中插入点的移动

在表格中移动插入点主要有以下两种方法:
(1)将移动鼠标到所要操作的单元格中,单击鼠标左键;
(2)使用快捷键在单元格间移动,快捷键见表3-2。

表3-2 在表格中移动插入点的快捷键

快捷键	操作效果	快捷键	操作效果
【Tab】键	移至右边的单元格中	【Shift】+【Tab】组合键	移至左边的单元格中
【Alt】+【Home】组合键	移至当前行的第一个单元格	【Alt】+【End】组合键	移至当前行的最后一个单元格
【Alt】+【PgUp】组合键	移至当前列的第一个单元	【Alt】+【PgDn】组合键	移至当前列的最后一个单元格

2. 选中单元格内容

选中特定单元格是 Word 2010 表格的基本操作,在设置单元格格式等操作时需要先选中单元格。选中单元格内容有三种方法。
(1)在单元格内容上单击鼠标左键拖拉选中文字内容。
(2)将鼠标放置在单元格左侧,鼠标变成向右的黑色箭头,单击鼠标即可选中单元格内容;如果在鼠标指针呈黑色箭头形状时拖动鼠标,则可以选中连续多个单元格,如图3-66所示。

姓名	数学	语文	英语	总分	名次
李四	98	89	85	272	1
张丰	89	90	92	271	2
王五	87	89	90	266	3
刘娟	78	86	98	262	4

图3-66 选定单元格内容

(3)单击准备选中的单元格后,在"表格工具"中单击"布局"选项卡,在"表"组中单击"选择"下拉按钮,在弹出的下拉列表中选择"选择单元格"命令,选中相应单元格。

3. 选中行(列)

在 Word 2010 文档中,对表格进行整行(列)操作是最常见的操作之一,在对表格进行整行(列)操作前,需要选中整行(列)。

1)选中行的方法

将鼠标指针移动到表格左边,当鼠标指针呈现向右指的箭头时,单击鼠标左键选中整行。如果按下鼠标左键的同时向上或向下拖拉,则选中多行。

2)选中列的方法

将鼠标指针移动到表格顶端,当鼠标指针呈现向下指的黑色箭头时,单击鼠标左键选中整列。如果按下鼠标左键同时向左或向右拖拉,则选中多列。

用户还可以在 Word 2010 表格中单击准备选中的行(列)中的任意单元格,在"布局"选项卡的"表"组中单击"选择"下拉按钮,在弹出的下拉列表中选择"选择行"或"选择列"命令。

4. 选中表格

在 Word 2010 文档中,如果需要设置表格属性或卸载整个表格,需要先选中整个表格。选中表格主要有三种方法。

(1)利用表格选择按钮选中表格。将鼠标指针从表格上划过,单击表格左上角的选择按钮 ⊕ 即可选中整个表格。

(2)利用鼠标拖曳法选中表格。通过在表格内部拖动鼠标选中整个表格。

(3)利用功能区选项卡中的相应命令按钮选中表格。在表格内任意单元格中单击鼠标左键,在"布局"选项卡的"表"组中单击"选择"下拉按钮,在弹出的下拉列表中选择"选择表格"命令,选中整个表格。

5. 表格中的数据操作

1)在表格中输入数据

在 Word 2010 中插入表格后,可以在需要输入内容的单元格中单击鼠标左键,使其处于编辑状态后输入内容。通过单击鼠标左键或按【Tab】键可以跳转到下一个单元格。

2)移动表格内容

选中单元格内容,将鼠标放置在选中内容上,当鼠标变为向左的箭头时,单击鼠标左键拖曳选定内容到指定单元格;或者先利用【Ctrl】+【X】组合键剪切所选内容,再将光标定位于目标单元格,利用【Ctrl】+【V】组合键粘贴内容。

3)复制表格内容

选中单元格内容,按【Ctrl】键的同时单击鼠标左键,将选定内容拖曳到指定单元格;或者利用【Ctrl】+【C】组合键复制所选内容,再将光标定位于目标单元格,利用【Ctrl】+【V】组合键粘贴内容。

4)卸载表格中内容

选中要卸载的单元格内容,按【Del】键卸载内容。

3.5.3 修改表格结构

1. 插入和卸载单元格

在 Word 2010 中,由于插入或卸载单元格会使表格变得参差不齐,不利于文档排版,插入或卸载单元格的操作并不常见。用户可以根据实际需要插入和卸载单元格。

1)插入单元格

插入单元格的操作步骤如下。

(1)在准备插入单元格的相邻单元格中单击鼠标右键,在弹出的快捷菜单中选择"插入|插入单元格"命令,如图 3-67 所示。

(2)在弹出的"插入单元格"对话框中单击某一单选按钮,单击"确定"按钮,如图 3-68 所示。

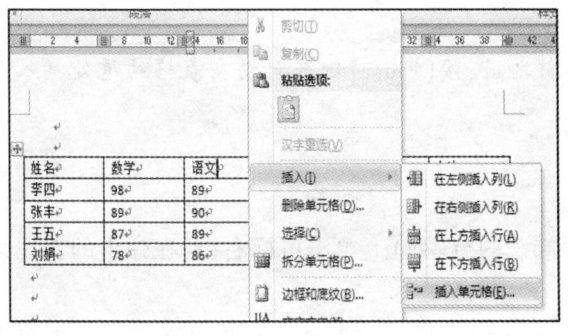 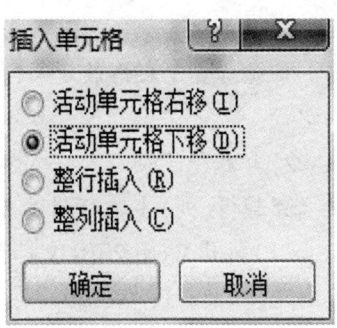

图 3-67 "插入单元格"命令　　　　图 3-68 "插入单元格"对话框

提示：

如果在"插入单元格"对话框中单击"活动单元格下移"单选按钮,则会插入整行。

2) 卸载单元格

在 Word 2010 文档表格中,可以卸载某个特定的单元格。

(1) 打开 Word 2010 文档窗口,在准备卸载的单元格上单击鼠标右键,在弹出的快捷菜单中选择"卸载单元格"命令,或者在"布局"选项卡的"行和列"组中单击"卸载"下拉按钮,在弹出的下拉列表中选择"卸载单元格"命令,如图 3-69 所示。

(2) 在弹出的"卸载单元格"对话框中单击"右侧单元格左移"单选按钮,则卸载当前单元格;单击"下方单元格上移"单选按钮,则卸载当前单元格所在行,如图 3-70 所示。

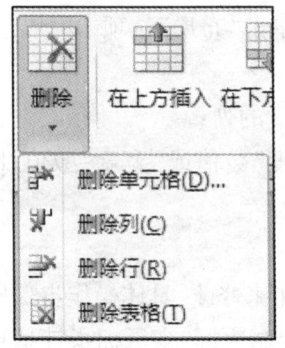 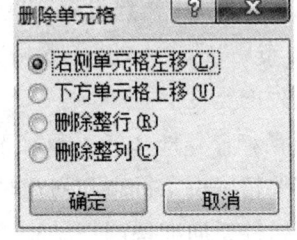

图 3-69 "卸载"下拉列表　　　　图 3-70 "卸载单元格"对话框

2. 插入和卸载行(列)

在 Word 2010 文档表格中,用户可以根据实际需要插入或卸载行(列)。

1) 插入行(列)

在一个表格中插入行(列)主要有两种方法。

(1) 在准备插入行(列)的相邻单元格中单击鼠标右键,在弹出的快捷菜单中选择"插入"命令,并根据需要选择"在左侧插入列""在右侧插入列""在上方插入行"或"在下方插入行"命令。

(2) 利用"布局"选项卡进行插入行(列)操作。在准备插入行(列)的相邻单元格中单击鼠标左键,然后在"布局"选项卡的"行和列"组中根据实际需要单击"在上方插入""在下方插入""在左侧插入"或"在右侧插入"按钮插入行(列)。

提示：

将光标置于表格最后一行结尾处回车符之前，按【Enter】键会自动在表格结尾处插入一个空行。

2）卸载行(列)

卸载行(列)主要有两种方法。

(1)打开 Word 2010 文档窗口，在需要卸载的行(列)上单击鼠标右键，在弹出的快捷菜单中选择"卸载行"或"卸载列"命令。

(2)单击准备卸载的行(列)中的任意单元格，在"布局"选项卡的"行和列"组中单击"卸载"下拉按钮，在弹出的下拉列表中选择"卸载行"或"卸载列"命令。

3. 复制行(列)

在 Word 2010 文档表格中，用户可以根据实际需要整行(列)地复制表格中的内容。

(1)打开 Word 2010 文档窗口，在准备复制的整行(列)上单击鼠标右键，在弹出的快捷菜单中选择"复制"命令。

(2)在表格中单击鼠标右键，在弹出的快捷菜单中选择"粘贴行"或"粘贴列"命令，被复制的单元格将被粘贴到当前行的上边或当前列的左边。

4. 调整行高和列宽

在 Word 2010 文档表格中，如果需要设置行的高度和列的宽度，有以下三种方法。

1）通过"布局"选项卡修改行高和列宽

需要精确地设置表格中的行高与列宽时，可以通过单击"布局"选项卡完成，具体操作步骤如下：

(1)在表格中选中需要设置高度的行或需要设置宽度的列；

(2)在"布局"选项卡的"单元格大小"组中调整"高度"数值或"宽度"数值，以设置表格行的高度或列的宽度。

2）利用鼠标操作修改行高和列宽

当不需要精确设定行高和列宽时，可以利用鼠标操作来修改，具体操作步骤如下：

将鼠标指针指向准备调整尺寸的行的下边框或列的左边框，当鼠标指针呈现双横线或双竖线形状时，按住鼠标左键上下或左右拖拉即可改变当前行的高度或列的宽度值。

提示：

直接拖拉表格边框线调整列尺寸时，将使相邻列的尺寸发生变化。如果只希望调整当前列的尺寸，而相邻列的尺寸保持不变，则可以在按住【Shift】键的同时拖拉列的边框线。

3）通过"表格属性"对话框设置行高和列宽

在 Word 2010 中，用户可以通过"表格属性"对话框对行高、列宽、表格尺寸或单元格尺寸进行更精确的设置，操作步骤如下：

(1)在准备改变行高或列宽的单元格上单击鼠标右键，在弹出的快捷菜单中选择"表格属性"命令，弹出"表格属性"对话框。

用户也可以单击准备改变行高或列宽的单元格，在"布局"选项卡的"单元格大小"组中单击"表格属性"按钮，弹出"表格属性"对话框。

用户还可以单击准备改变行高或列宽的单元格,在"布局"选项卡的"表"组中单击"属性"按钮,弹出"表格属性"对话框。

(2)在"表格属性"对话框中单击"行"选项卡,如图3-71所示,勾选"指定高度"复选框,并设置当前行的高度数值。在"行高值是"下拉列表中选择所设置的行高值为"最小值"或"固定值"。如果选择"最小值",则允许当前行根据填充内容自动扩大行高但不小于当前行高值;如果选择"固定值",当前行将保持固定的高度。勾选"允许跨页断行"复选框,则在表格需要跨页显示时,允许在当前行断开。单击"上一行"或"下一行"按钮改变当前行。

(3)在"表格属性"对话框中单击"列"选项卡,如图3-72所示,勾选"指定宽度"复选框,并设置当前列宽数值,单击"前一列"或"后一列"按钮改变当前列。

(4)在"表格属性"对话框中单击"单元格"选项卡,如图3-73所示,勾选"指定宽度"复选框并设置单元格宽度数值后,当前单元格所在列的宽度将自动适应该单元格宽度值,即单元格宽度值优先作用于当前列的宽度值。设置完毕单击"确定"按钮。

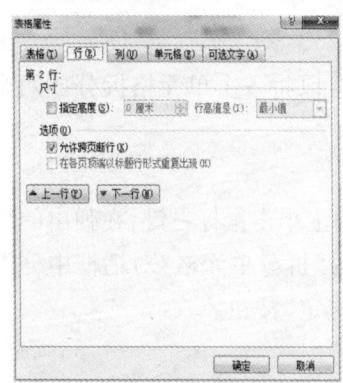 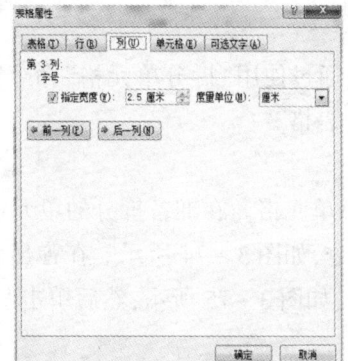 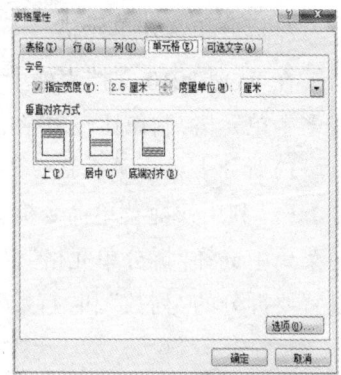

图3-71 "行"选项卡　　　　图3-72 "列"选项卡　　　　图3-73 "单元格"选项卡

5. 平均分布各行(列)

在 Word 2010 文档表格中,用户可以根据实际需要在不改变表格总尺寸的情况下,平均分布所有行(列)的尺寸,使表格外观更加整齐统一。

1)通过功能选项卡平均分布各行(列)

通过"布局"选项卡设置平均分布各行与各列的操作步骤如下:

(1)打开 Word 2010 文档窗口,在表格任意单元格中单击鼠标左键;

(2)在"布局"选项卡的"单元格大小"组中单击"分布行"或"分布列"按钮。

2)通过快捷菜单平均分布各行(列)

选中整个表格,在表格中的任意单元格处单击鼠标右键,在弹出的快捷菜单中选择"平均分布各行"或"平均分布各列"命令。

6. 调整表格宽度与高度

1)通过"表格属性"设置表格宽度

在 Word 2010 文档表格中的任意单元格上单击鼠标右键,在弹出的快捷菜单中选择"表格属性"命令,弹出"表格属性"对话框,在"表格"选项卡中勾选"指定宽度"复选框,调整表格宽度数值。

2) 通过鼠标操作改变表格宽度与高度

在 Word 2010 中,用户可以通过拖拉表格边框的方式调整表格的尺寸。拖拉表格左(右)边框可以调整表格最左(右)边列的宽度,拖拉表格下边框可以调整表格最下边行的高度,拖拉表格右下方的控制柄可以整体放大或缩小表格的尺寸。

3) 自动调整表格宽度

用户可以根据内容多少或窗口大小自动调整表格宽度,也可以固定单元格的宽度。操作步骤如下:

(1) 打开 Word 2010 文档窗口,单击表格中任意单元格,在"布局"选项卡的"单元格大小"组中单击"自动调整"下拉按钮;

(2) 在弹出的下拉列表中的"根据内容自动调整表格"命令表示表格根据单元格内容自动调整高度和宽度,"根据窗口自动调整表格"命令表示表格尺寸根据 Word 页面的大小(例如,不同的纸张类型)自动改变,"固定列宽"命令表示单元格保持当前尺寸,除非用户改变其尺寸。

7. 拆分和合并单元格

在 Word 2010 文档表格中,通过使用"拆分单元格"命令可以将一个单元格拆分成两个或多个单元格,制作比较复杂的表格。

1) 拆分表格中单元格

(1) 利用快捷菜单命令拆分单元格。在准备拆分的单元格上单击鼠标右键,在弹出的快捷菜单中选择"拆分单元格"命令,如图 3-74 所示。在弹出的"拆分单元格"对话框中分别设置要拆分的"列数"和"行数",如图 3-75 所示,然后单击"确定"按钮。

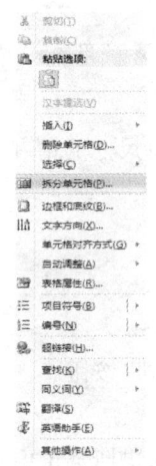
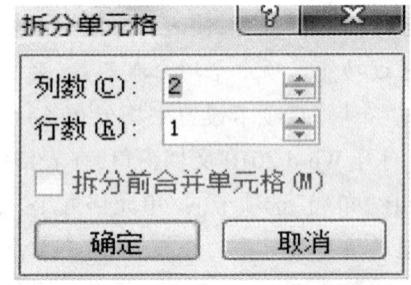

图 3-74 "拆分单元格"命令　　　　图 3-75 "拆分单元格"对话框

(2) 利用功能区选项卡命令拆分单元格。在准备拆分的单元格上单击鼠标左键,在"布局"选项卡的"合并"组中单击"拆分单元格"按钮,在弹出的"拆分单元格"对话框中分别设置要拆分的"列数"和"行数",然后单击"确定"按钮。

2) 合并选中单元格

在 Word 2010 文档表格中,通过使用"合并单元格"命令可以将两个或两个以上的单元格合并成为一个单元格。

(1) 利用快捷菜单命令合并单元格。在准备合并的单元格上单击鼠标右键,在弹出的快捷菜单中选择"合并单元格"命令。

(2) 利用选项卡命令合并单元格。选中准备合并的两个或两个以上的单元格,在"布局"选项卡的"合并"组中单击"合并单元格"命令。

8. 拆分表格

拆分表格是指将表格横向分为上下两个表格。单击表格中要拆分位置下方相邻的任意单元格,在"布局"选项卡的"合并"组中单击"拆分表格"按钮,如图 3-76 所示。拆分后的效果如图 3-77 所示。

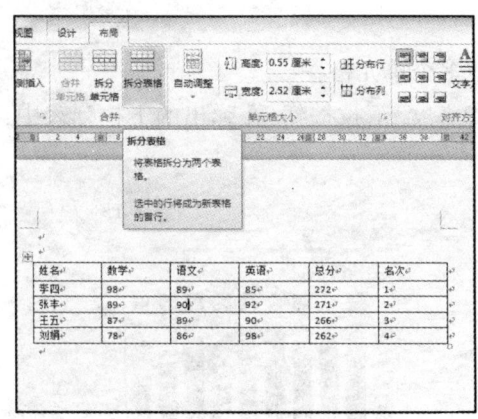

图 3-76 "拆分表格"按钮　　　　图 3-77 拆分后的表格

提示:

选中要拆分行所在的任意单元格,按【Ctrl】+【Shift】+【Enter】组合键也可以完成拆分表格。

9. 设置标题行重复

如果一张表格需要在多页中跨页显示,则需要设置标题行重复显示,以便在每一页都明确显示表格中的每一列所代表的内容。

在 Word 2010 中设置标题行重复显示的步骤如下:

(1) 在表格中选中标题行(必须是表格的第一行),在"布局"选项卡的"表"组中单击"属性"按钮;

(2) 在弹出的"表格属性"对话框中单击"行"选项卡,勾选"在各页顶端以标题行形式重复出现"复选框;

(3) 单击"确定"按钮,完成标题行重复设置。

用户也可以在"布局"选项卡的"数据"组中单击"重复标题行"按钮,设置跨页表格标题行重复显示。

3.5.4 设置表格的格式

1. 设置表格的边框

用户可以通过"表格工具"选项卡设置 Word 表格边框,包括边框样式、边框宽度、边框颜色及边框显示位置。

（1）在表格中选中需要设置边框的单元格、行、列或整个表格。

（2）在"设计"选项卡的"绘图边框"组中分别设置笔样式、笔画粗细和笔颜色。

（3）在"设计"选项卡的"表格样式"组中单击"边框"下拉按钮，在弹出的下拉列表中设置边框的显示位置。边框显示位置包含多种设置，例如：上框线、所有框线、无框线等，如图 3 – 78 所示。

2. 设置表格底纹

用户可以为表格中的指定单元格或整个表格设置背景颜色，使表格外观层次分明。在表格中设置背景颜色的步骤如下：

（1）在表格中选中需要设置背景颜色的一个或多个单元格；

（2）在"设计"选项卡的"表格样式"组中单击"底纹"下拉按钮，在弹出的下拉列表中选择合适的颜色，如图 3 – 79 所示。

图 3 – 78　表格"边框"下拉列表

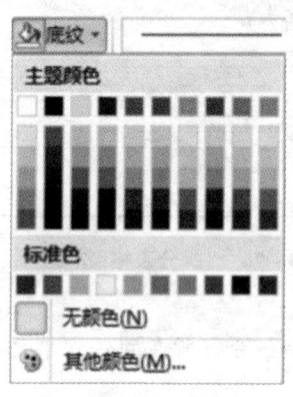

图 3 – 79　表格"底纹"下拉列表

提示：

如果"颜色"面板中的颜色不适合作为表格背景，可以单击"其他颜色"命令，在弹出的"颜色"对话框中选择更丰富的颜色。

3. 设置表格自动套用格式

除了采用手动的方式设置表格文字的字体、颜色、底纹等格式，使用 Word 2010 表格的"表样式"功能可以快速将表格设置为专业的表格格式。

打开 Word 2010 文档窗口，单击要应用表格样式的表格。在"设计"选项卡中通过勾选或取消"表格样式选项"组中的复选框控制表格样式，分为以下几种情况：

（1）勾选或取消"标题行"复选框，设置表格第一行是否采用不同的格式；

（2）勾选或取消"汇总行"复选框，设置表格最底部一行是否采用不同的格式；

（3）勾选或取消"镶边行"复选框，设置相邻行是否采用不同的格式；

（4）勾选或取消"镶边列"复选框，设置相邻列是否采用不同的格式；

（5）勾选或取消"第一列"复选框，设置第一列是否采用不同的格式；

（6）勾选或取消"最后一列"复选框，设置最后一列是否采用不同的格式。

在"设计"选项卡的"表格样式"组中单击选择某一样式，表格将应用其样式，如图 3 – 80

所示,在任意样式上单击鼠标右键,在弹出的快捷菜单中可以新建、修改或卸载样式,如图 3-81 所示。

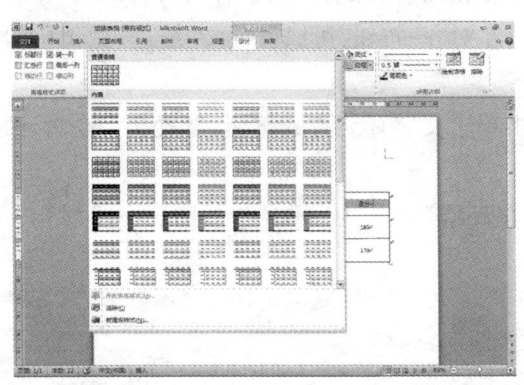

图 3-80 "表格样式"组

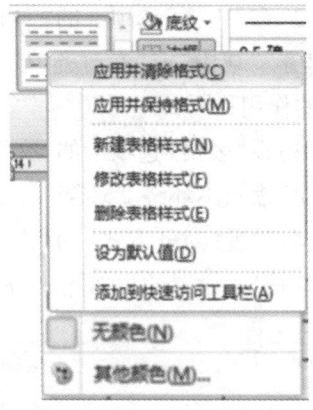

图 3-81 "表格样式"快捷菜单

4. 设置表格边距

表格边距是指单元格中填充内容与单元格边框的距离,它可以统一设置表格的边距数值,使表格中所有的单元格具有相同的边距设置。

(1) 单击表格任意单元格,在"布局"选项卡的"对齐方式"组中单击"单元格边距"按钮,如图 3-82 所示。

(2) 在弹出的"表格选项"对话框的"默认单元格边距"区域设置上、下、左、右边距数值。若勾选"允许调整单元格间距"复选框并设置数值,则表格会根据填充内容对最右边和最下边单元格间距进行设置;若勾选"自动重调尺寸以适应内容"复选框,表格会根据填充内容的长度自动调整单元格尺寸。"表格选项"对话框如图 3-83 所示。

(3) 设置完毕后单击"确定"按钮。

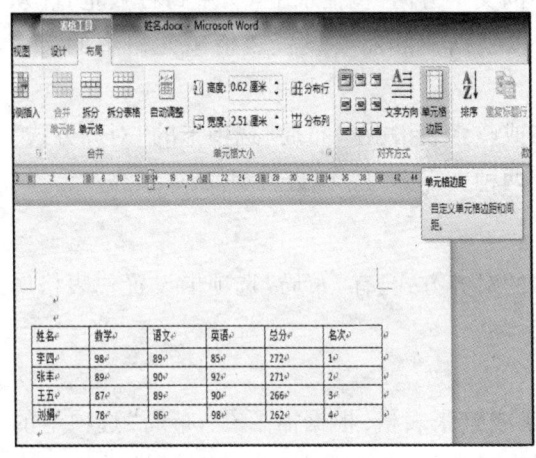

图 3-82 "单元格边距"按钮　　　　　图 3-83 "表格选项"对话框

5. 设置表格的对齐方式

在 Word 2010 文档中,如果创建的表格没有完全占用 Word 文档页边距以内的页面,则可以为表格设置相对于页面的对齐方式,例如,左对齐、居中、右对齐。

(1)单击表格中的任意单元格,在"布局"选项卡的"表"组中单击"属性"按钮,弹出"表格属性"对话框;

(2)在"表格"选项卡的"对齐方式"组中单击对齐方式按钮,选择对齐方式,例如,单击"左对齐""居中"或"右对齐"按钮。若单击"左对齐"按钮,可以设置"左缩进"数值(与段落缩进的作用相同)。

(3)在"表格"选项卡的"文字环绕"组中单击文字环绕方式按钮,设置文字是否环绕表格,"无"表示不环绕,"环绕"表示环绕。

(4)设置"对齐方式"为"右对齐","文字环绕"方式为"环绕",如图3-84所示,单击"确定"按钮,设置效果如图3-85所示。

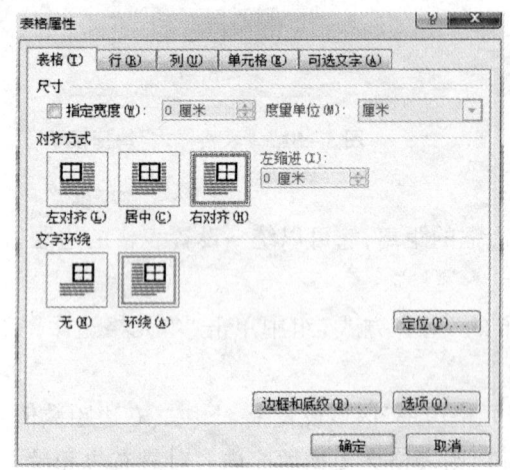

图3-84 "表格属性"对话框

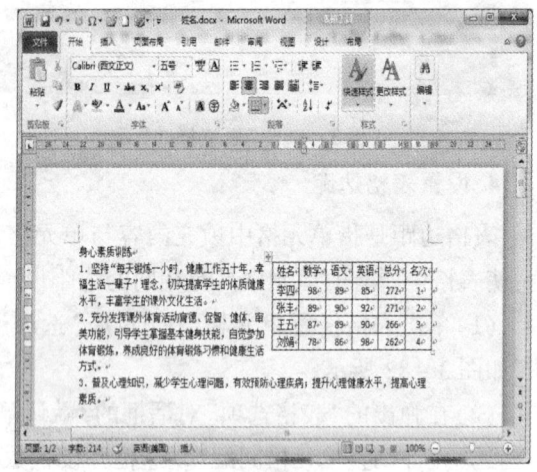

图3-85 设置"右对齐"和"环绕"效果

6. 设置表格中文字方向

表格单元格中的文字方向类似于文本框中的文字方向,包括水平(从左到右)、垂直(从上到下)、垂直(从下到上)三种方向,用户可以根据实际需要设置表格单元格中的文字方向。

在表格中选中需要设置文字方向的单元格或整张表格,在"布局"选项卡的"对齐方式"组中单击"文字方向"按钮,在"水平"和"垂直"两种文字方向之间进行切换。

7. 设置单元格内容对齐方式

用户可以通过多种方法设置单元格中文本的对齐方式,有"布局"选项卡设置、"表格属性"对话框设置和快捷菜单设置三种方法完成。

1)通过"布局"选项卡设置

在表格中选中需要设置对齐方式的单元格或整张表格,根据需要在"布局"选项卡的"对齐方式"组中单击"靠上两端对齐""靠上居中对齐""靠上右对齐""中部两端对齐""水平居中""中部右对齐""靠下两端对齐""靠下居中对齐"或"靠下右对齐"按钮。

2)通过"表格属性"对话框设置

在表格中选中需要设置对齐方式的单元格或整张表格,在"布局"选项卡的"表"组中单击"属性"按钮,弹出"表格属性"对话框,单击"单元格"选项卡,在"垂直对齐方式"组中选择合适的垂直对齐方式后,单击"确定"按钮完成设置。

3) 通过快捷菜单设置

在表格中选中需要设置对齐方式的单元格或整张表格,在选中的单元格或整张表格上单击鼠标右键,在弹出的快捷菜单中选择"单元格对齐方式"命令下的各种单元格对齐方式。

3.5.5 表格与文本的转换

1. 将表格转换为文本

在 Word 2010 文档中,可以将表格中指定的单元格或整张表格转换为文本内容(前提是表格中含有文本内容),操作步骤如下。

(1) 选中需要转换为文本的单元格。如果需要将整张表格转换为文本,则只需单击表格中任意单元格。

(2) 在"布局"选项卡的"数据"组中单击"转换为文本"按钮,弹出"表格转换成文本"对话框。

(3) 在"表格转换成文本"对话框中根据情况单击"段落标记""制表符""逗号"或"其他字符"单选按钮,转换成文本,转换生成的排版方式或添加的标记符号有所不同,最常用的是"段落标记"和"制表符"。单击"转换嵌套表格"按钮可以将嵌套表格中的内容同时转换为文本。

(4) 设置完毕单击"确定"按钮即可。

2. 将文本转换为表格

在"插入"选项卡的"表格"组中单击"文本转换为表格"按钮,将文本转换为表格。具体操作步骤见 3.5.1 节。

3.6 图 形

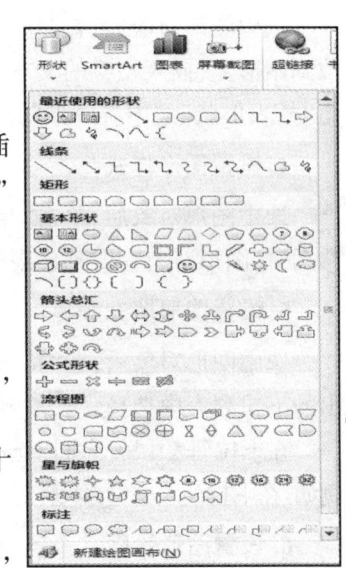

3.6.1 绘制图形

在"插入"选项卡的"插图"组中单击"形状"按钮,可以插入多种图形。插入形状可分为"线条""基本形状""箭头总汇"等组,各个组中有若干个形状选项。

在文档中插入一个"笑脸形状"的操作步骤如下:

(1) 将光标定位于要插入形状的位置;

(2) 在"插入"选项卡的"插图"组中单击"形状"下拉按钮,弹出"形状"下拉列表,如图 3-86 所示。

(3) 在"基本形状"列表中选择"笑脸"形状,鼠标变为十字形。

(4) 单击鼠标左键并拖动鼠标绘制出一个"笑脸"形状,Word 2010 将自动弹出"绘图工具"动态选项卡。

图 3-86 "形状"下拉列表

3.6.2 编辑图形

1. 选定图形

在 Word 2010 中选中自选图形的方法主要有以下两种:

(1)直接将鼠标放置在图形对象上,当鼠标指针呈现十字形时,单击鼠标左键选中图形。被选中的图形周围会有八个控制柄,如图 3-87 所示。

(2)在"开始"选项卡的"编辑"组中单击"选择"下拉按钮,在弹出的下拉列表中选择"选择对象"命令,鼠标变为双向箭头形状,单击要选中的各个图形即可。

2. "图形工具"动态选项卡

选择插入的图形后,功能区将显示"图形工具"动态选项卡,利用其中的"格式"选项卡设置图形对象的格式,如图 3-88 所示。

在"格式"选项卡中有"插入形状""形状样式""艺术字样式""文本""排列"及"大小"六个组,每个组中均有若干命令用以设置图形的样式、特殊格式等内容。

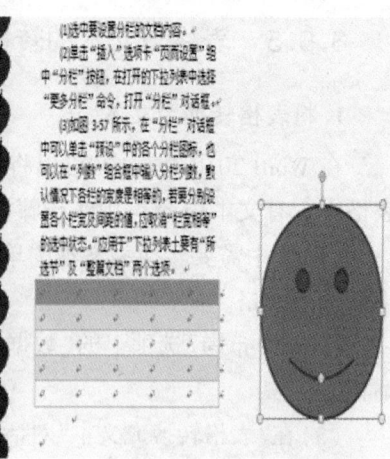

图 3-87 选中"笑脸"形状

图 3-88 "绘图工具"动态选项卡的"格式"选项卡

3. 为图形添加文字

选中图形对象后,在"格式"选项卡的"插入形状"组中单击"插入文本"按钮,光标将定位到图形上,插入相应的文本框,通过在文本框中输入文字,可以对图形添加标注,也可以利用"插入形状"组中各个形状按钮在文档中继续插入图形对象。

4. 设置图形样式

选中图形对象后,单击"格式"选项卡,当鼠标在"形状样式"组中任意一种样式按钮上移动时,图形对象会即刻显现样式应用的效果,以方便用户选择满意的图形。

5. 设置图形填充颜色

选中图形对象后,在"格式"选项卡的"形状样式"组中单击"形状填充"下拉按钮,在弹出的下拉列表中选择喜欢的颜色填充图形对象。

在下拉列表中除了可以选择颜色外,还可以利用图片、渐变色、纹理及图案填充图形对象。例如,在下拉列表中选择"渐变"命令,然后设置相应的渐变方式填充图形。

6. 设置图形轮廓

设置图形轮廓主要是指给图形对象填加边框效果。选中图形对象,在"格式"选项卡的

"形状样式"组中单击"图形轮廓"下拉按钮,在弹出的下拉列表中选择图形边框线的颜色,也可以设置为无颜色,并设置图形边框的粗细、虚线、箭头及图案。

7. 更改形状

若对图形的形状不满意,则可以随时更换图形对象的形状。选中图形列象,在"格式"选项卡的"形状样式"组中单击"更改形状"下拉按钮,在弹出的下拉列表中选择一个图形,新选择的图形将替换原有图形的形状。更改图形形状只会影响图形的形状,而不影响已经设置好的填充颜色、边框等,它们仍以原有样式及格式显示。

8. 更改图形大小

更改图形大小主要有三种方法。

(1) 选中图形对象,将鼠标放置在图形的任意控制柄上,当鼠标形状变为水平、垂直或倾斜的双向箭头时,单击鼠标左键并拖动鼠标,调整到大小合适时释放鼠标左键。

(2) 在"格式"选项卡的"大小"组中输入图形的宽度和高度,可以精确修改图形大小。

(3) 在"格式"选项卡的"大小"组中单击对话框启动器,弹出"布局"对话框,如图3-89所示,在对话框的"大小"选项卡中输入高度值及宽度值即可。若要使图形的高度及宽度的比值不变,则勾选"锁定纵横比"复选框,此时只要修改高度或宽度两者之一即可。

3.6.3 图形特效

1. 设置阴影效果

通过"形状样式"组的命令设置自选图形的阴影,选中自选图形后,在"形状样式"组中单击"形状效果"下拉按钮,在弹出的下拉列表中选择"阴影"命令,然后选择某一种阴影样式,如图3-90所示。单击"无阴影"按钮可以取消阴影的设置,也可以单击"外部""内部"和"透视"选项下面的各个按钮设置阴影位置。

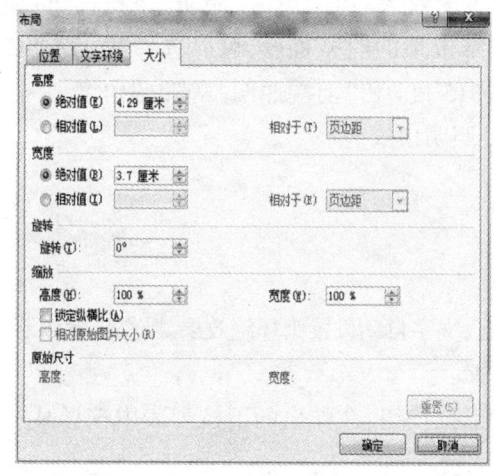

图3-89 "设置自选图形格式"对话框

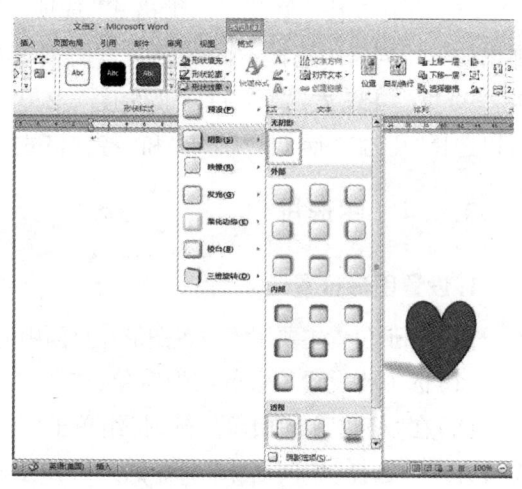

图3-90 "阴影"命令

2. 设置三维效果

自选图形的三维效果包括颜色、深度、方向、照明和表面效果等属性,通过设置相应的三维效果属性,可以获得符合实际需要的三维图形。

(1) 选中需要设置三维效果的自选图形,在"格式"选项卡的"形状样式"组中单击"设置形状格式"对话框启动器,弹出"设置形状格式"对话框,在"三维格式"组中单击"三维格式"选项卡,在右侧窗格中将显示四种三维效果类型,分别为棱台、深度、轮廓线和表面效果,如图3-91所示。

(2) 选中图形对象,还可以设置形状效果。在"格式"选项卡的"形状样式"组中单击"形状效果"下拉按钮,在弹出的下拉列表中选择"三维旋转"命令,在弹出的下拉列表中设置三维效果。例如,选择"透视"组的"右向对比透视"命令,如图3-92所示。

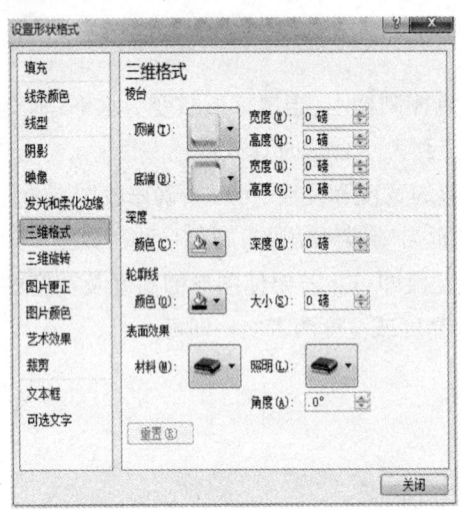 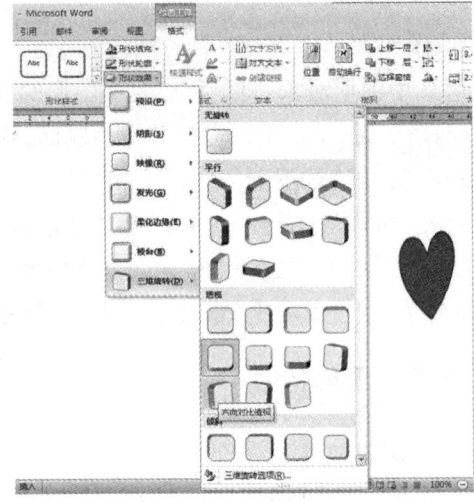

图3-91 "设置形状格式"对话框　　　图3-92 设置"透视"三维效果

(3) 选中图形对象,在"三维格式"选项卡的"深度"组中设置图形深度。

(4) 选中图形对象,在"三维格式"选项卡的"方向"组中设置图形视图方向。

(5) 选中图形对象,在"三维格式"选项卡的"表面效果"组中单击"照明"下拉按钮,在弹出的下拉列表中选择不同的照明方向来设置三维效果的明亮程度,可以选择"0度""45度""90度""135度""180度""225度""270度""315度"和"前端照明"等照明角度,并且可以选择"中性""暖调""冷调"和"特殊格式"四种照明模式。

3.6.4　图形排列

1. 设置图形位置

设置图形位置主要用于设置图形在页面中的位置,文字自动设置为环绕效果,操作步骤如下。

(1) 选中要设置位置的图形对象,如图3-93所示。

(2) 在"格式"选项卡的"排列"组单击"位置"下拉按钮,在弹出的下拉列表中选择某一位置方式。选择"中间居中"命令的效果如图3-94所示。

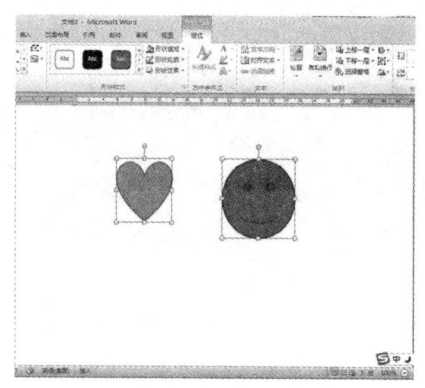
图3-93 选中图形对象

图3-94 中间居中效果

2. 设置图形对齐方式

如果在 Word 2010 文档中绘制了多个图形,常常需要将多个图形按照某种方式对齐。如果采用拖拉图形的方式往往难以精确对齐,而使用 Word 2010 提供的对齐功能则可以很轻松地达到对齐要求。两个或多个图形的对齐方式包括顶端对齐、底端对齐、上下居中、右对齐、左对齐和左右居中。设置对齐方式的步骤如下。

(1)在"开始"选项卡的"编辑"组中单击"选择"下拉按钮,在弹出的下拉列表中选择"选择对象"命令,选择要对齐的多个图形。

(2)在"格式"选项卡的"排列"组中单击"对齐"下拉按钮,在弹出的下拉列表中选择"对齐所选对象"命令后,再选择某一种对齐命令。例如,选择"左右居中"命令。

提示:

单个图形的对齐方式只能相对于页面边缘或页边距进行设置,可以分别选择"对齐页面"或"对齐边距"命令。

3. 设置文字环绕方式

在文档中,如果有多个同类图形,一般需要对其进行对齐和布局,但用鼠标拖拉往往很难精确对齐。Word 2010 提供了强大的对齐和分布功能,通过为自选图形设置文字环绕方式,使文字更合理地环绕在自选图形周围,从而使图文混排的文档更加规范、美观。

1)利用"文字环绕"按钮设置文字环绕方式

(1)选中需要设置文字环绕方式的自选图形。

(2)在"格式"选项卡的"排列"组中单击"位置"下拉按钮,在弹出的下拉列表中选择环绕方式,如图3-95所示。

2)利用"布局"对话框设置文字环绕方式

(1)在准备设置文字环绕方式的图形上单击鼠标右键,在弹出的快捷菜单中选择"自动换行|其他布局选项"命令,弹出"布局"对话框。

(2)在"布局"对话框中单击"文字环绕"选项卡,在"环绕方式"列表中选择合适的文字环绕方式,如图3-96所示,单击"确定"按钮完成设置。

图 3-95 "文字环绕"方式列表

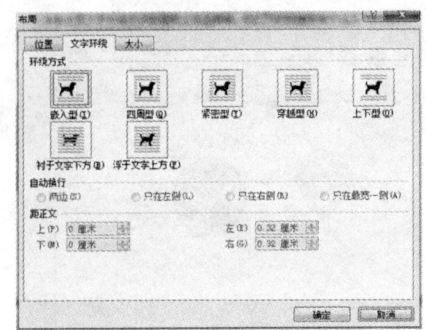

图 3-96 "文字环绕"选项卡

4. 图形组合

使用自选图形工具绘制的图形一般包括多个独立的形状,当需要选中、移动和修改大小时,往往需要选中所有的独立形状,操作不方便。用户可以借助"组合"命令将多个独立的形状组合成一个图形对象,然后对组合后的图形对象进行移动、修改大小等操作。图形组合的操作步骤如下。

(1) 在"开始"选项卡的"编辑"组中单击"选择"下拉按钮,在弹出的下拉列表中选择"选择对象"命令,选择所有要组合的图形。

(2) 在"格式"选项卡的"排列"组中单击"组合"下拉按钮,在弹出的下拉列表中选择"组合"命令。

通过上述设置,被选中的独立形状将组合成一个图形对象,可以对其进行整体操作。如果希望对组合对象中的某个形状进行单独操作,可以在组合对象上单击鼠标右键,在弹出的快捷菜单中选择"组合|取消组合"命令。

5. 图形旋转

用户可以对所选的图形进行旋转操作,方法主要有以下几种。

1) 利用旋转手柄旋转自选图形

当对图形的旋转角度没有严格精确的要求时,可以利用旋转手柄根据实际需要自由调整旋转角度。当选中图形时,其上部将出现一个绿色的圆形旋转手柄,将鼠标指针指向旋转手柄,按下鼠标左键进行旋转即可。

2) 利用"格式"选项卡旋转自选图形90°

若将图形进行90°旋转,可以在"格式"选项卡中进行设置。选中自选图形,在"格式"选项卡的"排列"组中单击"旋转"下拉按钮,在弹出的下拉列表中选择"向右旋转90°"或"向左旋转90°"命令,旋转效果如图3-97所示。

3) 利用"设置自选图形格式"对话框旋转自选图形

如果用户需要精确旋转自选图形,则可以在"设置自选图形格式"对话框中指定旋转角度,操作步骤如下:

(1) 在图形上单击鼠标右键,在弹出的下拉菜单中选择"其他布局选项"命令,弹出"布局"对话框;

(2) 在"布局"对话框中单击"大小"选项卡,如图3-98所示,在"旋转"区域调整旋转角度,单击"确定"按钮完成设置。

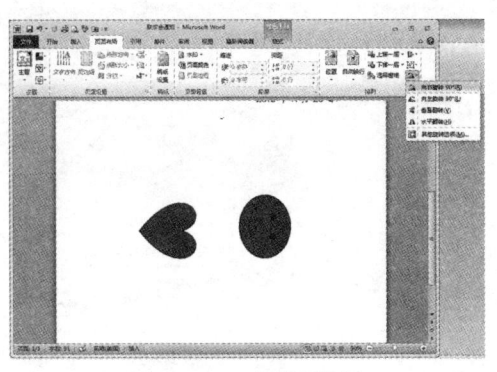
图3-97 "旋转"效果

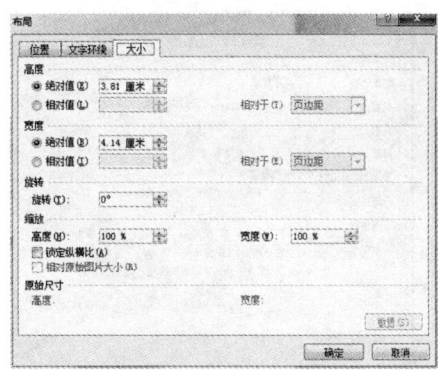
图3-98 "大小"选项卡

3.6.5 使用艺术字

1. 插入艺术字

艺术字结合了文本和图形的特点,使文本具有图形的某些属性,例如,旋转、立体、弯曲等。在 Word 2010 文档中插入艺术字的操作步骤如下:

(1)打开 Word 2010 文档窗口,将插入点光标移动到准备插入艺术字的位置;

(2)在"插入"选项卡的"文本"组中单击"艺术字"下拉按钮,在弹出的下拉列表中选择合适的艺术字样式,如图 3-99 所示;

(3)在弹出的"请在此放置您的文字"文本编辑框中输入要设置艺术字的文本,如图 3-100所示。

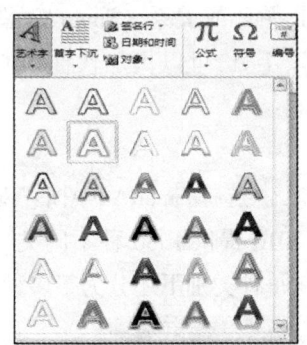
图3-99 "艺术字"列表

图3-100 文本编辑框

2. 设置艺术字格式

1)编辑艺术字的文字

用户在插入艺术字后,如果要对文字进行修改,则单击"艺术字样式"对话框启动器,弹出"设置文本效果格式"对话框,如图 3-101 所示,在相关的选项卡中完成设置。

2)更改艺术字样式

插入艺术字后,可以更改艺术字的样式、填充颜色、形状轮廓及艺术字形状等。

(1)更改艺术字样式。选中艺术字,在"格式"选项卡的"艺术字样式"组中单击"文本效果"下拉按钮,在弹出的下拉列表中选择"转换"命令,在弹出的下拉列表中选择艺术字样式,即可更改艺术字样式,如图 3-102 所示。

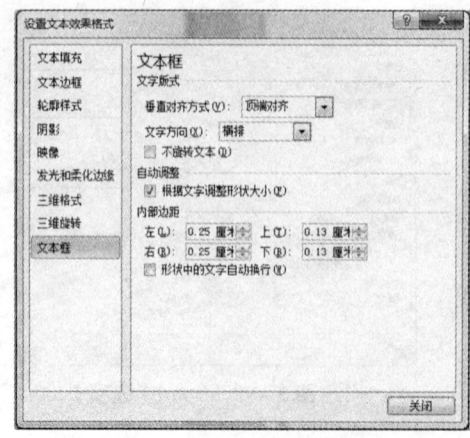
图 3-101 "设置文本效果格式"对话框

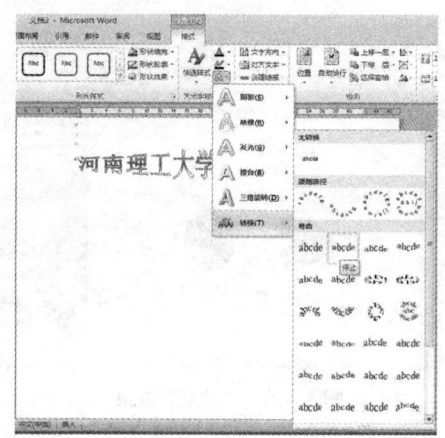
图 3-102 更改艺术字样式

(2)设置艺术字填充颜色。选择插入的艺术字,在"格式"选项卡的"艺术字样式"组中单击"文本填充"下拉按钮,在弹出的下拉列表中选择艺术字的填充效果。

(3)设置文本轮廓。选择插入的艺术字,在"格式"选项卡的"艺术字样式"组中单击"文本轮廓"下拉按钮,在弹出的下拉列表中选择艺术字边框线的颜色、线型及线的粗细等。

除上述功能,在 Word 2010 中还可以对艺术字进行位置、文字环绕、旋转、大小、阴影及三维效果的设置,其设置过程与图形对象的设置完全相同,在这里不再详述。

3.6.6 插入 SmartArt 图形

Word 2010 增加了 SmartArt 图形,用于演示流程、层次结构、循环或关系。SmartArt 图形包括水平列表、垂直列表、组织结构图、射线图和维恩图,熟悉该工具,可以更加快捷地制作出精美文档。

例如,在文档中插入一个射线图的操作步骤如下。

(1)在"插入"选项卡的"插图"组中单击"SmartArt"按钮,弹出"选择 SmartArt 图形"对话框,如图 3-103 所示。在该对话框中可以看到其图形库。Word 2010 提供了 80 种不同类型的模板,有列表、流程、循环、层次结构、关系、矩阵、棱锥图七大类,在每种类别下还分为很多种。

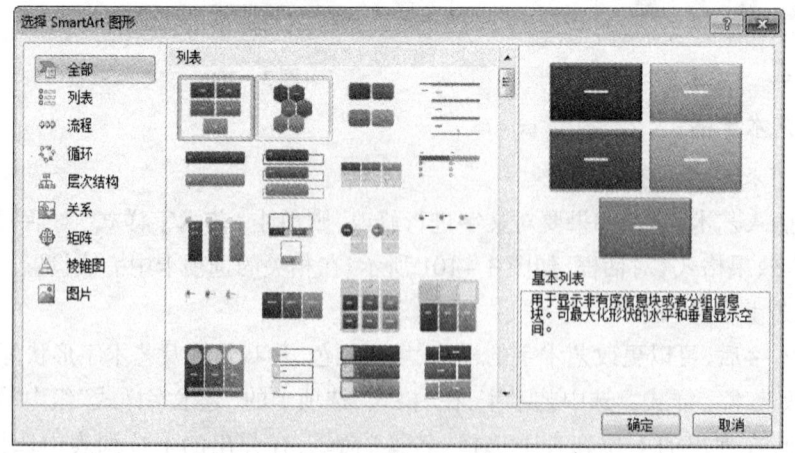
图 3-103 "选择 SmartArt 图形"对话框

(2)单击"循环"选项卡,选择需要的射线图,如图3-104所示。

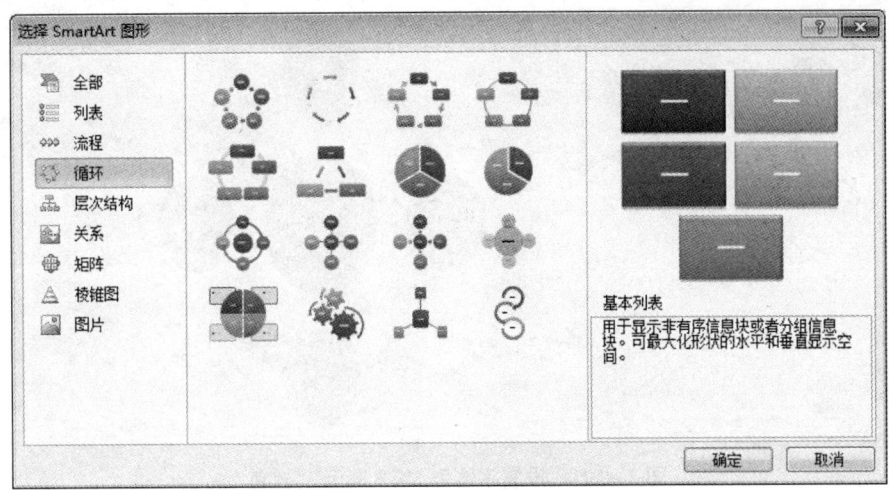

图3-104 "循环"选项卡中的射线

(3)单击"确定"按钮,在文档中插入射线图,如图3-105所示。

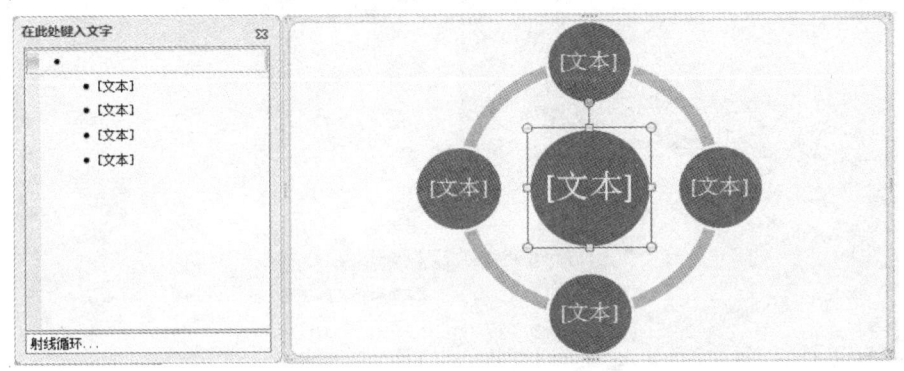

图3-105 插入射线图

(4)在插入的射线图中分左右两个窗格,左侧以树形结构显示射线图的结构,右侧窗格中以图形显示结构,在左侧或右侧窗格中单击"文本"区域,鼠标变为插入状态,在中间节点中输入"插图",在周边节点中输入"图片""剪贴画""形状"及"图表",如图3-106所示。

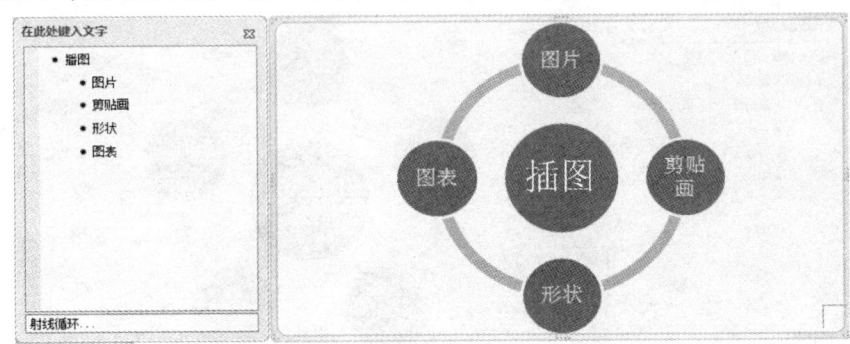

图3-106 在"文本"区域中输入内容

(5)选择各个输入的文字,在"开始"选项卡的"字体"组中为文字设置字体、字号及颜色等格式。例如,按【Ctrl】+【A】组合键选中所有文字,设置字体为"华文彩云",字体颜色为

"黑色",效果如图 3-107 所示。

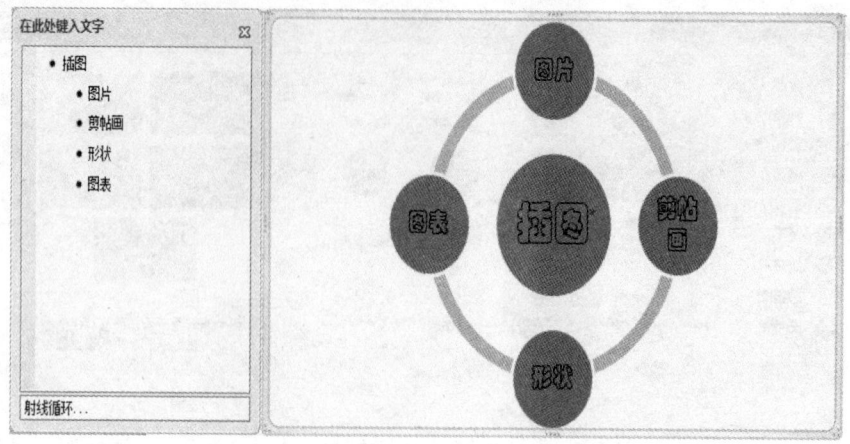

图 3-107　设置字体为"华文彩云""黑色"

(6)加入一个节点形状,输入"SmartArt",选中"形状"节点,单击鼠标右键,在弹出的快捷菜单中选择"添加形状|在后面添加形状"命令,如图 3-108 所示。

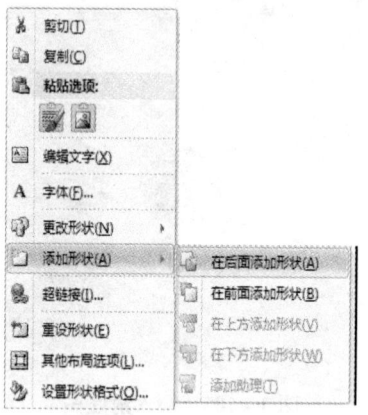

图 3-108　"添加形状"命令

(7)在插入的新节点上单击鼠标右键,在弹出的快捷菜单中选择"编辑文字"命令,在形状节点中输入文本"SmartArt",其效果如图 3-109 所示。

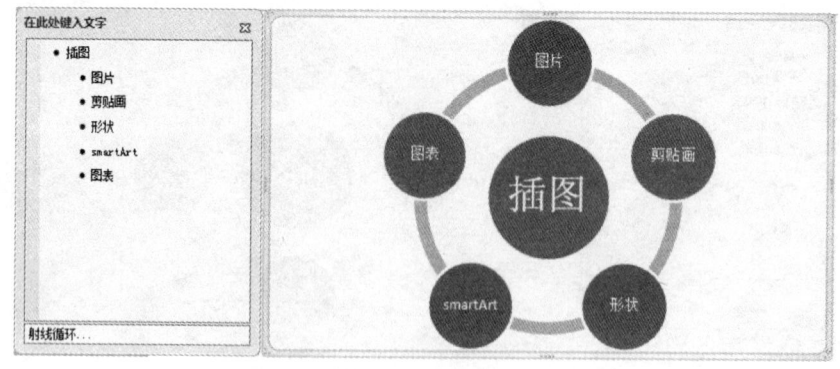

图 3-109　输入文本"SmartArt"

3.7 图文混排

3.7.1 插入图片

在 Word 2010 中可以插入图片、剪贴画等图片对象。

1. 插入图片

(1) 将光标定位于要插入图片的位置，在"插入"选项卡的"插图"组中单击"图片"按钮，弹出"插入图片"对话框，如图 3-110 所示。

图 3-110 "插入图片"对话框

(2) 在"插入图片"对话框的左边窗格中显示了"下载""桌面"等文件夹，单击这些文件夹找到存放图片的位置，同时，单击"视图"列表中"缩略图"图标，使图片以缩略图的形式显示在预览框中，以方便观察。

(3) 选中要插入的图片，在"插入图片"对话框中单击"插入"按钮。

借助 Word 2010 提供的插入和链接功能，不仅可以将图片插入到 Word 文档中，而且在原始图片发生变化时，Word 文档中的图片可以进行更新。在"插入图片"对话框中单击"插入"按钮，在弹出的下拉列表中选择"插入和链接"命令，如图 3-111 所示。当原始图片内容发生

图 3-111 选择"插入和链接"命令

变化(文件未被移动或重命名)时，重新打开 Word 文档可以看到图片已经更新。如果原始图片位置被移动或图片被重命名，Word 文档将保留最近的图片版本。

提示：

如果在"插入"下拉菜单中选择"链接到文件"命令，则当原始图片位置被移动或图片被重命名时，Word 文档中将不显示图片。

2. 插入剪贴画

(1) 将光标定位于要插入剪贴画的位置。

(2) 在"插入"选项卡的"插图"组中单击"剪贴画"按钮,弹出"剪贴画"任务窗格,如图3-112所示。

(3) 单击"搜索"按钮,将在下方显示搜索出的剪贴画,或者在"搜索文字"文本框中输入要搜索的剪贴画关键字,例如,输入文字"植物",单击"搜索"按钮,搜索出相应的剪贴画;也可以在"搜索范围"下拉列表中选择某一类别,在"结果类型"下拉列表中选择某一文件类型,如图3-113所示。

(4) 单击选中的图片完成插入操作,Word 2010 将自动弹出图片的"格式"选项卡。

提示:

通过对图片复制、粘贴的方式也可以完成图片的插入。若要将当前显示的桌面生成图片插入到文档中,可以先按【PrintScreen】键复制屏幕信息,然后在文档中按【Ctrl】+【V】组合键粘贴图片。若要将当前窗口复制成图片插入到文档中,则需要保证窗口为当前窗口的情况下,先按【Alt】+【PrintScreen】组合键,然后在文档中按【Ctrl】+【V】组合键粘贴图片。

图 3-112 "剪贴画"任务窗格

图 3-113 搜索剪贴画

3.7.2 编辑图片

1. "格式"选项卡

单击插入到文档中的图片或剪贴画,在功能区中会显示出"格式"选项卡,如图3-114所示。

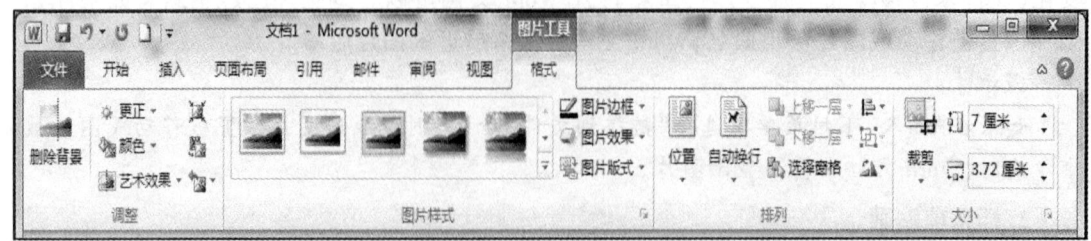

图 3-114 "格式"选项卡

有关于图片的工具会集中呈现在"格式"选项卡上,分为"调整""图片样式""排列""大小"四个组,Word 2010 重点加强了前两个组的内容。

2. 图片的调整

1)修改图片亮度和对比度

(1)打开 Word 2010 文档窗口,选中需要设置亮度和对比度的图片。

(2)在"格式"选项卡的"调整"组中单击"更正"下拉按钮,在弹出的下拉列选择"亮度和对比度"命令。

(3)也可以通过"设置图片格式"对话框设置图片亮度,选中需要设置亮度的图片,在"格式"选项卡的"调整"组中单击"更正"下拉按钮,在弹出的下拉列表中选择"图片更正选项"命令,弹出"设置图片格式"对话框,在"图片更正"选项卡中调整"亮度"和"对比度"的微调钮来设置,如图 3-115 所示。

2)对图片重新着色

(1)选中准备重新着色的图片。

(2)在"格式"选项卡的"调整"组中单击"颜色"下拉按钮,在弹出的下拉列表中选择"重新着色"组中的。"灰度""褐色""冲蚀"或"黑白"选项为图片重新着色,如图 3-116 所示。

(3)也可以在"深色变体"和"浅色变体"区域选择其他冲蚀效果。

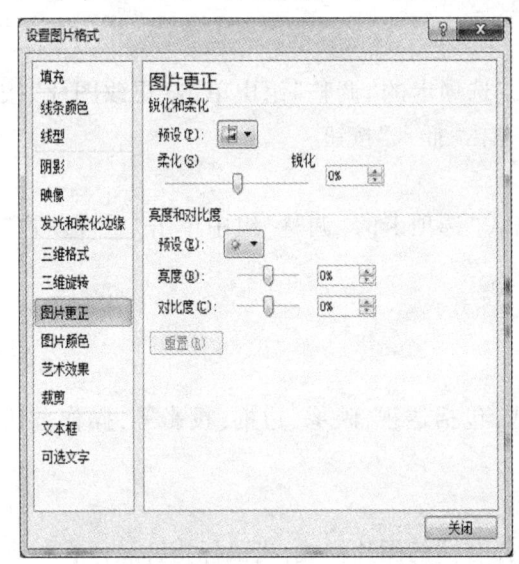

图 3-115 "设置图片格式"对话框　　图 3-116 "颜色"下拉列表

3)设置图片的压缩

若用户在文档中插入了很多大尺寸图片,文档的体积会增大很多,为了节省空间需要对图片进行压缩,但手工对图片进行压缩很烦琐。在 Word 2010 中提供了图片压缩功能,在保存文档时按照用户的设置自动压缩图片尺寸。压缩图片的操作步骤如下。

(1)选中文档中的一张图片。

(2)在"格式"选项卡的"调整"组中单击"压缩图片"按钮,弹出"压缩图片"对话框,如图3-118 所示。

(3)若要对当前图片进行压缩,则勾选"仅应用于所选图片"复选框,并单击"确定"按钮,返回"压缩图片"对话框,如图3-117所示。

(4)单击"确定"按钮,关闭"压缩图片"对话框。

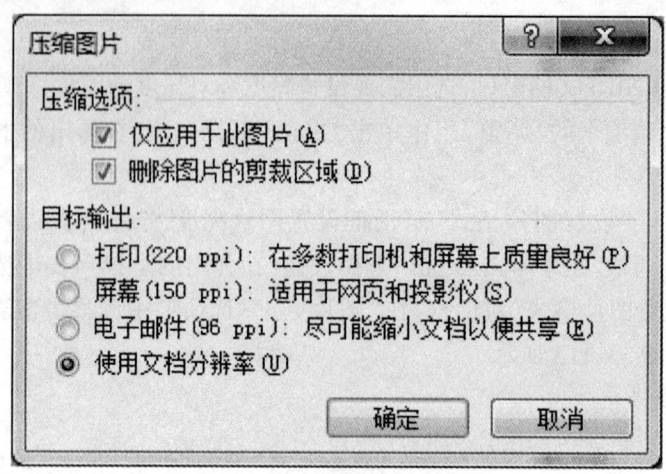

图3-117 "压缩图片"对话框

提示:

在"压缩设置"对话框中,如果勾选"卸载图片的裁剪区域"复选框,则在执行压缩图片操作后,被裁剪的图片将不能被还原到原始状态。

4)更改图片

若要更改插入到文档中的图片,则在"格式"选项卡的"调整"组中单击"更改图片"按钮,在弹出的"插入"对话框中重新选择图片后,单击"插入"按钮。

5)重新设置图片

若要使图片恢复到插入前的格式,则在"格式"选项卡的"调整"组中单击"重设图片"按钮。

3. 设置图片样式

1)更改图片样式

用户可以为选中的图片设置多种图片样式,包括透视、映像、边框、投影等,操作方法如下。

(1)选中需要更改样式的图片。

(2)在"格式"选项卡的"图片样式"组中选择合适的图片样式,当鼠标指针悬停在一个图片样式上方时,Word 2010文档中的图片会即时预览实际效果,如图3-118所示。

2)更改图片形状

用户可以为选中的图片设置图片形状,例如,三角形、云状等。选中需要设置形状的图片,在"格式"选项卡的"图片样式"组中单击"图片形状"下拉按钮,在弹出的下拉列表中选择某一形状,如图3-119所示。

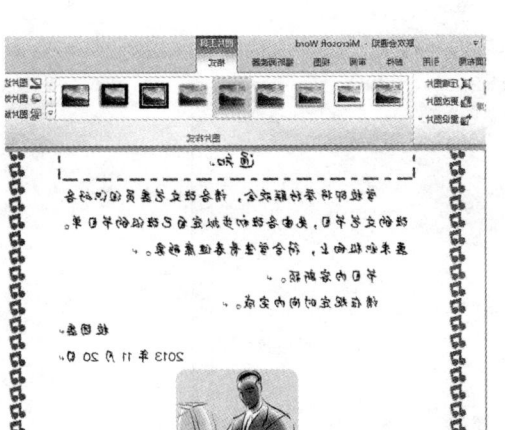
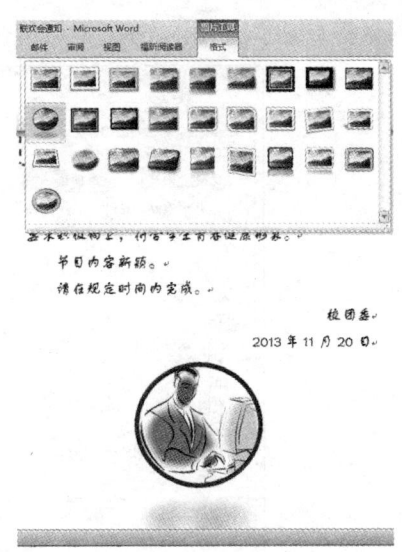

图 3-118　预览实际效果　　　　　图 3-119　设置图片形状

3）更改图片效果

用户可以为选中的图片设置图片效果，包括预设、阴影、反射、发光、柔化边缘、棱台及三维旋转等多种分类，每一项预设样式都有更加详细的个性设置，利用此工具，可以设置出需要的效果。

选中需要设置形状的图片，在"格式"选项卡的"图片样式"组中单击"图片效果"下拉按钮，在弹出的下拉列表中选择某一效果，如图 3-120 所示。

4）裁剪图片

在 Word 2010 中可以对图片进行裁剪操作，剪切图片多余的部分。在"格式"选项卡的"大小"组中单击"裁剪"按钮，图片周围显示黑色边框，将鼠标放置在黑色边框上单击鼠标左键向内拖动对图片进行裁剪。"格式"选项卡的"大小"组，如图 3-121 所示。

图 3-120　"图片效果"下拉列表　　　　　图 3-121　"格式"选项卡的"大小"组

提示：

若要等距裁剪图片的两边，在单击"裁剪"按钮后，向内拖动图片任意边上中心控制点的同时按住【Ctrl】键。如果后按【Ctrl】键，Word 2010 将按复制图片处理。

在"布局"对话框可以裁剪图片或改变图片大小。在"格式"选项卡的"大小"组右下角单击对话框启动框,弹出"布局"对话框,如图3-122所示。

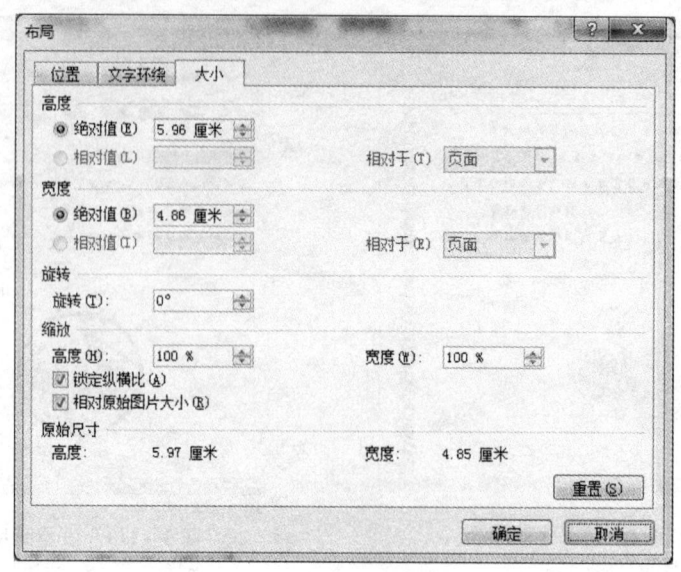

图3-122 "布局"对话框

5)修改图片大小

在Word 2010文档中,可以通过多种方式设置图片尺寸。例如,拖动图片控制手柄,指定图片宽度和高度数值等。下面介绍最常用的三种方式。

(1)拖动图片控制手柄。用户选中图片时,图片的周围会出现八个方向的控制手柄。拖动四角的控制手柄可以按照宽高比例放大或缩小图片的尺寸,拖动四边的控制手柄可以向对应方向放大或缩小图片,但图片宽高比例将发生变化,导致图片变形。

(2)直接输入图片宽度和高度尺寸。如果用户需要精确控制图片的尺寸,可以直接在"格式"选项卡的"大小"组中输入图片的宽度和高度尺寸。

(3)在"布局"对话框中设置图片尺寸。如果用户希望对图片尺寸进行更细致的设置,可以在"布局"对话框进行设置。单击"大小"组右下角的对话框启动器,弹出"布局"对话框,也可以选择图片,单击鼠标右键,在弹出的快捷菜单中选择"大小和位置"命令,弹出"布局"对话框,在对话框中进行设置。

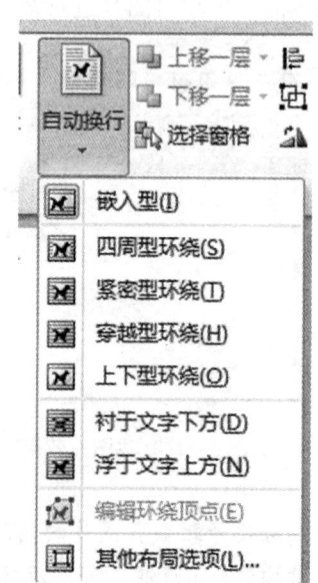

6)设置文字环绕

默认情况下,文档中的图片作为字符插入文档,其位置随着其他字符的改变而改变,不能自由移动图片,通过为图片设置文字环绕方式,自由移动图片的位置。选中需要设置文字环绕的图片,在"格式"选项卡的"排列"组中单击"自动换行"下拉按钮,在弹出的下拉列表中选择合适的文字环绕方式,如图3-123所示。也可以在图片上单击鼠标右键,在弹出的快捷菜单中选择"自动换行"命令,选择某一种文字环绕方式。

在"文字环绕"列表中,每种环绕的含义如下所述。

图3-123 "自动换行"下拉列表

(1)四周型环绕:不管图片是否为矩形图片,文字以矩形方式环绕在图片四周。

(2)紧密型环绕:如果图片是矩形,则文字以矩形方式环绕在图片周围;如果图片是不规则图形,则文字将紧密环绕在图片四周。

(3)衬于文字下方:图片在下、文字在上分为两层,文字将覆盖图片。

(4)浮于文字上方:图片在上、文字在下分为两层,图片将覆盖文字。

(5)上下型环绕:文字环绕在图片上方和下方。

(6)穿越型环绕:文字可以穿越不规则图片的空白区域环绕图片。

(7)编辑环绕项点:用户可以编辑文字环绕区域的顶点,实现个性化的环绕效果。

3.7.3 使用文本框

通过使用文本框,可以方便地将文本放置到文档页面的指定位置,而不必受到段落格式、页面设置等因素的影响。在以前的版本中,用户要使用文本框,必须自己绘制、手工设置,而 Word 2010 版本在允许用户绘制文本框的同时,为用户准备了多种已经设置好的文本框样式,并且允许用户将制作好的文本框样式保存到样式库中,简化用户的操作。

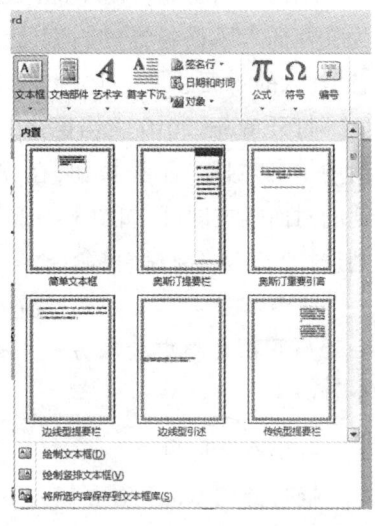

在 Word 2010 文档中插入文本框的步骤如下:

(1)在"插入"选项卡的"文本"组中单击"文本框"下拉按钮,弹出"文体框"下拉列表,如图 3-124 所示;

(2)在打开的内置文本框列表中,选择合适的文本框样式;

图 3-124 "文本框"下拉列表

(3)插入的文本框处于选中状态,直接输入文本内容即可,如图 3-125 所示。

如果没有合适的样式,则可以单击"文本框"下拉按钮,在弹出的下拉列表中选择"绘制文本框"命令,在文档中手工绘制文本框;也可以选择"绘制竖排文本框"命令,进行手工绘制,此时的文本框中的文字也为竖排版。

选择"绘制文本框"或"绘制竖排文本框"命令后,鼠标变成十字标志,此时在文档中按下鼠标左键拖动鼠标,即可绘制文本框。

插入文本框后,Word 2010 的功能区将显示文本框的"格式"选项卡。

图 3-125 输入文本内容

文本框的设置与图形、图片的设置相同,也可以设置文本框样式、排列、阴影效果、三维效果等格式。

3.8 Word 2010 插入其他对象

3.8.1 插入页

Word 2010 中可以插入封面、空白页及分页符。

1. 插入封面

插入封面功能借助 Word 2010 提供的多种封面样式为文档插入风格各异的封面,无论当前插入点在什么位置,插入的封面总是位于文档的第一页。

打开 Word 2010 文档窗口,在"插入"选项卡的"页"组中单击"封面"下拉按钮,在弹出的下拉列表中选择合适的封面样式即可,如图 3 – 126 所示。如果要卸载封面,则选择"卸载当前封面"命令。

提示:

如果在文档中插入另一个封面,则替换插入的第一个封面。

2. 插入空白页

通过使用 Word 2010 插入空白页功能,在光标处插入一个空白页,而光标后的所有文档将位于空白页的下一页。

图 3 – 126 "封面"下拉列表

例如,在"课外活动"文档中将光标置于"一种教育活动,"后,在"插入"选项卡的"页"组中单击"空白页"按钮,将使后面的文字置于第二页,如图 3 – 127 所示。

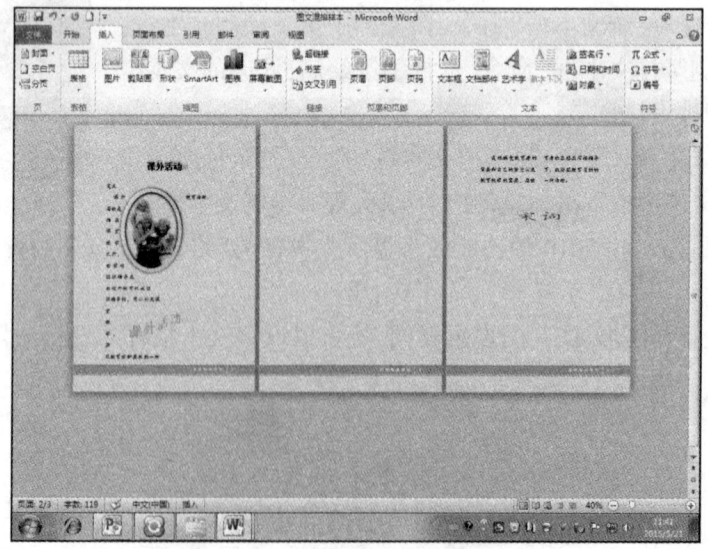

图 3 – 127 插入空白页后的效果

3. 插入分页

"插入分页"命令主要用于在光标当前位置插入下一个页面,并将光标后面的文档内容置于下一页。

以"课外活动"文档为例,将光标置于文档"一种教育活动,"文字后,在"插入"选项卡的"页"组中单击"分页"按钮,将后面的文字置于第二页。插入分页后的效果如图3-128所示。

图3-128 插入分页后的效果

若要卸载插入的页,只需要将光标定位于插入分页的位置,按【Del】键卸载分页符即可。

3.8.2 插入分节符

利用分节符可以将文档分为多个节,每个节可以设置不同的格式及版式,例如,不同的节可以设置不同的纸张方向、页眉/页脚、页码、页面边框等。要创建分节符,则将光标定位于文档中需要设置节的位置,在"页面布局"选项卡的"页面设置"组中单击"分隔符"下拉按钮,在弹出的下拉列表中分"分页符"和"分节符"两个组,如图3-129所示,选择"分节符"组中的某一个分节符类型就可以插入一个分节符。

若要查找已插入的分节符,则在"开始"选项卡的"编辑"组中单击"查找"下拉按钮,在弹出的下拉列表中选择"转到"命令,弹出"查找和替换"对话框,在"定位目标"列表中选择"节"命令,单击"前一处"或"下一处"按钮,查找文档中的分节符。

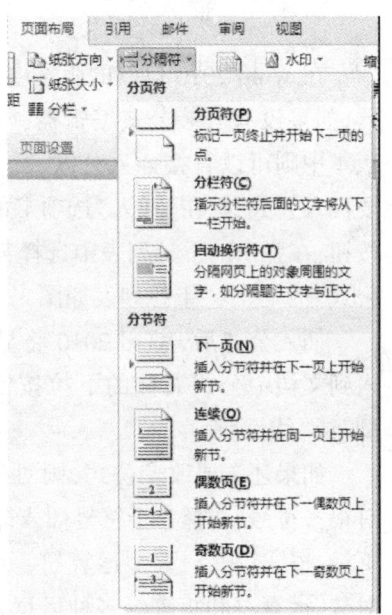

图3-129 "分隔符"下拉列表

3.8.3 插入页码与行号

1. 在文档中插入页码

在"插入"选项卡的"页眉和页脚"组中单击"页码"下拉按钮,在弹出的下拉列表中选择相应的命令为文档设置页码,如图 3-130 所示。

2. 在文档中插入行号

在"页面布局"选项卡的"页面设置"组中单击"行号"下拉按钮,在弹出的下拉列表中选择相应命令,如图 3-131 所示。

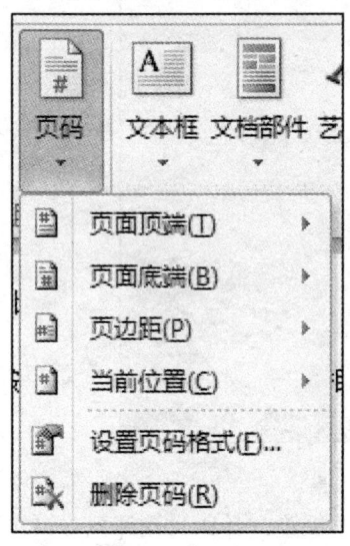

图 3-130 "页码"下拉列表

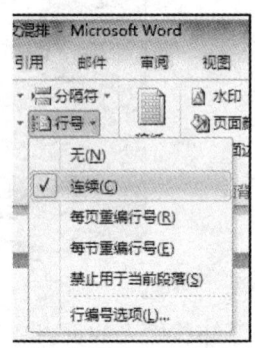

图 3-131 "行号"下拉列表

3.8.4 插入公式

在 Word 2010 以前的版本中,公式的编辑需要借助公式编辑器,如果没有安装公式编辑器,则无法输入公式。在 Word 2010 版本中则可以直接插入公式,并且公式的样式有多种选择。若要插入公式,则在"插入"选项卡的"符号"组中单击"公式"下拉按钮,在弹出的下拉列表中选择某一公式样式,例如,选择"二次公式"的"公式"下拉列表如图 3-132 所示。

插入公式后,Word 2010 将显示"设计"动态选项卡,单击插入到文档中公式右侧的下拉按钮,在弹出的列表中选择"专业型"或"线性"命令。

如果还需要改变公式,则对公式进行编辑。在"符号"组中有很多符号,选择一个符号插入即可。在"结构"组中有分数、上下标、根式、积分、大型运算符、分隔符、函数、导数符号、极数和对数、运算符和矩阵等多种运算方式,在每种运算方式下都有一个小箭头,用于打开一个下拉列表。例如,"函数"运算方式的下

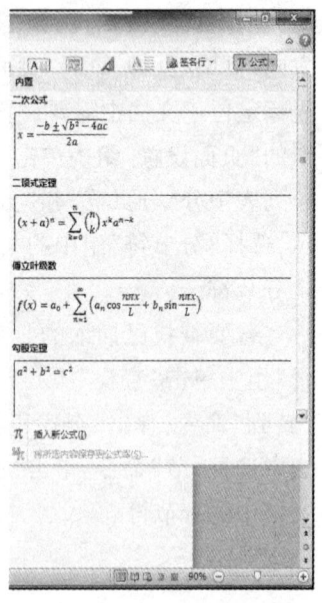

图 3-132 "公式"下拉列表

拉列表如图3-133所示。

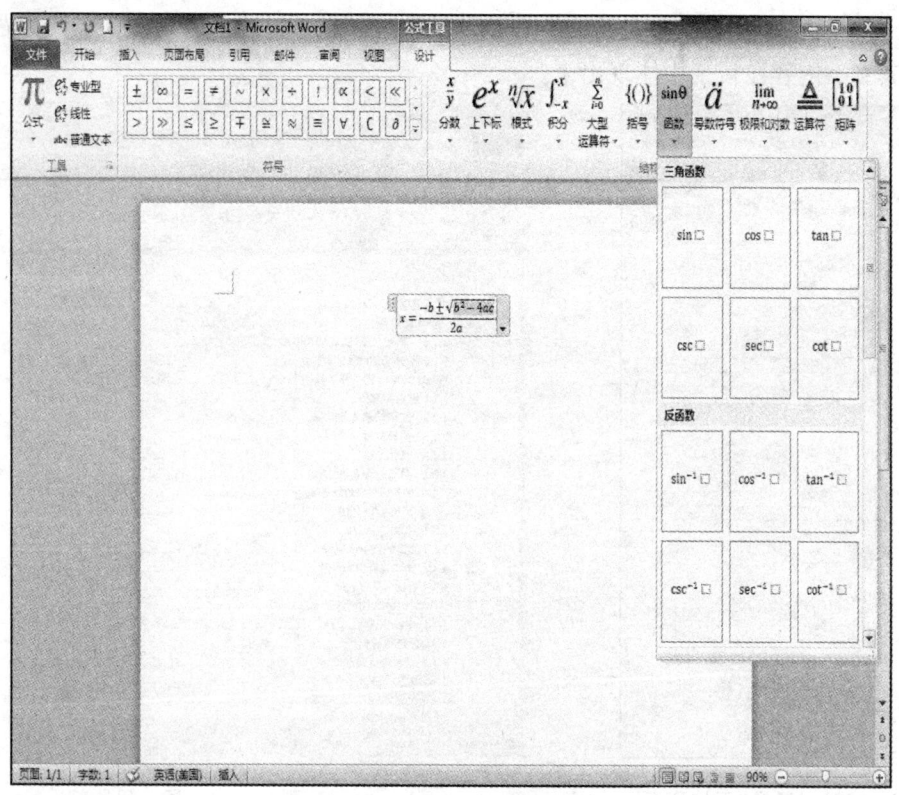

图3-133 "函数"运算方式的下拉列表

3.9 页面排版

3.9.1 目录的生成

目录通常是长文档不可缺少的部分,有了目录,用户可以很容易地了解文档内容,以及如何查找内容等。Word 2010提供了自动生成目录的功能,使目录的制作变得非常简便,当文档发生改变时,还可以利用更新目录的功能来适应文档的变化。

Word 2010一般利用标题或者大纲级别创建目录,因此在创建目录之前,应确定希望出现在目录中的标题应用了内置的标题样式(标题1到标题9),也可以应用包含大纲级别的样式或者自定义的样式。

1. 对长文档创建目录

若要插入目录,则先将光标定位于要插入目录的位置,在"引用"选项卡的"目录"组中单击"目录"下拉按钮,根据情况在弹出的下拉列表中有"手动目录""自动目录""插入目录"与"卸载目录"等命令,如图3-134所示。

"手动目录"命令会根据文章所占页插入目录,用户可以输入目录标题,效果如图3-

135 所示;"自动目录"则根据文档内设置为标题样式的文字内容插入目录,所以,若要采用自动插入目录的方式,必须要将相关的内容设置为"标题1""标题2""标题3"等标题样式,才能使其文字内容在目录中体现出来。

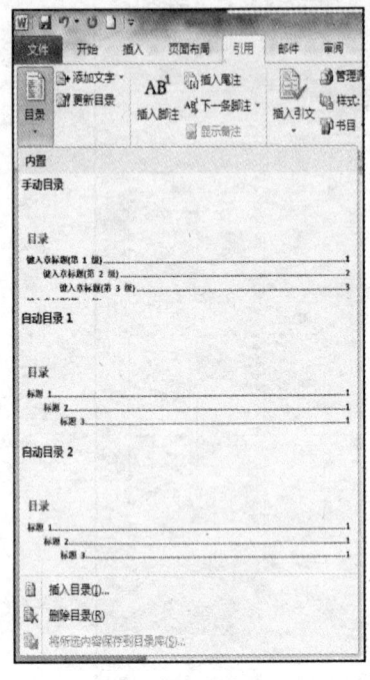

图 3-134 "目录"下拉列表

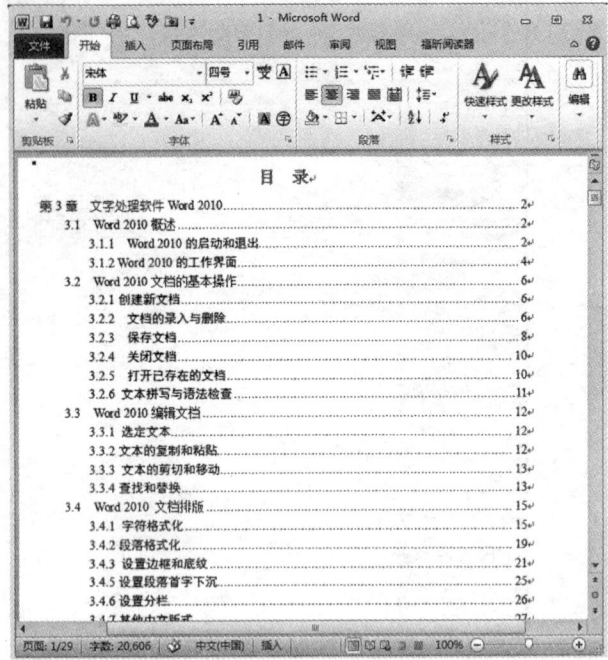

图 3-135 插入目录效果

若要设置插入目录的相关选项,则选择"插入目录"命令,弹出"目录"对话框,如图 3-136 所示,设置是否显示页码、制表符前导符号、显示标题的级别等内容。

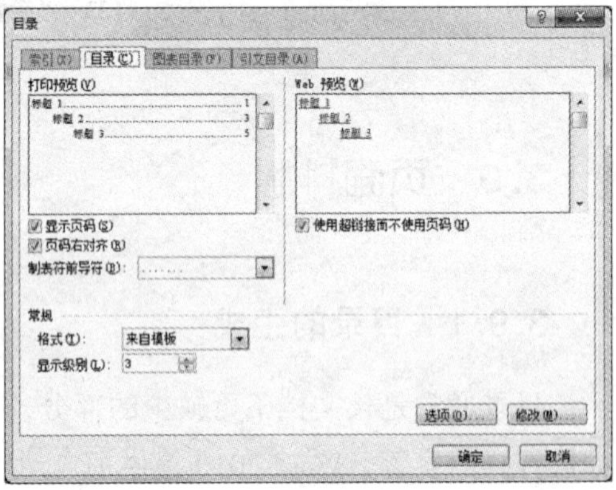

2. 更新目录内容与页码

Word 2010 创建的目录以文档的内容为依据,如果文档的内容发生了变化,例如,页码或者标题发生了变化,就要更新目录,使其与文档的内容保持一致。直接修改目录容易引起目录与文档的内容不一致。

图 3-136 "目录"对话框

在创建了目录后,若想改变目录的格式或者显示的标题等,则再次执行创建目录的操作,重新选择格式和显示级别等选项。执行完操作后,弹出一个对话框,询问是否要替换原来的目录,单击"是"按钮替换原来的目录即可。

如果只是想更新目录中的数据,以适应文档的变化,而不更改目录的格式等项目,则将鼠标定位于目录上,单击鼠标右键,在弹出的快捷菜单中选择"更新域"命令,弹出"更新目录"对话框,如图 3-137 所示,也可以选择目录后,按【F9】键更新域。

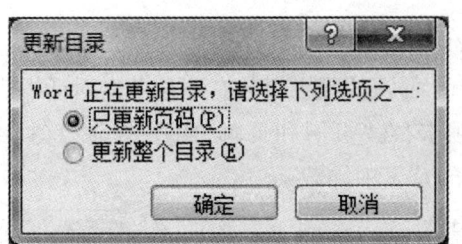

图3-137 "更新目录"对话框

提示：

目录中的文字也可以设置文字格式及段落格式。

3.9.2 设置页眉/页脚

页眉/页脚是文档中每个页面的顶部和底部的区域，可以在页眉/页脚中插入或更改文字或图形。例如，添加页码、时间和日期、公司徽标、文档标题、文件名称或作者姓名等。

1. 在整个文档中插入页眉和页脚

在"插入"选项卡的"页眉和页脚"组中单击"页眉"或"页脚"下拉按钮"页眉"下拉列表，在弹出的下拉列表中选择所需的页眉/页脚设计，页眉/页脚即被插入到文档的每一页中，如图3-138所示。插入页眉/页脚后，直接进入页眉/页脚的编辑状态，文档内容呈现灰色显示，可以根据需要对页眉和页脚的内容进行格式设置。若要关闭页眉/页脚的编辑状态，则在"设计"选项卡的"关闭"组中单击"关闭页眉和页脚"按钮，也可以直接在文档内容区域内双击鼠标来关闭页眉/页脚的编辑状态。

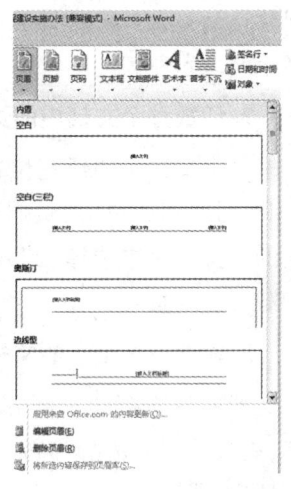

图3-138 "页眉"下拉列表

提示：

在"页眉"或"页脚"的样式列表中，有一些页眉/页脚适用于所有页，而有一些页眉/页脚适用于奇数页或是偶数页，对于区分奇数页或偶数页的页眉/页脚要单独设置。

2. 在页眉/页脚中插入文本或图形

在"插入"选项卡的"页眉和页脚"组中单击"页眉"或"页脚"下拉按钮，在弹出的下拉列表中选择"编辑页眉"或"编辑页脚"命令，进入页眉/页脚的编辑状态，插入文本或图形。

3. 将页眉/页脚保存到样式库中

要将创建的页眉/页脚保存到页眉/页脚样式库中，则先选择页眉/页脚中的文本或图形，在"插入"选项卡的"页眉和页脚"组中单击"页眉"或"页脚"下拉按钮，在弹出的下拉列表中选择"将选择的内容另存为页眉库"或"将选择的内容另存为页脚库"命令。

4. 更改页眉/页脚样式

在"插入"选项卡的"页眉和页脚"组中单击"页眉"或"页脚"下拉按钮，在弹出的下拉列表中选择内置的页眉/页脚样式，改变整个文档的页眉/页脚。

5. 卸载首页中的页眉/页脚

在"页面布局"选项卡的"页面设置"组的右下角单击对话框启动器,弹出"页面设置"对话框,然后单击"版式"选项卡,在"页眉和页脚"组中勾选"首页不同"复选框,如图 3-139 所示,页眉/页脚即从文档的首页中卸载。

6. 更改页眉/页脚的内容

在"插入"选项卡的"页眉和页脚"组中单击"页眉"或"页脚"下拉按钮,在弹出的下拉列表中选择"编辑页眉"或"编辑页脚"命令,选中文本进行修改,或者利用浮动工具栏上的选项来设置文本的格式,例如,更改字体、应用加粗格式或应用不同的字体颜色。

提示:

在页面视图中,可以在页眉/页脚与文档文本之间快速切换。只要双击灰色显示的页眉/页脚或灰色显示的文本即可。

7. 卸载整个文档中的页眉/页脚

单击文档中的任意位置,在"插入"选项卡的"页眉和页脚"组中单击"页眉"或"页脚"下拉按钮,在弹出的下拉列表中选择"卸载页眉"或"卸载页脚"命令卸载页眉或页脚。

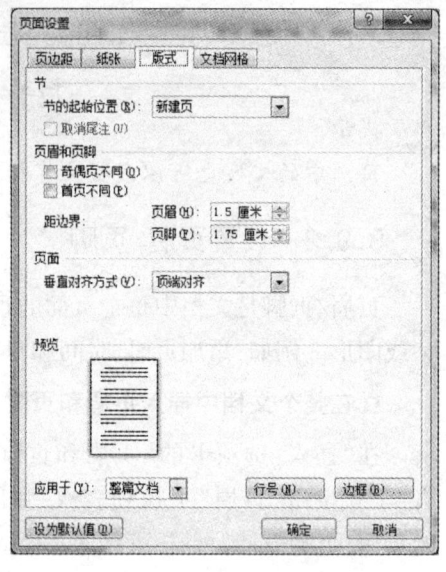

图 3-139 "页面设置"对话框

8. 在含有多个节的文档中使用页眉/页脚

若要在文档的一部分设置某些页面格式选项,例如,更改页眉和页脚等属性,需要创建节,然后,在每一节插入、更改和卸载不同的页眉/页脚;也可以在所有节中使用相同的页眉/页脚。在希望创建不同页眉/页脚的节内单击鼠标,在"插入"选项卡的"页眉和页脚"组中单击"页眉"或"页脚"下拉按钮,在弹出的下拉列表中选择"编辑页眉"或"编辑页脚"命令,在"页眉和页脚"浮动选项卡的"导航"组中单击"链接到前一条页

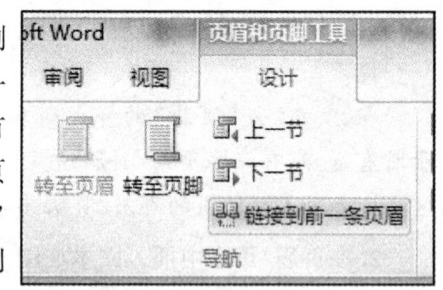

图 3-140 "链接到前一条页眉"按钮

眉"按钮,如图 3-140 所示,以便断开新节中的页眉/页脚与前一节中的页眉/页脚之间的链接。当 Word 2010 不在页眉/页脚的右上角显示"与上一节相同"信息时,即可更改本节的页眉/页脚,或者创建新的页眉/页脚,而不影响其他节的页眉/页脚设置。

9. 在文档的所有节中使用相同的页眉/页脚

双击要与前一节的页眉/页脚保持一致的页眉/页脚,在"页眉和页脚"选项卡的"导航"组中单击"上一节"或"下一节"按钮移动到要更改的页眉/页脚,然后单击"链接到前一条页眉"按钮,将当前节中的页眉/页脚重新链接到前一节中的页眉/页脚。此时,Word 2010 将询问是否卸载页眉/页脚,并连接到前一节的页眉/页脚,如图 3-141 所示,单击"是"按钮即可。

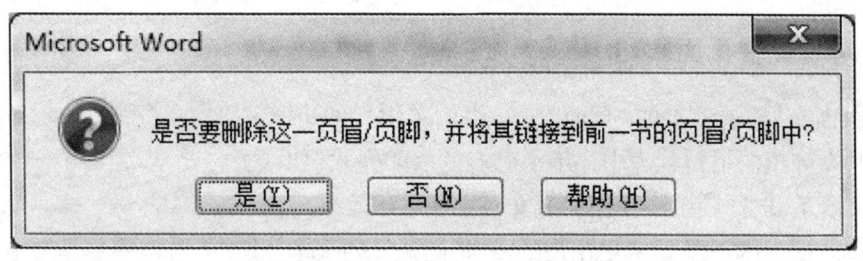

图 3-141　页眉/页脚链接对话框

10. 对奇偶页使用不同的页眉/页脚

奇偶页上有时需要使用不同的页眉/页脚，例如，奇数页的页眉使用文档标题，而在偶数页的页眉使用章节标题。

在"插入"选项卡的"页眉和页脚"组中单击"页眉"或"页脚"下拉按钮，在弹出的下拉列表中选择"编辑页眉"或"编辑页脚"命令，然后在"页眉和页脚"选项卡的"选项"组中勾选"奇偶页不同"复选框，如图 3-142 所示。

若有必要，则在"设计"选项卡的"导航"组中单击"前一节"或"后一节"按钮，移到奇数页或偶数页页眉/页脚区域中，在"奇数页页眉"或"奇数页页脚"区域中为奇数页创建页眉/页脚，在"偶数页页眉"或"偶数页页脚"区域中为偶数页创建页眉/页脚。

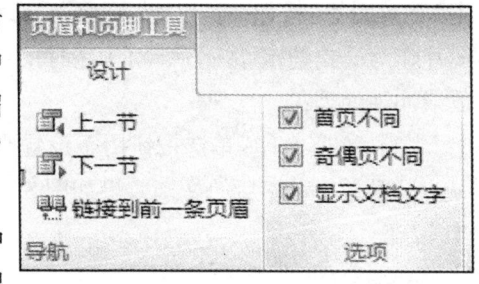

图 3-142　勾选"奇偶页不同"复选框

3.9.3　设置页面颜色

Word 2010 提供了强大的颜色配置功能，用户可以针对不同应用场景，制作专业美观的文档文档。在"页面布局"选项卡的"页面背景"组中单击"页面颜色"下拉按钮，在弹出的下拉列表中选择"无颜色""其他颜色"或者"填充效果"命令进行文档背景颜色的填充，如图 3-143 所示。

如果选择"填充效果"命令，则弹出"填充效果"对话框，可以选择渐变、纹理、图案、图片等多种方式进行页面背景的填充，如图 3-144 所示。

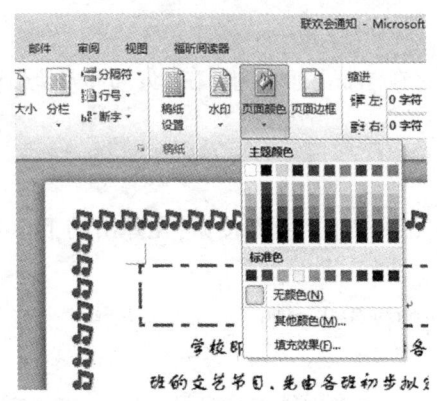

图 3-143　"页面颜色"下拉列表

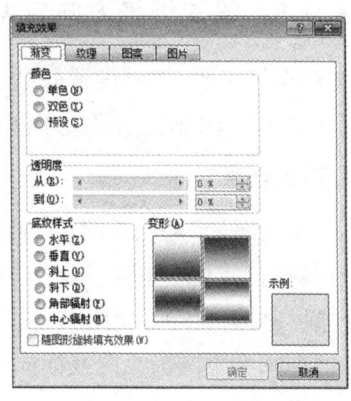

图 3-144　"填充效果"对话框

3.9.4 设置页面水印

在"页面布局"选项卡的"页面背景"组中单击"水印"下拉按钮,在弹出的下拉列表中显示了已有的水印样式,如图 3-145 所示,选择其中一种样式为文档添加水印效果。

若已有的水印样式不能满足用户的需求,则选择列表中的"自定义水印"命令,在弹出的"水印"对话框中进行参数设置,如图 3-146 所示。在"水印"对话框中有三个选项。

(1)"无水印"单选按钮用于取消已设置的水印;

(2)"图片水印"单选按钮用于设置图片水印效果,单击"选择图片"按钮,弹出"插入图片"对话框,选择相应的图片作为文档的水印图片。对于选择的图片还可以进行缩放或冲蚀处理;

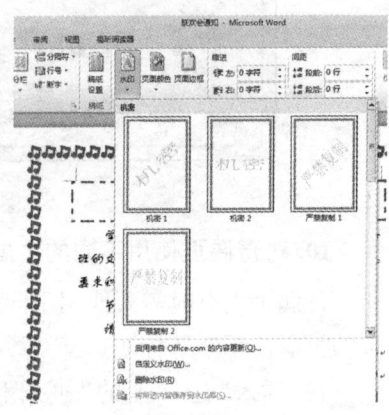

图 3-145 "水印"下拉列表

(3)"文字水印"单选按钮用于设置要显示的水印文字、字体、字号、颜色和版式等。

设置文字水印后的文档效果如图 3-147 所示。

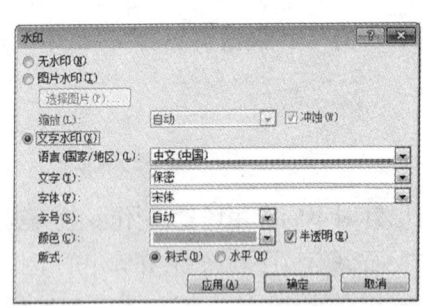

图 3-146 "水印"对话框

图 3-147 "水印"效果图

3.9.5 设置纸张方向与大小

文档在打印前,需要设置好纸张的方向与大小,在 Word 2010 中,在"页面布局"选项卡的"页面设置"组中设置纸张方向与大小。

1. 设置纸张方向

在"页面布局"选项卡的"页面设置"组中单击"纸张方向"下拉按钮,在弹出的下拉列表中选择"横向"或"纵向"命令。

在同一文档中同时使用纵向或横向的纸张方向的操作步骤如下:

(1)选择要更改为纵向或横向的页或段落;

(2)在"页面布局"选项卡的"页面设置"组中单击"页边距"下拉按钮,在弹出的下拉列表中选择"自定义边距"命令,弹出"页面设置"对话框;

(3)在"页面设置"对话框中单击"页边距"选项卡；

(4)在"纸张方向"组中单击"纵向"或"横向"图标；

(5)在"应用于"下拉列表中选择"所选文字"命令；

(6)单击"确定"按钮,关闭"页面设置"对话框。

如果选择将某页中的部分文本更改为纵向或横向,Word 2010 将所选文本放在文本所在节上,而将周围的文本放在其他节上。Word 2010 自动在具有新页面方向的文字前后插入分节符。如果文档已经分节,则可在节中单击鼠标左键(或选择多个节),只更改所选节的纸张方向。

2. 设置纸张大小

在"页面布局"选项卡的"页面布置"组中单击"纸张大小"下拉按钮,在弹出的下拉列表中可以选择已有的尺寸。若在列表中没有合适大小的纸张,则在列表中选择"其他页面设置"命令,弹出"页面设置"对话框,在"纸张"选项卡的"宽度"和"高度"文本框中输入要设定的纸张大小即可。如图 3-148 所示。

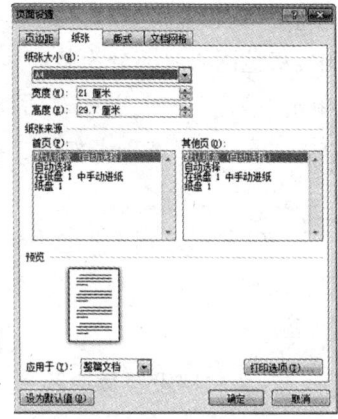

图 3-148 "纸张"选项卡

3.9.6 设置页边距

页边距是页面四周的空白区域,通常可以在页边距的可打印区域中插入文字和图形,也可以将某些项放在页边距中,例如,页眉、页脚和页码等,该功能集中在"页面布局"选项卡的"页面设置"组中,如图 3-149 所示。Word 2010 提供了一些页边距设置选项,用户可以使用默认(预定义设置)的页边距,也可以指定页边距,以满足不同的文档版面要求。

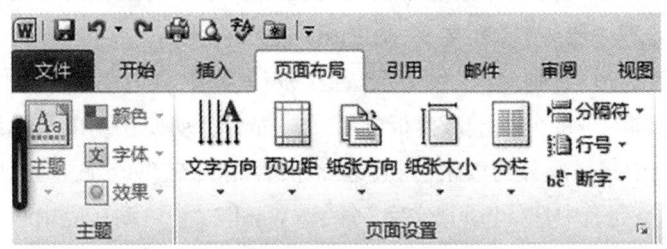

图 3-149 "页面布局"选项卡

1. 添加装订线边距

一些文档经常要在文档的两侧或顶部装订,因此需要在文档两侧或顶部添加额外的边距空间以便于进行装订。设置装订线边距能够确保不会因装订而遮住文字,其操作步骤如下。

(1)在"页面布局"选项卡的"页面设置"组中单击"页边距"下拉按钮,在弹出的下拉列表中选择"自定义边距"命令,弹出"页面设置"对话框,也可以单击"页面设置"组右下角的对话框启动器,弹出"页面设置"对话框。

(2)在"页边距"选项卡的"页码范围"组中单击"多页"下拉列表中设置页码范围,例如，选择"普通"命令。

（3）在"装订线"微调框中调整输入装订线边距的宽度，或者在文本框中输入装订线边距的宽度。

（4）在"装订线位置"下拉列表中选择"左"或"上"命令。设置相应参数后，在"预览"区域中显示了设置效果，其中，灰色网络线部分为装订线边距。完成各项参数设置后，单击"确定"按钮，关闭对话框。

"页边距"选项卡如图3-150所示。

提示：

在"页码范围"组中单击"对称页边距""拼页"或"折页"按钮时，"装订线位置"列表框不可用，自动确定装订线位置。

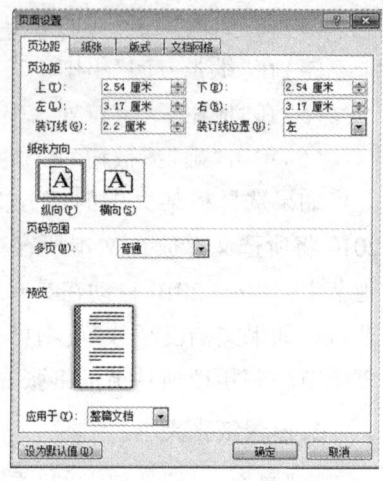

图3-150 "页边距"选项卡

2. 为文档设置页边距

在"页面布局"选项卡的"页面设置"组中单击"页边距"下拉按钮，在弹出的下拉列表中选择所需的页边距类型，整个文档会自动更改为已选择的页边距类型。

用户也可以指定页边距设置。在"页边距"下拉列表中选择"自定义边距"命令，弹出"页面设置"对话框，分别在"上""下""左"和"右"微调文本框中输入新的页边距值，完成页边距的设置。

在"多页"下拉列表中，除了"普通"类型外，还有"对称页边距""书籍折页"等类型。"对称页边距"类型主要用于双面文档（书籍或杂志），此时，左侧页的页边距是右侧页的页边距的镜像，即内侧页边距与外侧页边距等宽。"书籍折页"类型用于创建小册子，也可以创建菜单、请柬、活动计划或使用单独居中折页的文档。将文档设置为小册子之后，可以像处理其他文档一样处理小册子，插入文字、图形和其他可视元素。

若要更改默认页边距，则单击"设为默认值"按钮，新的页边距设置将作为默认设置保存在该文档使用的模板中，每个基于该模板的新文档都将自动使用新的页边距设置。

若要更改文档中某一部分的边距，则应选择相应文本，在"页边距"组中输入新的边距，然后，在"应用于"下拉列表中选择"所选文字"命令。Word 2010自动在应用新页边距设置的文字前后插入分节符。如果文档已经划分为若干节，则单击某个节或选择多个节后更改页边距。

提示：

由于大多数打印机无法打印到纸张边缘，因此需要设置最小页边距宽度。如果页边距设置得太窄，Word 2010会显示消息"有一处或多处页边距设在了页面的可打印区域之外"。若要防止文本丢失，则单击"调整"自动增加页边距宽度。如果忽略该消息并试图打印文档，Word 2010将显示另一条消息，询问是否继续打印。

3.9.7 打印预览

用户编辑并保存文档之后可以打印文档。在打印之前，单击控制菜单图标，在弹出的菜单中单击"打印"选项卡，在弹出的窗口的左侧任务窗格可以进行打印设置，在右侧窗格进行文档预览,如图 3-151 所示。

图 3-151 "打印"选项卡

"打印"选项卡的设置项目如下。

(1)打印页面范围:设置打印整个文档还是当前页面或者某个范围的文档。

(2)打印份数:文档需要打印的数量。

(3)是否在一张纸上打印多版:即每页打印的版数。如果要打印的是一份非正式文档,可以选择在一张纸上打印多页内容的方式,以提高纸张的利用率。

(4)是否需要双面打印:选择双面打印。

(5)按纸张大小缩放要打印的文档:在列表中选择要使用的纸张大小。

在"打印"选项卡中单击"打印机属性"按钮,弹出"打印机属性"对话框进行相关的打印设置。

3.10 Word 2010 的其他功能

3.10.1 标尺的使用

单击水平标尺左边的小方块,可以设置制表位的对齐方式,例如,左对齐式、居中式、右对齐式、小数点对齐式、竖线对齐式的方式和首行缩进、悬挂缩进循环设置。

拖动水平标尺上的三个游标,可以快速设置段落(选定,或光标所在段落)的左缩进、右缩进和首行缩进。

拖动水平和垂直标尺的边界,可以方便地设置页边距,如果同时按下【Alt】键,可以显示出具体的页面长度。

双击分节符将显示"页面设置"对话框的"版面"选项卡,双击水平标尺上的任意一个游标将弹出"段落"对话框,双击标尺的数字区域将弹出"页面设置"对话框。

3.10.2 创建信封

Word 2010 提供了创建信封功能,下面以中文信为例,介绍创建信封的操作步骤。

(1)在"邮件"选项卡的"创建"组中单击"中文信封"按钮,弹出"信封制作向导"对话框,如图 3-152 所示。

(2)单击"下一步"按钮,弹出如图 3-153 所示的对话框,确定信封格式,并对各个复选框内容进行选择。

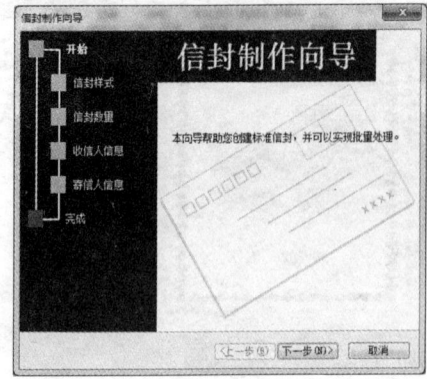

图3-152 "信封制作向导"对话框

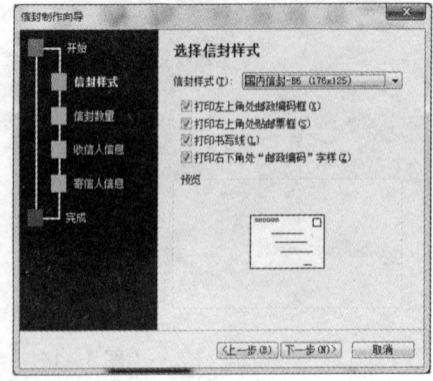

图3-153 "选择信封样式"对话框

（3）单击"下一步"按钮，弹出如图3-154所示的对话框，确定收件人信息为手工输入还是来自于Excel 2010等文件。

（4）单击"下一步"按钮，弹出如图3-155所示的对话框，若收信人信息为手工输入方式，则依次输入相应内容。

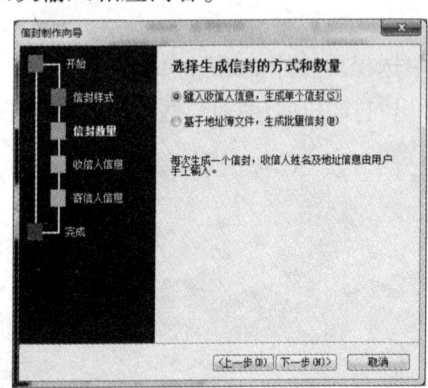

图3-154 "选择生成信封的方式和数量"对话框

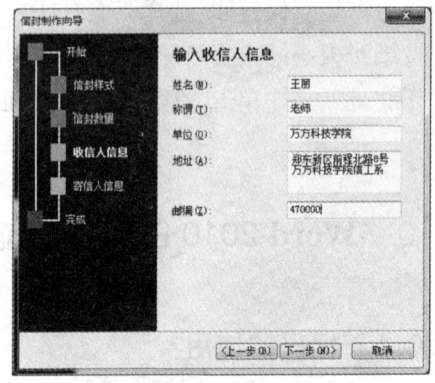

图3-155 "输入收信人信息"对话框

（5）单击"下一步"按钮，弹出如图3-156所示的对话框，输入发信人各项信息。

（6）单击"下一步"按钮，弹出如图3-157所示的对话框，单击"完成"按钮，完成信封的创建。Word 2010将生成一个新的文档，并显示创建的信封内容，如图3-158所示。

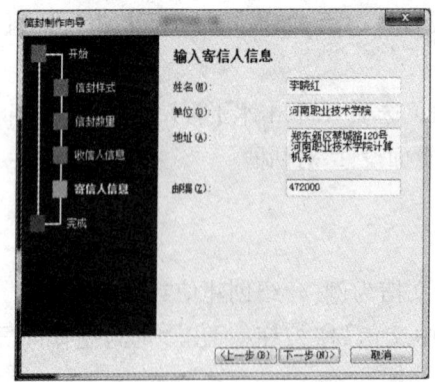

图3-156 "输入寄信人信息"对话框

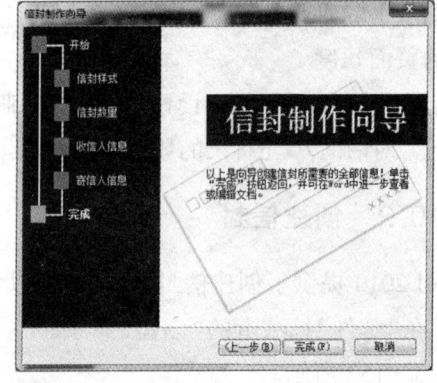

图3-157 完成信封的创建

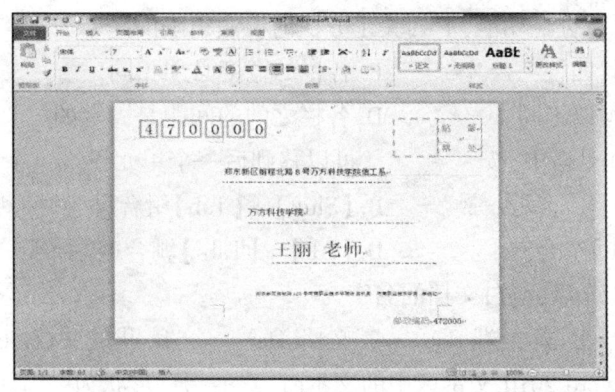

图 3-158 创建的信封内容

3.10.3 稿纸功能

在 Word 2010 中提供了稿纸功能,稿纸设置的操作步骤如下:

(1)在"页面布局"选项卡的"稿纸"组中单击"稿纸设置"命令,弹出"稿纸设置"对话框,如图 3-159 所示;

(2)单击"格式"下拉按钮,在弹出的下拉列表中选择"方格式稿纸"命令,并设置行数、列数及网络颜色等;

(3)单击"确定"按钮,关闭对话框。

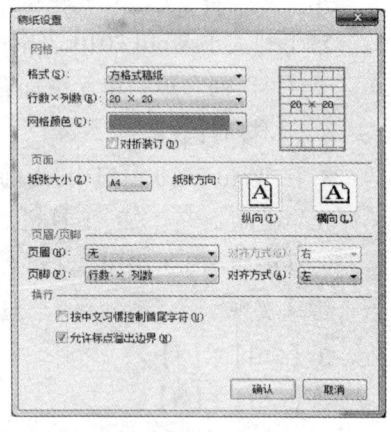

图 3-159 "稿纸设置"对话框

登陆后微信扫一扫
初识 Word2010(二)

登陆后微信扫一扫
个人简历的制作

习 题

一、选择题

1. Word 2010 中的换行符是通过_____完成的。

A. 插入分页符　　B. 插入分节符　　C. 按【Enter】键　　D. 按【Shift】+【Enter】组合健

2. 在 Word 2010 的编辑状态下,文档中有一行被选择,当按【Delete】或【Del】键后_____。

A. 卸载插入点所在行　　　　　　B. 卸载被选择的一行

C. 卸载被选择行及其之后的内容　　D. 卸载插入点及其前后的内容

3. Word 2010 具有分栏功能，下列关于分栏的说法正确的是_____。
   A. 最多可以设置四栏　　　　　　B. 各栏的宽度必须相同
   C. 各栏的宽度可以不同　　　　　D. 各栏之间的间距是固定的

4. 在 Word 2010 表格中，按_____，可以移到后一个单元格。
   A.【Tab】键　　　　　　　　　　B.【Shift】+【Tab】组合键
   C.【Ctrl】+【Tab】组合键　　　　D.【Alt】+【Tab】绑合键

5. 启动 Word 2010 后，空白文档的名字为_____。
   A. 文档1.doc　　B. 新文档.doc　　C. 文档.Doc　　D. 我的文档.doc

6. 当鼠标经过 Word 2010 文本区中的文本时，它的指针形状为_____。
   A. I 型　　　　　B. 沙漏型　　　　C. 箭头　　　　　D. 手型

7. 下列关于 Word 2010 表格中的拆分操作，正确的是_____。
   A. 对行、列和单一单元格均有效　　B. 只对行有效
   C. 只对列有效　　　　　　　　　　D. 只对单一单元格有效

8. 在 Word 2010 窗口中，当前文档的页码、总页数、光标位置等信息显示在_____上。
   A. 标题栏　　　　B. 工具栏　　　　C. 状态栏　　　　D. 任务栏

9. 在编辑 Word 2010 文档时，要保存正在编辑的文件但不关闭或退出，可以按_____组合键来实现。
   A.【Ctrl】+【S】　　　　　　　　B.【Ctrl】+【V】
   C.【Ctrl】+【N】　　　　　　　　D.【Ctrl】+【O】

10. Word 2010 中的"页眉和页脚"命令包含在_____选项卡中。
    A."视图"　　　　B."插入"　　　　C."编辑"　　　　D."格式"

二、判断题

1. 在 Word 2010 中，选定整个表格后，按【Del】键，可以卸载整个表格。（　　）

2. 在 Word 2010 中，剪切的快捷键是【Ctrl】+【X】组合键。（　　）

3. 在 Word 2010 中，复制的快捷键是【Ctrl】+【V】组合键。（　　）

4. 在 Word 2010 中，选定整个表格后按【Del】键可以卸载整个表格的内容。（　　）

5. 在 Word 2010 中，粘贴的快捷键是【Ctrl】+【C】组合键。（　　）

6. 在 Word 2010 中，撤销的快捷键是【Ctrl】+【Z】组合键。（　　）

7. 在 Word 2010 中，调整文本行间距应在"开始"选项卡中"段落"组中单击"行和段落间距"按钮。（　　）

8. Word 2010 中，文本框的文字环绕方式只有两种。（　　）

9. 在 Word 2010 中，选定多个连续的单元格，可以按【Shift】键的同时选定单元格。（　　）

10. 在 Word 2010 中，选定多个不连续的单元格，可以按【Ctrl】键的同时选定单元格。（　　）

三、操作题

1. 结合个人班级中所用的课程表,应用所学的表格知识,设计出美观实用的班级课程表。

2. 利用图文混排技术,制作精美的电子小报。

第 4 章 回归简单——电子表格软件 Excel 2010

本章概述

本章主要介绍了电子表格软件 Excel 2010 的基本使用方法，以完成数据的录入，实现数据的计算、排序、筛选、图表插入，以及表格的美化操作。

教学目标

◇掌握 Excel 2010 的启动与退出方法，了解 Excel 2010 的工作界面，明确工作簿与工作表的关系，掌握其创建方法。
◇掌握 Excel 2010 中工作表的相关操作，熟练使用自动填充序列功能。
◇能够按要求对工作表进行格式化，灵活应用自动套用格式及样式。
◇能灵活使用公式，掌握常用函数的使用方法，了解三种地址的引用方法。
◇掌握数据表的排序、筛选、分类汇总操作，了解数据透视表的使用。
◇掌握图表的插入及格式化方法。

4.1 Excel 2010 基本操作

4.1.1 Excel 2010 启动与退出

登陆后微信扫一扫
认识 Excel 2010

1. Excel 2010 启动

启动 Excel 2010 一般有以下四种方法。

（1）在屏幕左下角单击"开始"按钮，在弹出的菜单中选择"程序｜Microsoft Office｜Microsoft Office Excel 2010"命令。

（2）在"计算机"或 Windows 资源管理器窗口中双击工作簿文件的图标，打开该工作簿文件，同时启动 Excel 2010。

（3）在桌面上双击 Excel 2010 的快捷图标，启动 Excel 2010，同时建立一个新的工作簿。

（4）在"启动"文件夹中添加 Excel 2010 的快捷方式，则每次启动 Windows 7 时自动启动

Excel 2010,同时建立一个新的工作簿。

2. 退出 Excel 2010

退出 Excel 2010 有以下四种方法。

(1) 单击 Excel 2010 窗口右上角的关闭按钮。

(2) 双击 Excel 2010 窗口左上角的 Office 按钮。

(3) 移动鼠标指针至标题栏处,单击鼠标右键,在弹出的快捷菜单中选择"关闭"命令。

(4) 单击 Excel 2010 窗口左上角的 Office 按钮,在弹出的快捷菜单中单击"退出 Excel"按钮。

4.1.2　Excel 2010 的工作界面

启动 Excel 2010 后打开工作界面,Excel 2010 工作界面的组成部分,如图 4-1 所示。

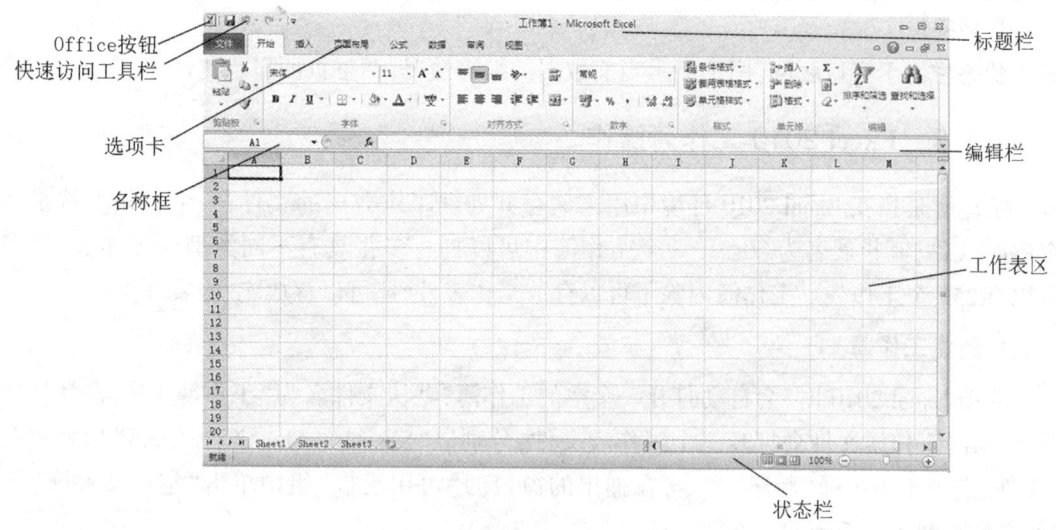

图 4-1　Excel 2010 工作界面

1. Office 按钮

单击 Office 按钮,在弹出的菜单中显示了 Excel 2010 的一些基本功能,包括"新建""打开""保存""另存为""打印""准备""发送""发布"和"关闭"等命令。

2. 快速访问工具栏

快速访问工具栏是一些编辑表格时常用的工具按钮,默认情况下只有保存、撤销和恢复三个按钮。如果需要在快速访问工具栏中添加其他选项,则单击其右侧的"自定义快速访问工具栏"按钮,在弹出的菜单中选择需要的命令,可将其图标添加到快速访问工具栏中。

3. 标题栏

标题栏位于界面的最上端,用于标识程序名及文件名,其中,"Microsoft Excel"为程序名,"工作簿1"为文件名。标题栏右侧的三个控制按钮对窗口进行控制操作,分别为最小化按钮、最大化/还原按钮、关闭按钮。

4. 选项卡

选项卡包含着 Excel 2010 的所有操作命令,分别为"开始""插入""页面布局""公式""数据""审阅""视图"等选项卡。

5. 名称框和编辑栏

名称框用于指示当前选定的单元格、图表项或绘图对象,编辑栏用于显示和编辑当前活动单元格中的数据或公式。单击"取消"按钮取消输入的内容,单击"输入"按钮确定输入的内容,单击"插入函数"按钮插入函数。

6. 工作表区

工作表区由行号、列标、工作表标签组成,用于输入数据,是最直观显示所有输入内容的区域。

7. 状态栏

状态栏位于窗口底部,用于显示当前数据的编辑情况,调整页面显示比例。

4.1.3　Excel 2010 工作簿操作

工作簿是指在 Excel 2010 环境中用来储存并处理工作数据的文件,一个工作簿就是一个Excel文件,其扩展名为.xlsx。一个工作簿中可以拥有多张具有不同类型的工作表,最多可以有 255 个工作表。工作簿内除了可以存放工作表外,还可以存放宏、图表等。

1. 新建工作簿

启动 Excel 2010 时,会自动打开一个空的工作簿,默认文件名为"工作簿1"。在默认情况下,新的工作簿文件会打开三个工作表文件,分别以"Sheet1""Sheet2""Sheet3"命名。在"文件"选项卡中选择"新建"命令,在弹出的窗口的"可用模板"组中单击"空白文件簿"图标,也可以创建一个新的工作簿文件。

2. 打开已经存在的工作簿

在"文件"选项卡中选择"新建|打开"命令,弹出"打开"对话框,在"文档库"中选择要打开的文件,单击"确定"按钮,打开文件已经存在的工作簿。

3. 保存工作簿

在"文件"选项卡中选择"保存"命令或者在工具栏中单击"保存"按钮,弹出"另存为"对话框,设置文件存储路径,并在"文件名"文本框中输入文件名称,在"保存类型"下拉列表中选择文件扩展名单击"保存"按钮即可,Excel 将默认其扩展名为.xlsx。

4. 关闭工作簿

单击菜单右上角的"关闭"按钮,或者移动光标,在窗口左上角的 Office 按钮中选择"关闭"命令,关闭工作簿。

4.2 工作表的建立与编辑

建立工作表是 Excel 最基本的操作之一,通过本节的学习,熟练地掌握工作表建立的全过程。

4.2.1 单元格选定

单元格是表格中行与列的交叉部分,是组成表格的最小单位,单个数据的输入和修改都是在单元格中进行的。单元格按所在的行列位置来命名,例如,地址"B5"指的是 B 列与第五行交叉位置上的单元格。

输入单元格数据必须激活单元格。在任何时候,工作表中有且仅有一个单元格是激活的,在单元格上单击鼠标时,单元格被粗边框包围,此时可以在该单元格中输入数据。

单元格的选取是单元格的常用操作之一,包括单个单元格选取、多个连续单元格选取和多个不连续单元格选取。

1. 选取单个单元格

只要单击某个单元格,就选定了该单元格,并可以对其进行操作。除此以外,还可以使用键盘设置活动单元格。使用方向键可以选定原来单元格的上、下、左、右相邻的单元格。

2. 选取多个连续单元格

选取多个连续单元格有两种方法:

(1)单击准备选定区域的左上角单元格,按住鼠标左键拖动到区域的右下角,释放鼠标;

(2)单击准备选定区域的左上角单元格,在按住【Shift】键的同时单击准备选定区域的右下角单元格。

单击相应的行号或列号即可选定一行(列)。

3. 选定多个不连续的单元格或单元格区域

选定一个单元格或单元格区域,然后按住【Ctrl】键,再选取另外的单元格或单元格区域。

4.2.2 输入数据

在 Excel 2010 工作表的单元格中,可以使用两种最基本的数据格式,即常数和公式。常数包括文字、数字、日期和时间等数据,还包括逻辑值和错误值,每种数据都有特定的格式和输入方法。下面介绍在 Excel 2010 中输入各种类型数据的方法和技巧。

1. 输入文本

Excel 2010 单元格中的文本包括字母、数字、空格和非数字字符的组合,每个单元格中最多可容纳 32 000 个字符。当输入数字作为文本型数据时,需要在加单引号或双引号,文本型数字在单元格内自动左对齐。

虽然在 Excel 2010 中输入文本和在其他应用程序中没有什么本质区别,但是还是有一些差异。例如,在 Word 2010 的表格中,在单元格中输入文本后,按【Enter】键表示一个段落的结束,光标会自动移到本单元格下一个段落的开头,而在 Excel 2010 的单元格中输入文本时,按【Enter】键表示结束当前单元格的输入,光标会自动移到当前单元格的下一个单元格。如果在单元格中分行,则必须在单元格中输入硬回车,即在按住【Alt】键的同时按【Enter】键。

2. 输入分数

在文档中,通常用"分子/分母"格式表示分数,在 Excel 2010 中用斜杠来区分日期的年月日。例如,在单元格中输入"1/2",按【Enter】键则显示"1 月 2 日"。为了避免将输入的分数与日期混淆,在单元格中输入分数时,要在分数前输入"0",并且在"0"和分子之间加入一个空格,例如,在输入 1/2 时,应该输入"01/2"。如果在单元格中输入"81/2",则在单元格中显示"81/2",而在编辑栏中显示"8.5"。

3. 输入负数

在单元格中输入负数时,可以在负数前输入"页号"作为标识,也可以将数字放在( )内标识。例如,在单元格中输入"(88)",按一下【Enter】键,则会自动显示"-88"。

4. 输入小数

在输入小数时,可以像平常一样使用小数点,也可以利用逗号分隔千位、百万位等,当输入带有逗号的数字时,逗号在编辑栏上并不显示,而只在单元格中显示。

5. 输入货币值

Excel 2010 几乎支持所有的货币值,例如,人民币(¥)、英镑(£)等,用户可以很方便地在单元格中输入各种货币值,Excel 2010 会自动套用货币格式,在单元格中显示出来。如果要输入人民币符号,可以按住【Alt】键的同时在数字小键盘上按"0165"。

6. 输入日期

Excel 2010 将日期和时间作为数字处理,它能够识别出大部分用普通表示方法输入的日期和时间格式。Excel 2010 可以用多种格式输入一个日期,用斜杠"/"或者"-"分隔日期中的年、月、日部分。例如,要输入"2009 年 12 月 1 日",可以在单元格中输入"2009/12/1"或者"2009-12-1"。如果要在单元格中插入当前日期,可以按【Ctrl】+【;】组合键。

7. 输入时间

在 Excel 2010 中输入时间时,可以按 24 小时制输入,也可以按 12 小时制输入,两种输入的表示方法是不同的。例如,要输入下午 2 时 30 分 38 秒,用 24 小时制的输入格式为"2:30:38",而用 12 小时制输入时间格式为"2:30:38 P",注意,字母"P"和时间之间有一个空格。如果要在单元格中插入当前时间,则按【Ctrl】+【Shift】+【;】组合键。

4.2.3 自动填充数据

当表格中的行(列)的部分数据形成一个序列时可以使用 Excel 2010 提供的自动填充功能快速填充数据。序列的行(列)数据有一个相同的变化趋势。例如,数字 2、4、6、8…,时间 1 月 1 日、2 月 1 日…。

大多数序列可以使用填充句柄来自动填充,如图 4-2 所示。句柄是位于当前活动单元格右下方的黑色方块,可以用鼠标拖动并进行自动填充。

自动填充数据的具体操作方法如下：
(1) 在单元格 A1 中输入"1月1日"；
(2) 将鼠标指向填充句柄，鼠标变成一个黑色的十字；
(3) 按住鼠标左键，向下拖动鼠标到 A7 单元格，释放鼠标，结果如图 4-3 所示；

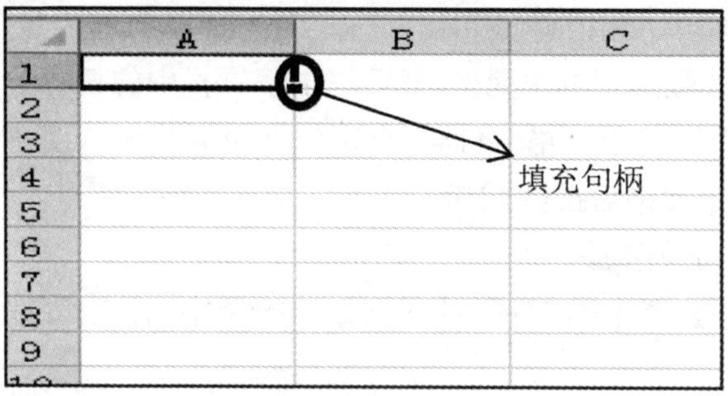

图 4-2　填充句柄 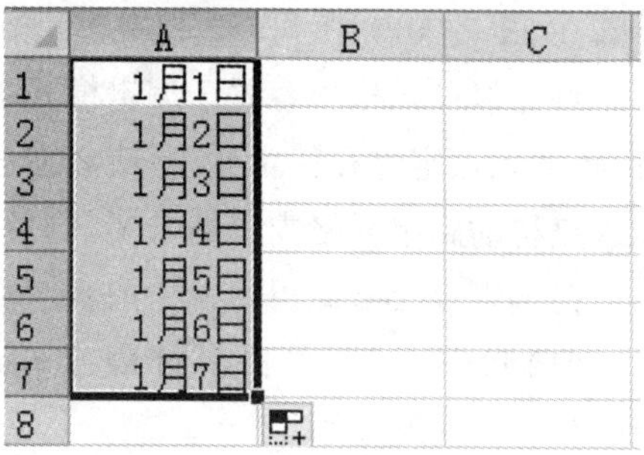　　　　　　　　图 4-3　自动填充结果

(4) 仍然选择 A1 单元格，将鼠标指向填充句柄，按住鼠标左键，拖动填充句柄到 D1 处释放鼠标。

(5) 单击"自动填充选项"右侧的下拉按钮，在弹出的下拉菜单选择"以月填充"命令，如图 4-4 所示。此时，从 A1 到 D1 分别填充"1月1日、2月1日…"，如图 4-5 所示。

图 4-4　"自动填充"下拉菜单

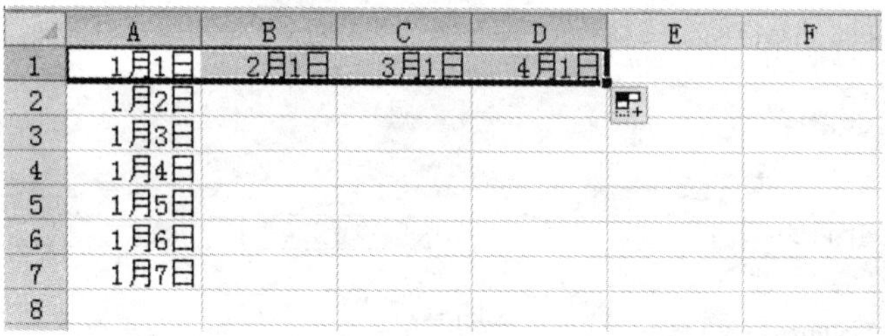

图 4-5　"以月填充"命令效果

用户也可以添加一个新的自动填充序列，具体操作步骤如下：
(1) 单击"文件"选项卡，在弹出的菜单中选择"选项"命令，弹出"Excel 选项"对话框；
(2) 单击左侧的"高级"选项卡，然后单击右侧"常规"下面的"编辑自定义列表"按钮，弹出"自定义序列"对话框；
(3) 在"输入序列"下方输入要创建的自动填充序列；

(4)单击"添加"按钮,新的自定义填充序列出现在左侧"自定义序列"列表的最下方;

(5)单击"确定"按钮,关闭对话框。

4.2.4 单元格编辑

在 Excel 2010 中,可以直接在单元格中编辑单元格内容,也可以在编辑栏中编辑单元格内容。

首先将单元格内容置于编辑模式下,单击要编辑的单元格,然后单击编辑栏中的任意位置,将插入点定位在编辑栏中;或者双击要编辑的单元格,将插入点定位在单元格中。要将插入点移动到单元格内容的末尾,则单击该单元格后按【F2】键。

在编辑模式下编辑单元格内容,执行下列操作之一。

(1)卸载字符:单击要卸载字符的位置,按【Backspace】键,或者选择字符,然后按【Del】键。

(2)插入字符:单击要插入字符的位置,并输入新字符。

(3)替换特定字符:选择要替换的字符,并输入新字符。按【Insert】键打开改写模式,输入时新字符将替换原有字符。但是只有处于编辑模式时,才可以打开或关闭改写模式。当改写模式处于打开状态时,插入点右侧的字符会在编辑栏中凸出显示,在输入时会覆盖该字符。

若要在单元格中特定的位置开始新的文本行,则在断行的位置单击鼠标,并按【Alt】+【Enter】组合键。

4.2.5 单元格内容的查找和替换

查找与替换是编辑处理过程中经常执行的操作,在 Excel 2010 中除了可以查找和替换文字外,还可以查找和替换公式、附注。

当需要重新查看或修改工作表中的某一部分内容时,可以查找和替换指定的任何数值,包括文本、数字、日期,或者查找公式和附注。

执行查找操作的步骤如下。

(1)在"开始"选项卡的"编辑"组中单击"查找和选择"按钮,在弹出的下拉列表中选择"查找"命令,弹出"查找和替换"对话框,如图 4-6 所示。

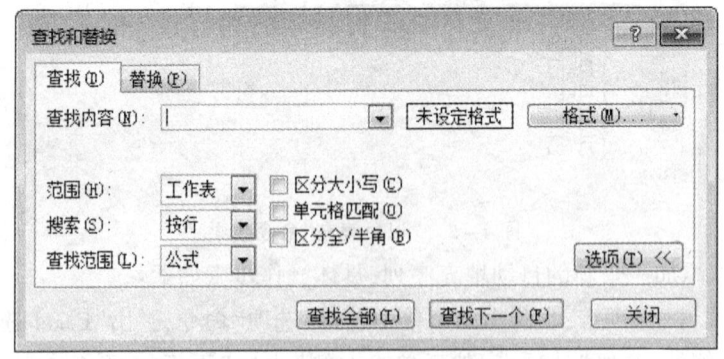

图 4-6 "查找和选择"对话框

(2)在"查找内容"下拉列表中输入要查找的字符串,然后在"搜索"下拉列表中选择搜索方式,在"查找范围"下拉列表中指定搜索范围,单击"查找下一个"按钮,开始查找工作。当 Excel 2010 找到一个匹配的内容后,单元格指针会指向该单元格。

(3)单击"替换"选项卡,在"替换为"文本框中输入要替换的内容,单击"替换"按钮,替换目标字符串;若不想替换找到的字符串,则单击"查找下一个"按钮;若需要将所有被找到的字符串换成新字符串,则单击"全部替换"按钮,所有目标字符串都被新的字符串所取代。

4.2.6 工作表的编辑

1. 插入多个工作表

用户可以一次在工作簿中插入多个工作表,最多为工作簿中现有的工作表数量。若在工作簿中添加多个工作表,可以按【Shift】键选择多个工作表,然后使用插入工作表命令。

例如,要一次插入三个工作表,可以按【Shift】键选择三个工作表,单击鼠标右键,在弹出的快捷菜单中选择"插入"命令,三个新的工作表将插入到活动工作表的左侧。按【Shift】+【F11】组合键可以在工作簿中快速插入新工作表

2. 在工作表间复制数据

若在某工作表中输入了数据,可以快速地将这些数据复制到其他工作表相应的单元格中。

(1)选定包含待复制数据的工作表和接收复制数据的工作表。

(2)选定待复制数据的单元格区域。

(3)在"开始"选项卡的"编辑"组中单击"填充"下拉按钮,在弹出的下拉列表中选择"成组工作表"命令。

3. 卸载多个工作表

按住【Shift】键或【Ctrl】键并配以鼠标操作,在工作簿底部选择多个工作表标签,单击鼠标右键,在弹出的快捷菜单中选择"卸载"命令,同时卸载多个工作表。

4. 复制整张工作表的内容

打开目标工作簿,切换到包含待复制工作表的源工作簿,在该工作表的标签上单击鼠标右键,在弹出的快捷菜单中选择"移动或复制"命令,勾选"建立副本"复选框(如果没有勾选复选框,该工作表将被移动,而非复制),单击"确定"按钮。

4.3 格式化工作表

控制工作表数据外观的信息称为格式化。在应用中可以通过改变工作表上单元格的格式来突出重要的信息,使得整个工作表数据具有整体可读性。

4.3.1 设置单元格格式

要对单元格或区域进行格式设置,可以先选中需要格式化的单元格或区域,单击鼠标右

键,在弹出的快捷菜单中选择"设置单元格格式"命令,弹出"设置单元格格式"对话框,如图4-7所示,在该对话框中设置有关的信息。

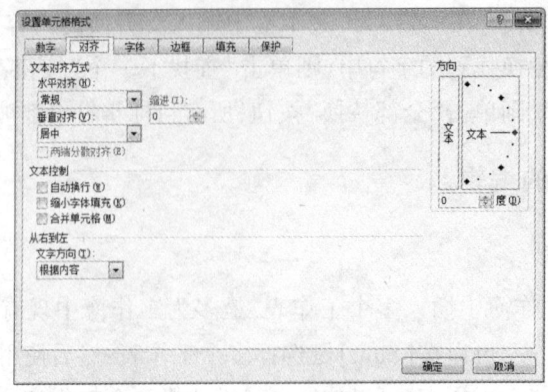

图4-7 "设置单元格格式"对话框

1. "数字"选项卡

该选项卡用于设置各种类型数字(包括日期和时间)的显示格式。Excel 2010 使用多种方式显示数字,包括数字、时间、分数、货币、会计和科学记数等格式。

2. "对齐"选项卡

该选项卡用于设置单元格或区域内的数据值的对齐方式。在缺省情况下,文本为左对齐,而数字则为右对齐。在选项卡的"文本对齐方式"组中可以设置"水平对齐"(常规、靠左、居中、靠右、填充、两端对齐、分散对齐和跨列居中)和"垂直对齐"(靠上、居中、靠下、两端对齐和分散对齐)对齐方式。

在"方向"组中可以直观地设置文本按某一角度方向显示。

3. "字体"选项卡

该选项卡对字体(宋体、黑体等)、字形(加粗、倾斜等)、字号(大小)、颜色、下划线、特殊效果(上标、下标等)格式进行定义。

4. "边框"选项卡

该选项卡用于定义单元格边框(对于区域,则有外边框和内边框之分)的线型、颜色等。

5. "保护"选项卡

该选项卡可以保护单元格,主要用于锁定单元格和隐藏公式,但必须在保护工作表的情况下才有效。

在"开始"选项卡中的"字体""对齐方式"或"数字"等组中单击相对应的命令也可以实现单元格格式的设置。"开始"选项卡如图4-8所示。

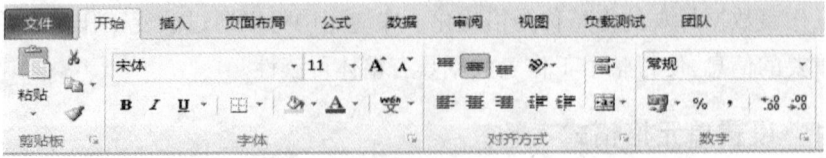

图4-8 "开始"选项卡

4.3.2 行高和列宽的调整

在新建的工作簿中,工作表的行和列采用缺省值,即标准行高和标准列宽。如果输入或生成的数据比较大,超出了标准的高度和宽度,则需要对行高和列宽进行调整。

1. 使用菜单命令设置行高和列宽

选定要调整高度(宽度)的行(列),单击鼠标右键,在弹出的快捷菜单中选择"行高"("列宽")命令,在弹出的"行高"("列宽")对话框中输入所需要的行高(列宽),单击"确定"按钮。

2. 鼠标操作

移动鼠标对准要调整行高(列宽)的行号(列号)下面(右边)的分隔线,当光标变为十字形状时,单击鼠标左键拖曳至需要的高度(宽度),然后释放鼠标即可。

当光标变为十字形状时,双击鼠标左键,将列宽自动调整为"最适合的列宽",用同样的方法可以调整行高。

4.3.3 使用条件格式与格式刷

条件格式是 Excel 2010 的突出特性之一。运用条件格式,可以使得工作表中不同的数据以不同的格式来显示,使用户在使用工作表时,可以更快、更方便地获取重要的信息。例如,在学生成绩表中运用条件格式化将所有不及格的分数用红色、加粗来显示,所有 90 分以上的分数用蓝色、加粗字体来显示等,输入或修改数据时,新的数据会自动根据规则用不同的格式来显示。

将条件格式应用到选定区域的操作步骤如下:

(1)选定需要格式化的区域;

(2)在"开始"选项卡的"样式"组中单击"条件格式"下拉按钮,在弹出的下拉列表中选择"突出显示单元格规则"命令,设置对应规则,弹出对应对话框;

(3)在弹出的对话框中设置条件格式。

在 Excel 2010 中,在常用工具栏中单击"格式刷"按钮可以以复制单元格格式。

具体方法如下:

①选择被复制格式的单元格,单击"格式刷"按钮;

②选定目标单元格。

提示:

如果要把格式连续复制到多个单元格或区域,则选择被复制格式的单元格,在工具栏中单击"格式刷"按钮,然后依次选定目标单元格,复制结束后再次单击"格式刷"按钮。

4.3.4 套用表格格式和使用单元格样式

1. 套用表格格式

套用表格格式是把 Excel 2010 中提供的常用格式应用于一个单元格区域。选定要格式化的单元格区域,在"文件"选项卡的"样式"组中单击"套用表格格式"下拉按钮,在弹出的下拉列表中选择需要的表格格式,如图 4-9 所示。

2. 使用单元格样式

样式是可以定义并成组保存的格式设置集合,例如,字体大小、图案、对齐方式等。样式可以简化工作表的格式设置和修改工作,定义了一个样式后,可以将它应用到其他单元格和区域,这些单元格和区域便具有相同的格式。如果样式改变,所有使用该样式的单元格都自动跟着改变。

设置新样式的操作步骤如下。

(1)在"文件"选项卡的"样式"组中单击"单元格样式"下拉按钮,在弹出的下拉列表中选择"新建单元格样式"命令,弹出"样式"对话框,如图 4 – 10 所示。

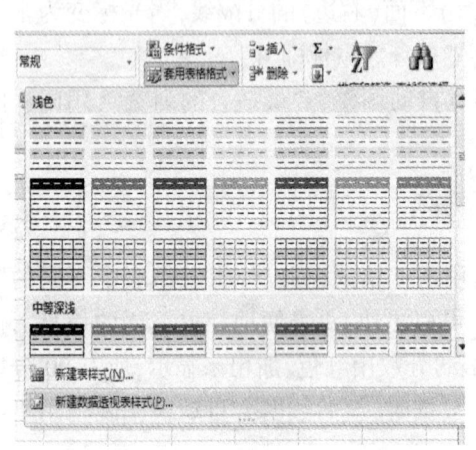

图 4 – 9 "套用表格格式"下拉列表　　　　图 4 – 10 "样式"对话框

(2)在对话框的"样式名"文本框中输入新样式的名称,单击"格式"按钮,在弹出的"设置单元格格式"对话框中设置所需格式,然后单击"确定"按钮,返回"样式"对话框。

(3)在"样式"对话框中勾选需要的选项,然后单击"确定"按钮完成样式的设置。新设置的样式出现在"单元格样式"的"自定义"项目中,如图 4 – 11 所示。

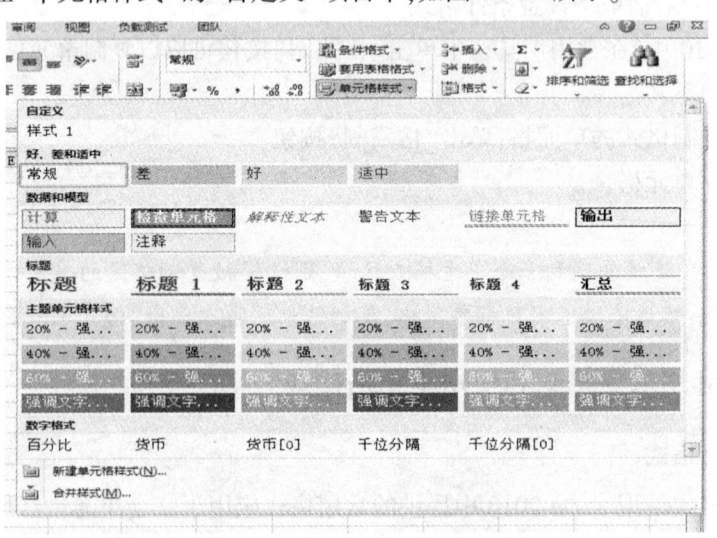

图 4 – 11 "单元格样式"的"自定义"项目

4.3.5 工作表的页面设置与打印

页面设置的步骤如下：

(1) 在"页面布局"视图中单击要处理的工作表；

(2) 在"页面布局"选项卡上的"页面设置"组中单击"页边距"下拉按钮，在弹出的下拉列表中选择"普通""窄"或"宽"命令，"页面设置"组如图4-12所示。

若要显示更多选项，则选择"自定义边距"命令，然后在"页边距"选项卡上选择所需页边距的大小，也可以利用拖曳鼠标的方法来更改页边距。

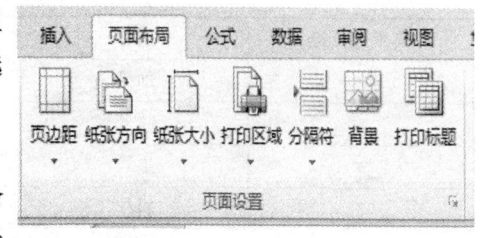

图4-12 "页面设置"组

更改页边距时，页眉边距和页脚边距会自动调整，可以使用鼠标更改页眉边距和页脚边距。在页面顶部或页面底部的页眉区域或页脚区域内单击鼠标左键，然后单击标尺，显示双向箭头，将边距拖动至所需大小。

4.4 使用公式和函数

4.4.1 简单计算

在工作表窗口中的工具栏中有一个"自动求和"下拉按钮弹出的下拉列表，如图4-13所示。利用该下拉列表，可以对工作表中所设定的单元格进行自动求和、平均值、统计个数、最大值和最小值等快速计算。

使用自动求和按钮的一般步骤如下：

(1) 选定要求和的数值所在的行(列)中与数值相邻的单元格，再选定操作包含的目标单元格；

(2) 单击"自动求和"下拉按钮，在弹出的下拉列表中选择运算命令，完成自动计算。

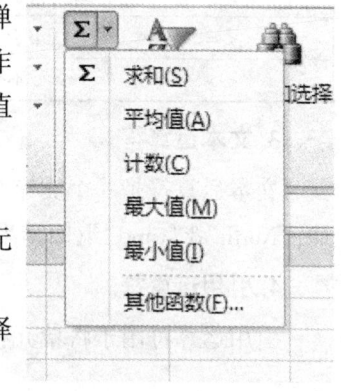

图4-13 "自动求和"下拉列表

4.4.2 公式的使用

公式用于按特定次序计算数值，通常以等号(=)开始，位于等号之后的是组成公式的各种字符。其中，紧随在等号之后的是需要进行计算的元素——操作数，各操作数之间以算术运算符来分隔。

运算符是一种符号，用于指明公式元素的计算类型。运算符有四种类型，即算术运算符、比较运算符、文本运算符和引用运算符。

1. 算术运算符

算术运算符用于完成基本的数学运算,连接数字和产生数字结果。各算术运算符名称与用途见表4-1。

表4-1 算术运算符

算术运算符	名称	用途	示例
+	加号	加法运算	3+3
-	减号	减法运算或表示负数	3-1
*	星号	乘法运算	3*3
/	斜杠	除法运算	3/3
%	百分号	百分比	20%
^	脱字符	乘方法运算	3^2(与3*3相同)

2. 比较运算符

比较运算符用于比较两个值,结果返回一个逻辑值,即返回 True(真)或 False(假)。各算术运算符名称与用途见表4-2。

表4-2 比较运算符

比较运算符	名称	用途	示例
=	等号	等于	A1=B1
>	大于号	大于	A1>B1
<	小于号	小于	A1<B1
>=	大于等于号	大于等于	A1>=B1
<=	小于等于号	小于等于	A1<=B1
<>	不等于	不等于	A1<>B1

3. 文本运算符

文本运算符是一个文字串联符&,用于连接一个或更多字符串来产生一大段文本,例如,"North"&"wind"返回结果是"North wind"。

4. 引用运算符

引用运算符用于将单元格区域合并起来进行计算。

表4-3 引用运算符

引用运算符	名称	用途	示例
:	冒号	区域运算符,对两个引用之间,包括两个引用在内的所有单元格进行引用	B5:B15
,	逗号	联合操作符将多个引用合并为一个引用	SUM(B5:B15,D5:D15)

如果公式中使用多个运算符,将按表4-4的顺序进行运算。如果公式中包含了相同优先级的运算符,例如,同时包含了乘法和除法运算符,则将从左到右进行计算。如果要修改计算的顺序,可以把需要首先计算的部分放在一对小括号内。

表 4-4　运算的顺序

运算符	示例
:（冒号）	引用运算符
（空格）	
,（逗号）	
-（负号）	-1
%	百分比
^	乘方
* 和 /	乘和除
+ 和 -	加和减
&	连接两串文本

4.4.3　公式中的单元格引用

Excel 2010 单元格的引用包括三种情况,即绝对引用、相对引用和混合引用。其中,加上了绝对引用符"＄"的列标和行号为绝对引用,在复制公式时不会发生变化,没有加上绝对地址符号的列标和行号为相对引用,在复制公式时会跟着发生变化。混合引用时部分地址发生变化。

1. 相对引用

复制公式时地址发生变化,例如,C1 单元格有公式"= A1 + B1",将公式复制到 C2 单元格时变为"= A2 + B2",将公式复制到 D1 单元格时变为"= B1 + C1"。

2. 绝对引用

复制公式时地址不会发生变化,例如,C1 单元格有公式"= ＄A＄1 + ＄B＄1",将公式复制到 C2 单元格时仍为"= ＄A＄1 + ＄B＄1",将公式复制到 D1 单元格时仍为"= ＄A＄1 + ＄B＄1"。

3. 混合引用

复制公式时地址的部分内容会发生变化,例如,C1 单元格有公式"= ＄A1 + B＄1",将公式复制到 C2 单元格时变为"= ＄A2 + B＄1",将公式复制到 D1 单元格时变为"= ＄A1 + C＄1"。

随着公式的位置变化,引用单元格的位置变化的是相对引用,而随着公式位置的变化所引用单元格位置不变化的是绝对引用。

4.4.4　使用函数

Excel 2010 中的函数是一些预定义的公式,它们使用参数的特定数值按特定的顺序或结构进行计算,可以直接使用它们对某个区域内的数值进行系列运算,例如,分析和处理日期值和时间值、确定贷款的支付金额、确定单元格中的数据类型、计算平均值、显示排序和运算文本数据等。

1. ABS( ) 函数

函数名称：ABS( )；

主要功能：求解相应数字的绝对值；

使用格式：ABS(number)；

参数说明：number 为需要求解绝对值的数值或引用的单元格；

应用举例：如果在 B2 单元格中输入公式"=ABS(A2)"，则在 A2 单元格中无论输入正数还是负数，B2 中均显示正数。

提示：

如果 number 参数不是数值，而是一些字符，则 B2 中返回错误值"#VALUE!"。

2. AVERAGE( ) 函数

函数名称：AVERAGE( )；

主要功能：求解所有参数的算术平均值；

使用格式：AVERAGE(number1,number2...)；

参数说明：number1,number2... 为需要求解平均值的数值或引用单元格(区域)，参数不超过 30 个；

应用举例：在 B8 单元格中输入公式"=AVERAGE(B7:D7,F7:H7,7,8)"，确认后，即可求出 B7 至 D7 区域、F7 至 H7 区域中的数值和 7、8 的平均值。

提示：

如果引用区域中包含"0"值单元格，则计算在内；如果引用区域中包含空白或字符单元格，则不计算在内。

3. COLUMN( ) 函数

函数名称：COLUMN( )；

主要功能：显示所引用单元格的列标号值；

使用格式：COLUMN(reference)；

参数说明：reference 为引用的单元格；

应用举例：在 C11 单元格中输入公式：=COLUMN(B11)，确认后显示为"2"（即 B 列）。

提示：

如果在 B11 单元格中输入公式"=COLUMN( )"，也显示"2"，与之相对应的还有一个返回行标号值的函数——Row(referance)。

4. COUNTIF( ) 函数

函数名称：COUNTIF( )；

主要功能：统计某个单元格区域中符合指定条件的单元格数目；

使用格式：COUNTIF(Range,Criteria)；

参数说明：Range 为要统计的单元格区域，Criteria 为指定的条件表达式；

应用举例：在 C17 单元格中输入公式"=COUNTIF(B1:B13,">=80")"，确认后，即可统计出 B1 至 B13 单元格区域中数值大于等于 80 的单元格数目。

提示：

允许引用的单元格区域中有空白单元格出现。

5. DATE( )函数

函数名称：DATE( )；

主要功能：给出指定数值的日期；

使用格式：DATE(year,month,day)；

参数说明：year为指定的年份数值(小于9 999)；month为指定的月份数值(可以大于12)，day为指定的天数；

应用举例：在C20单元格中输入公式"=DATE(2003,13,35)"，确认后，显示"2004-2-4"。

提示：

由于上述公式中，月份为13，多了一个月，顺延至2004年1月；天数为35，比2004年1月的实际天数又多了4天，故又顺延至2004年2月4日。

6. DAY( )函数

函数名称：DAY( )；

主要功能：求出指定日期或引用单元格中的日期天数；

使用格式：DAY(serial number)；

参数说明：serial number为指定的日期或引用的单元格；

应用举例：输入公式"=DAY("2003-12-18")"确认后，显示"18"。

提示：

如果是给定的日期，须包含在英文双引号中。

7. DCOUNT( )函数

函数名称：DCOUNT( )；

主要功能：返回数据库或列表的列中满足指定条件并且包含数字的单元格数目；

使用格式：DCOUNT(database,field,criteria)；

参数说明：database为需要统计的单元格区域；field为函数所使用的数据列(在第一行必须有标志项)；criteria为包含条件的单元格区域。

8. IF( )函数

函数名称：IF( )；

主要功能：根据对指定条件的逻辑判断结果，返回对应的内容；

使用格式：=IF(Logical,Value if true,Value if false)；

参数说明：Logical为逻辑判断表达式；Value if true为当判断条件为逻辑真(True)时的显示内容，如果忽略则返回True；Value if false为当判断条件为逻辑假(False)时的显示内容，如果忽略则返回False。

9. LEFT( )函数

函数名称：LEFT( )；

主要功能：从一个文本字符串的第一个字符开始，截取指定数目的字符；

使用格式:LEFT(text,num_chars);

参数说明:text 为要截取字符的字符串;num_chars 为给定的截取数目。

10. LEN( ) 函数

函数名称:LEN( );

主要功能:统计文本字符串中的字符数量;

使用格式:LEN(text);

参数说明:text 为要统计的文本字符串。

11. MAX( ) 函数

函数名称:MAX( );

主要功能:求出一组数中的最大值;

使用格式:MAX(number1,number2...);

参数说明:number1,number2... 表示需要求一组数中的最大值的数值或引用单元格(区域),参数不超过30个。

12. MID( ) 函数

函数名称:MID( );

主要功能:从一个文本字符串的指定位置开始,截取指定数目的字符;

使用格式:MID(text,start_num,num_chars);

参数说明:text 为一个文本字符串;start_num 为指定的起始位置;num_chars 为要截取的数目。

13. MIN( ) 函数

函数名称:MIN( );

主要功能:求出一组数中的最小值;

使用格式:MIN(number1,number2...);

参数说明:number1,number2... 表示需要求一组数中的最小值的数值或引用单元格(区域),参数不超过30个。

14. SUM( ) 函数

函数名称:SUM( );

主要功能:计算所有参数值的和;

使用格式:SUM(number1,number2...);

参数说明:number1,number2... 表示需要计算的值,可以是具体的数值、引用的单元格(区域)、逻辑值等。

15. SUMIF( ) 函数

函数名称:SUMIF( );

主要功能:计算符合指定条件的单元格区域内的数值和;

使用格式:SUMIF(range,criteria,sumrange);

参数说明:range 表示条件判断的单元格区域;criteria 为指定条件表达式;sumrange 表示

需要计算的数值所在的单元格区域。

4.5 数据表管理

Excel 2010 提供了较强的数据处理功能,可以对数据表进行各种筛选、排序、分类汇总和统计等。

4.5.1 数据表的排序

通过排序,可以根据某个特定列的内容重新排列数据清单中的行。对数据排序时,可以利用工具栏上的排序递增按钮和递减按钮。使用工具排序时,先选取要排序的范围,然后单击递增按钮或递减按钮,即可完成排序工作。

4.5.2 筛选数据

筛选数据清单可以快速寻找和使用数据清单中的数据子集。筛选功能可以使 Excel 2010 只显示符合设定筛选条件的某一值或符合一组条件的行,而隐藏其他行。Excel 2010 提供了"自动筛选"命令和"高级筛选"命令筛选数据。一般情况下,"自动筛选"命令能够满足大部分的需要,但是,当需要利用复杂的条件筛选数据清单时,必须使用"高级筛选"才能实现。

1. 自动筛选

如果要执行自动筛选操作,在数据清单中必须有列标记,其操作步骤如下:
(1)在要筛选的数据清单中选定单元格;
(2)在"数据"选项卡的"排序和筛选"组中单击"筛选"按钮;
(3)在数据清单中每一个列标记的旁边插入下拉箭头;
(4)单击包含想要显示的数据列中的箭头,弹出一个下拉列表;
(5)选定要显示的项,在工作表中查看筛选结果。

2. 自定义自动筛选

通过使用"自定义"功能可以按条件筛选所需要的数据,其操作步骤如下:
(1)在要筛选的数据清单中选定单元格;
(2)在"数据"选项卡的"排序和筛选"组中单击"筛选"按钮;
(3)单击包含想要显示的数据列中的下拉按钮,弹出一个下拉列表;
(4)在"数字筛选"中选择"自定义筛选"命令,弹出一个对话框;
(5)单击第一个框旁边的箭头,然后选择要使用的比较运算符,单击第二个框输入要使用的数值,单击"确定"按钮,得到筛选结果。

提示:

如果要同时符合两个条件,可以在"自定义"对话框中设定两个条件。如果要显示同时符合两个条件的行,则单击"与"选项按钮;如果要显示满足条件之一的行,则单击"或"选项按钮。

3. 高级筛选

使用"自动筛选"命令查找合乎准则的记录方便、快速,但该命令的寻找条件不能太复杂;如果要进行比较复杂的寻找,就必须使用高级筛选命令。执行高级筛选的操作步骤如下。

(1)在数据清单的任意地方建立条件区域。

(2)在数据清单中选定数据单元格区域,在"筛选"组中单击"高级筛选"命令,弹出"高级筛选"对话框,如图4-14所示。

(3)在"方式"组中单击"在原有区域显示筛选结果"单选按钮;在"列表区域"框中指定数据区域;在"条件区域"框中指定条件区域,包括条件标记;若要从结果中排除相同的行,则勾选"选择不重复的记录"复选框。

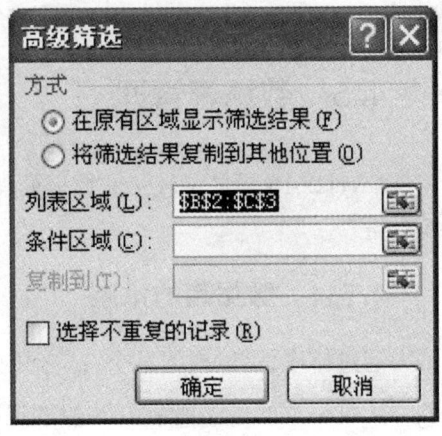

图4-14 "高级筛选"对话框

(4)单击"确定"按钮,显示筛选结果。

在对数据进行高级筛选时,必须在工作表中建立一个条件区域,输入条件的字段名和条件值。条件区域由字段名行和条件行组成,可以放置在工作表的任何空白位置,一般放在数据表范围的正上方或正下方,以防止条件区域的内容受到数据表插入或卸载记录行的影响。

条件区域字段名行中的字段名排列顺序可以与数据表区域不同,但对应字段名必须完全一样,因而最好从数据表字段名复制过来。条件区域的第二行开始是条件行,用于存放条件式,同一条件行不同单元格中的条件式互为"与"的逻辑关系;不同条件行单元格中的条件互为"或"的逻辑关系。

4.5.3 分类汇总

分类汇总是数据处理中最常用的计算小计、总计的方法。使用自动分类汇总前,数据清单中必须包含带有标题的列,而且数据清单必须在要进行分类汇总的列上排序。实现分类汇总的方法如下:

(1)确保汇总的区域中没有空行或空列;

(2)选中要分类的列中的单元格,按升序或降序排序;

(3)在"数据"选项卡中单击"分类汇总"按钮,弹出"分类汇点"对话框;

(4)在"分类汇总"对话框的"分类字段"下拉列表中选择进行排序的列;

(5)在"汇总方式"框中单击用于计算分类汇总的函数;

(6)在"选定汇总项"框中勾选包含了要进行分类汇总的数值的每一列复选框。

4.5.4 数据透视表

数据透视表是交互式报表,可以快速合并和比较大量数据,旋转其行(列)以看到源数据的汇总,而且可以显示需要区域的明细数据。

如果要分析相关的汇总值,尤其是在要合计较大的数字清单并对每个数字进行多种比较时,可以使用数据透视表。由于数据透视表是交互式的,因此,可以更改数据的视图以查看更多明细数据或计算不同的汇总额。

1. 数据透视表的创建

建立数据透视表的操作步骤如下:

(1)在数据表中选择单元格;

(2)在"插入"选项卡的"表格"组中单击"数据透视表"下拉按钮,在弹出的下拉列表中选择"数据透视"表命令,弹出"创建数据透视表"对话框;

(3)在"创建数据透视表"对话框的"表和区域"组中设定要分析的数据区域,选择要放置数据的位置,单击"确定"按钮;

(4)选中"数据透视表字段列表"中需要作为列的字段,拖动到数据透视表的"将列字段拖至此处"区域;

(5)选中"数据透视表字段列表"中需要作为行的字段,拖动到数据透视表的"将行字段拖至此处"区域;

(6)将需要进行统计的字段从"数据透视表字段列表"拖动到数据透视表的"请将数据项拖至此处"区域。

2. 数据透视表的修改

数据透视表建立后,屏幕自动显示"数据透视表"工具栏,如图 4-15 所示,利用工具栏可以方便地修改数据透视表。

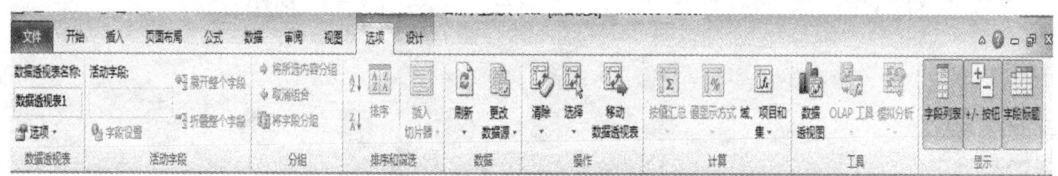

图 4-15 "数据透视表"工具栏

1)字段的调整

数据透视表由行字段区、列字段区、数据字段和页字段区组成。修改数据透视表的统计字段,只需拖动字段到数据透视表区域即可。如要卸载某字段,只要将该字段拖到数据透视表区外的任何位置即可。

2)数据区字段汇总方式的修改

数据透视表可以进行求和、计数、求平均值和最大值等。只要选择数据区单元格的左上角,双击鼠标左键,弹出"字段设置"对话框,如图 4-16 所示。在"分类汇总和筛选"选项卡中选择汇总方式,单击"确定"按钮。

3)设置数据项

在默认的情况下,显示所有的统计结果。若只显示其中的一些分类项的统计结果,在数据透视表中单击字段名旁的下拉按钮,选中要显示的分类项即可。

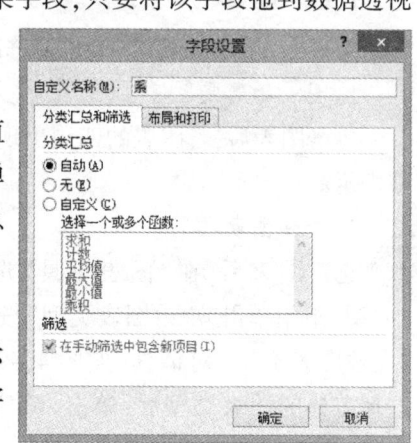

图 4-16 "字段设置"对话框

4)更新数据透视表中的数据

如果原数据清单中的数据被修改了,必须更新数据透视表的统计结果。单击数据透视表,然后在"选项"选项卡的"数据"组中单击"刷新"按钮。

4.6 图表和图形

将单元格中的数据以各种图表的形式显示,可以使繁杂的数据更加生动、易懂、直观、清晰地显示不同数据间的差异。当工作表中的数据发生变化时,图表中对应的数据也自动更新。此外,Excel 2010 还可以将数据创建为数据地图,插入或描绘各种图形,使工作表中的数据图文并茂。

4.6.1 创建图表

Excel 2010 提供了约 100 余种不同格式的图标供用户选用,包括二维图标和二维图表。创建图表的操作步骤如下:

(1)选定用来生成图表的数据区域;

(2)在"插入"选项卡的"图表"组中单击需要的图表类型下拉按钮,在弹出的下拉列表中选择合适的图表命令;

(3)完成图表的创建同时打开"图表工具"选项卡,如图 4-17 所示。

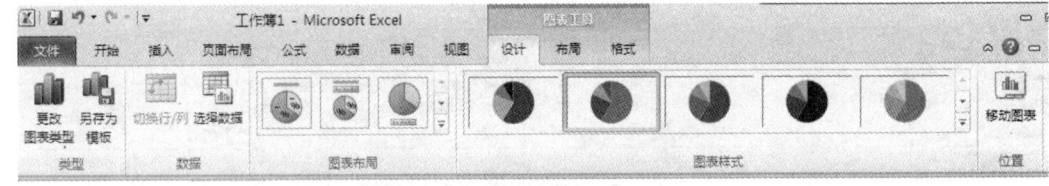

图 4-17 "图表工具"选项卡

4.6.2 图表的编辑与格式化

1. 编辑图表

可以在"图表工具"中编辑和修改创建好的图表。

1)图表的选定

单击图表后,若图表的四周出现控制点,则表示已选定了图表。

2)修改图表类型

选定图表后,在"图表工具"选项卡的"类型"组中单击"更改图表类型"按钮,弹出"更改图表类型"对话框,如图 4-18 所示。选择需要的图表类型后,单击"确定"按钮,完成图表类型的更改。

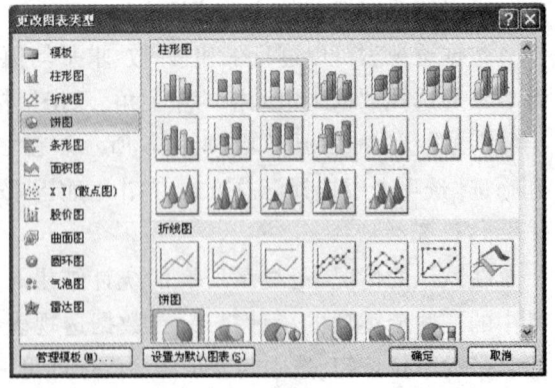

图 4-18 "更改图表类型"对话框

3) 更新图表数据

在"图表工具"选项卡的"数据"组中单击"切换行/列"按钮,变换坐标轴上的数据,X 轴上的数据将移到 Y 轴,反之亦然;单击"选择数据"按钮,弹出"选择数据源"对话框,如图 4-19 所示;在"图表数据区域"文本框中更改数据源。单击"切换行/列"按钮也可以交换坐标轴上的数据。

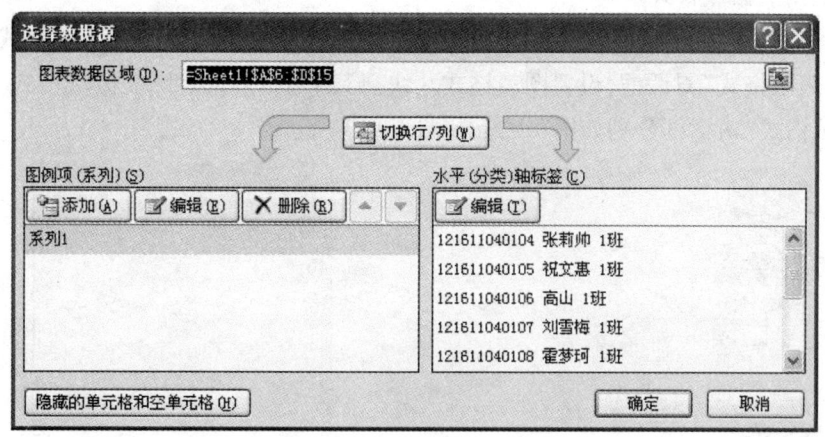

图 4-19 "选择数据源"对话框

4) 修改图表布局

在"图表工具"选项卡的"图表布局"组中单击需要的布局类型按钮完成图表布局的修改,"图表布局"组如图 4-20 所示。

5) 设置图表样式

在"图表工具"选项卡的"图表样式"组中单击需要的图表样式类型图标完成图表样式的修改,"图表样式"组如图 4-21 所示。

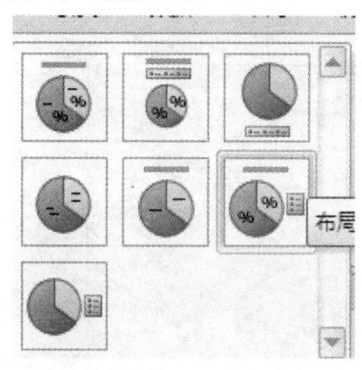

图 4-20 "图表布局"组

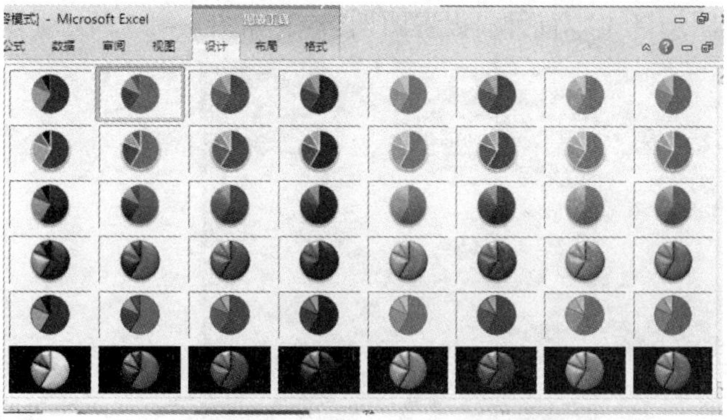

图 4-21 "图表样式"组

6) 更改图表位置

在"图表工具"选项卡的"位置"组中单击"移动图表"按钮,在弹出的对话框中设置图表放置的位置。

7) 调整图表大小

选定图表,向内或向外拖动图表边框的控制点,缩小或放大图表。

2. 图表的格式化

图表中的对象可以进行格式设置。图表的格式包括图表中字体设置、图案设置、对齐方式设置等。单击图表中选择要修饰的图表对象,在"开始"选项卡中对选定的对象进行字体和图案的格式修饰等。

1）设置图表区域格式

选中整个图表,单击鼠标右键,在弹出的快捷菜单中选择"设置图表区域格式"命令,弹出"设置图表区格式"对话框,设置图表格式。快捷菜单中的"设置图表区域格式"命令和设置图表区域格式"对话框分别如图4－22和图4－23所示。"

图4－22 "设置图表区域格式"命令

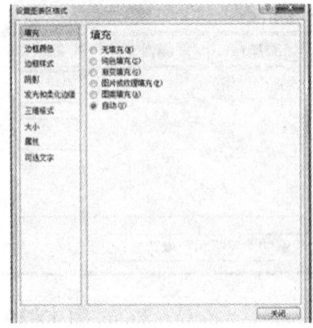
图4－23 "设置图表区格式"对话框

2）设置图表标题格式

选中图表标题,单击鼠标右键,在弹出的快捷菜单中选择"设置图表标题格式"命令,弹出"设置图表标题格式"对话框,设置图表标题格式,如图4－24所示。

3）设置图例格式

选中图例,单击鼠标右键,在弹出的快捷菜单中选择"设置图例格式"命令,弹出"设置图例格式"对话框,设置图例格式,如图4－25所示。

图4－24 "设置图表标题格式"对话框

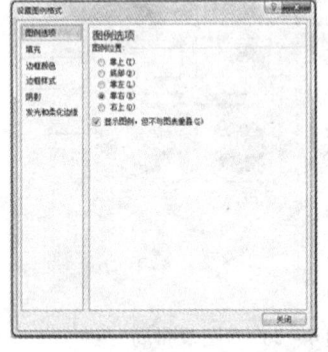
图4－25 "设置图例格式"对话框

4）设置数据系列格式

选中数据系列,单击鼠标右键,在弹出的快捷菜单中选择"设置数据系列格式"命令,弹出"设置数据系列格式"对话框,设置数据系列格式,如图4－26所示。

5）设置数据标签格式

选中数据标签,单击鼠标右键,在弹出的快捷菜单中选择"设置数据标签格式"命令,弹出"设置数据标签格式"对话框,设置数据标签格式,如图 4-27 所示。

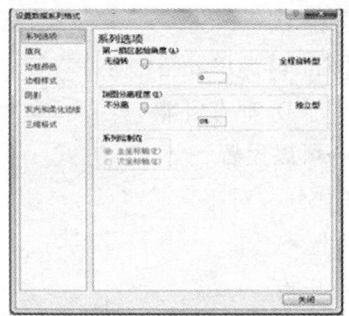
图 4-26 "设置数据系列格式"对话框

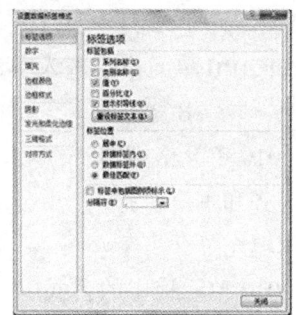
图 4-27 "设置数据标签格式"对话框

课程表的制作(一)

课程表的制作(二)

课程表的制作(三)

成绩表的制作与分析(一)

成绩表的制作与分析(二)

成绩表的制作与分析(三)

习 题

一、选择题

1. Excel 2010 中一个工作簿就是一个 Excel 文件,其扩展名为_____

A..xlsx　　　　B..slsx　　　　C..lsx　　　　D..doc

2. 启动 Excel 2010 时自动打开一个空的工作簿,该工作簿文件会打开三个工作表文件,分别以_____来命名。

A. Sheet1、Sheet2、Sheet3　　　　B. Shift1、Shift2、Shift3

C. Shet1、Shet2、Shet3　　　　D. Shit1、Shit2、Shit3

3. 选定多个不连续的 Excel 2010 单元格或单元格区域,需要首先选定一个单元格或单元格区域,然后按住_____键不放,再选取另外的单元格或单元格区域。

A.【Ctrl】　　　　B.【Shift】　　　　C.【Alt】　　　　D.【Del】

4. 如果在 Excel 2010 单元格中分行,需要按住_____键的同时按【Enter】键。

A.【Ctrl】　　　　B.【Shift】　　　　C.【Alt】　　　　D.【Del】

5. 在 Excel 2010 单元格中输入"1/2"后按【Enter】键,单元格中显示_____。
   A. 1月2日   B. 2月1日   C. 1/2   D. 0.5

6. 在 Excel 2010 单元格中输入"(88)"后,按【Enter】键单元格中显示_____。
   A. -88   B. 88   B. (88)   D. 都有可能

7. Excel 2010 单元格中的"文本对齐方式"命令可以设置_____方式。
   A. 水平对齐和垂直对齐   B. 两端对齐和分散对齐
   C. 居中和填充   D. 靠右和靠上

8. Excel 2010 单元格中的公式以_____符号开始
   A. =   B. $ C. &   D. #

9. Excel 2010 单元格的引用不包括下面的_____情况。
   A. 绝对引用   B. 相对引用   C. 混合引用   D. 直接引用

10. C1 单元格有公式"=$A1+B$1",当将公式复制到 C2 单元格时变为_____。
    A. =$A2+B$1   B. =$B2+B$1
    C. =$A1+B$1   D. =$A2+B$2

二、判断题

1. Excel 2010 标题栏右侧的三个控制按钮分别对窗口进行控制操作,即最小化按钮、最大化按钮/还原按钮、关闭按钮。（   ）

2. Excel 2010 工作表区由行号、列标、工作表标签组成,可以输入不同的数据类型,是最直观显示所有输入内容的区域。（   ）

3. 关闭工作簿,只可以单击菜单右上角的×按钮。（   ）

4. 一个工作簿可以拥有多张具有不同类型的工作表,最多可以有 256 个工作表。（   ）

5. 启动 Excel 2010 时可以自动打开一个空的工作簿,它的默认文件名是"工作簿1"。（   ）

6. 启动 Excel 2010 时可以自动打开一个空的工作簿,它的默认文件名是"文档1"。（   ）

7. 单元格地址"B5"指的是 B 行与第 5 列交叉位置上的单元格。（   ）

8. 工作表中有且仅有一个单元格是激活的。（   ）

9. 只要单击工作表中相应的行(列)号就能选定一行(列)。（   ）

10. Excel 2010 单元格中输入数字作为文本型数据时,需要在数字串前面加一个单引号,则输入数字以文本型数据处理,在单元格内自动左对齐。（   ）

三、操作题

1. 制作公司季度运营情况表,如题图 4-1 所示。

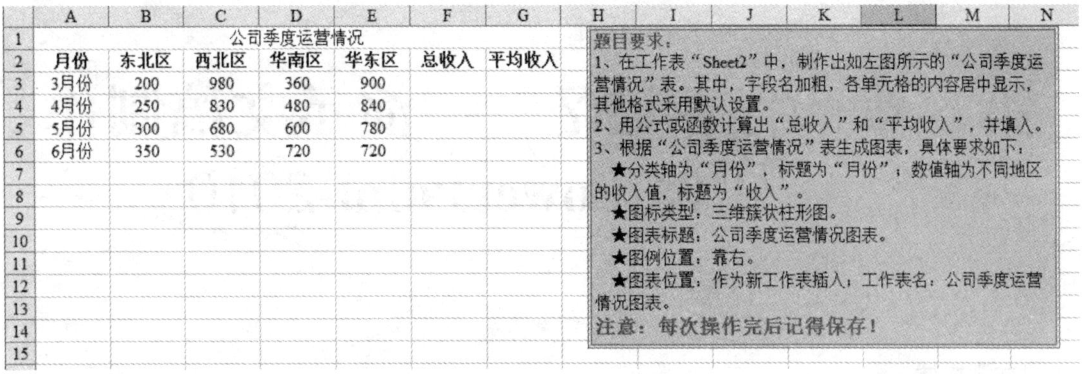

	A	B	C	D	E	F	G
1			公司季度运营情况				
2	月份	东北区	西北区	华南区	华东区	总收入	平均收入
3	3月份	200	980	360	900		
4	4月份	250	830	480	840		
5	5月份	300	680	600	780		
6	6月份	350	530	720	720		

题目要求:
1、在工作表"Sheet2"中,制作出如左图所示的"公司季度运营情况"表。其中,字段名加粗,各单元格的内容居中显示,其他格式采用默认设置。
2、用公式或函数计算出"总收入"和"平均收入",并填入。
3、根据"公司季度运营情况"表生成图表,具体要求如下:
★分类轴为"月份",标题为"月份";数值轴为不同地区的收入值,标题为"收入"。
★图标类型:三维簇状柱形图。
★图表标题:公司季度运营情况图表。
★图例位置:靠右。
★图表位置:作为新工作表插入,工作表名:公司季度运营情况图表。
注意:每次操作完后记得保存!

题图 4-1 公司季度运营情况

2. 制作两种类型的股票价格随时间变化的数据表,题表 1-1。

题表 4-1 股票价格变化情况

股票种类	时间	盘高	盘底	收盘价
A	10:30	114.2	113.2	113.5
A	12:20	215.2	210.3	212.1
A	14:30	116.5	112.2	112.3
B	12:20	120.5	119.2	119.5
B	14:30	222.1	221.1	221.5
B	16:40	125.5	125.3	125.1

要求如下:(1)数据表存放在 A1:E7 的区域内;

(2)"时间"列数据的字体颜色为红色,"收盘价"列的数据字形为粗体、斜体,字号为 18;

(3)对建立的数据表选择"盘高""盘低""收盘价""时间"数据建立盘高-盘低-收盘价簇状柱形图图表,图表标题为"股票价格走势图",并将其嵌入到工作表的下方。

第 5 章 青春记忆——演示文稿制作软件 PowerPoint 2010

本章概述

本章主要介绍使用 PowerPoint 2010 制作演示文稿的基本方法,包括演示文稿的创建和编辑、演示文稿的外观设置、幻灯片对象的添加与处理、幻灯片动态效果的设置,以及演示文稿的放映、打印和打包等。

教学目标

◇ 掌握 PowerPoint 2010 启动与退出的方法,了解 PowerPoint 2010 的工作界面,明确制作演示文稿的基本流程。
◇ 掌握演示文稿及幻灯片的基本操作。
◇ 能够按要求对幻灯片进行格式设置,灵活应用主题与背景制作精美的幻灯片。
◇ 掌握在幻灯片中添加和处理文本、图形、图像、声音等多媒体对象的基本方法。
◇ 掌握幻灯片动画效果制作和切换效果的设置方法,灵活运用各种动画的效果。
◇ 掌握幻灯片的超链接和动作设置方法。
◇ 了解演示文稿的多种放映方式及其设置、多种打印方式及打包方法。

5.1 PowerPoint 2010 概述

5.1.1 初步认识 PowerPoint 2010

登陆后微信扫一扫
初识 PowerPoint 2010

PowerPoint 2010 是 Office 2010 办公套件的主要组件之一,是计算机办公的主流软件之一。它是一种集文字、图片、声音和动画于一体,专门用于编制幻灯片的软件,可以快速创建出生动形象、图文并茂、极具感染力的动态演示文稿,适用于授课、演讲、会议等各种场合,在各行各业中发挥着重要作用。

5.1.2 PowerPoint 2010 的启动与退出

1. PowerPoint 2010 的启动

Power Point 2010 的启动方法与其他应用软件类似,包括常规启动、通过创建新文档启动和通过现有演示文稿启动等方法。

1)常规启动

常规启动是在 Windows 操作系统中最常用的启动方式,即通过"开始"菜单启动。在屏幕左下角单击"开始"按钮,在弹出的菜单中选择"所有程序 | Microsoft Office | Microsoft Office PowerPoint 2010"命令,即可启动 PowerPoint 2010。

2)通过创建新文档启动

成功安装 Microsoft Office 2010 之后,在桌面或者"我的电脑"窗口中的空白区域单击鼠标右键,在弹出的快捷菜单选择"新建 | Microsoft Office PowerPoint 演示文稿"命令,即可在桌面或者当前文件夹中创建一个名为"新建 Microsoft Office PowerPoint 演示文稿"的文件。此时可以重命名该文件,然后双击文件图标,打开新建的 PowerPoint 2010 文件。

3)通过现有演示文稿启动

用户在创建并保存 PowerPoint 2010 演示文稿后,可以通过双击已有的演示文稿图标启动 PowerPoint 2010。

2. PowerPoint 2010 的退出

完成 PowerPoint 2010 操作后退出该应用程序,以释放更多的空间供其他应用程序使用。退出 PowerPoint 2010 的常用方法有以下三种。

(1)菜单命令法:单击"文件"选项卡,在弹出的菜单中选择"退出 PowerPoint"命令。
(2)窗口按钮法:单击 PowerPoint 2010 窗口右上角的"关闭"按钮。
(3)快捷键法:在 PowerPoint 2010 窗口中按【Alt】+【F4】组合键。

使用上述方法中的任意一种,都可以退出 PowerPoint 2010 应用程序。

5.1.3 PowerPoint 2010 的工作界面

中文版 PowerPoint 2010 与早期版本相比,其工作界面有较大的变化,如图 5 - 1 所示。

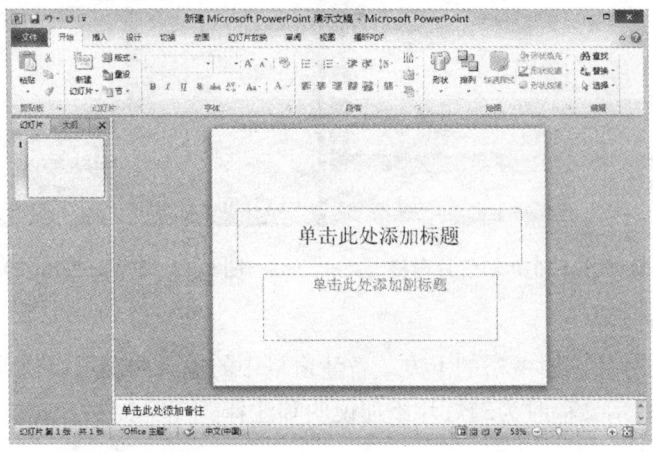

图 5 - 1 PowerPoint 2010 工作界面

1. 快速访问工具栏

在"文件"选项卡的上面是自定义快速访问工具栏,工具栏提供了最常用的工具,例如,"保存"、"撤销"和"恢复"等,单击它们可以执行相应的操作。

2. 标题栏

标题栏位于自定义快速访问工具栏的右侧,用于显示正在操作的文档名称、程序名称及窗口最小化、最大化和关闭控制按钮。

3. 功能区

在 PowerPoint 2010 中,传统的菜单和工具栏被功能区所取代。功能区中包括多个选项卡,单击某个选项卡标签即可打开相应的分组,在组内为用户提供了常用的命令按钮或列表框,可以很方便地执行各种操作。

4. 幻灯片编辑窗格

该窗格位于上作界面的中间,用于显示和编辑幻灯片,是整个演示文稿的核心,所有幻灯片都是在编辑区中制作完成的。

5. 幻灯片/大纲窗格

该窗格位于幻灯片编辑窗格的左侧,用于显示演示文稿的幻灯片数量及位置,通过它可更加方便地掌握演示文稿的结构。幻灯片/大纲窗口包括"幻灯片"和"大纲"两个选项卡,默认为"幻灯片"选项卡对应的幻灯片窗格,如图 5-2 所示。单击不同的选项卡可以分别在幻灯片窗格和大纲窗格之间切换。大纲窗格效果如图 5-3 所示。

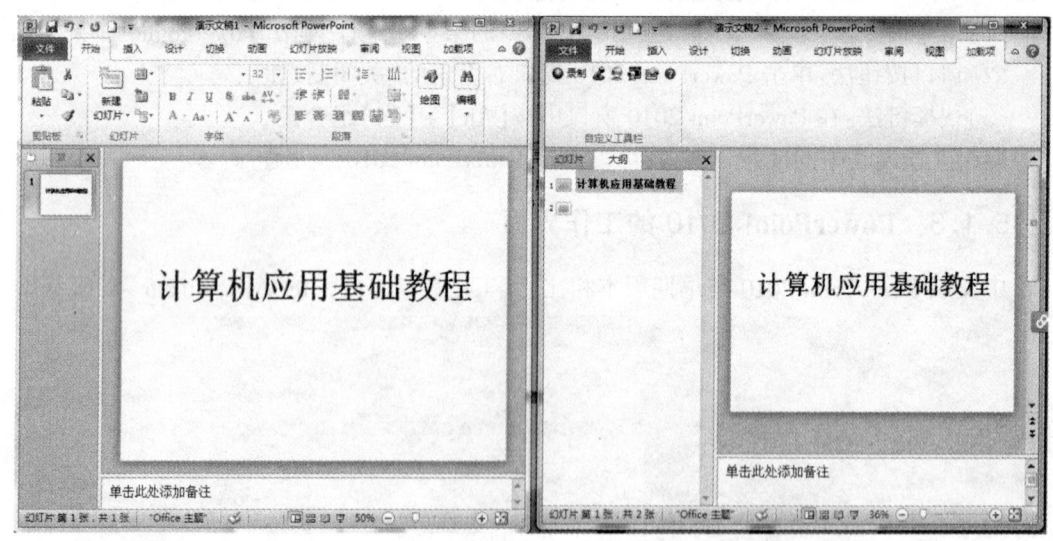

图 5-2　PowerPoint 2010 幻灯片窗格　　　图 5-3　PowerPoint 2010 大纲窗格

6. 备注窗格

该窗格位于幻灯片编辑窗格的下方。备注窗格中的输入内容可以供演讲者查阅幻灯片信息,以及在播放演示文稿时为幻灯片添加说明和注释。

7. 状态栏和视图栏

状态栏显示了当前文档页数、总页数、字数、当前文档检错结果和输入法状态等内容，其右侧视图栏包括视图切换按钮、当前页面显示比例和调节页面显示比例的控制杆。单击不同的视图按钮可以使用不同的模式查看文档内容。单击显示比例控制区的放大按钮可以放大显示窗口，单击缩小按钮可以缩小显示窗口，单击比块钮可以使幻灯片适应当前窗口显示。

5.1.4 PowerPoint 2010 的视图模式

为了便于编辑或播放演示文稿，PowerPoint 2010 提供了普通视图、幻灯片浏览视图、幻灯片放映视图和备注页视图等四种视图方式，以满足不同的制作需求。若要改变演示文稿的视图模式，可单击工作界面右下角的视图切换按钮，或通过"视图"选项卡中的命令切换到相应视图。

1. 普通视图

普通视图是 PowerPoint 2010 的默认视图，启动 PowerPoint 2010 后将直接进入该视图模式，在该视图中可以调整幻灯片总体结构及编辑单张幻灯片中的内容，还可以在备注窗格中添加演讲者备注。

2. 幻灯片浏览视图

在幻灯片浏览视图中，幻灯片以列表方式横行排列，在其中可以对演示文稿进行整体编辑，改变幻灯片的版式、背景设计和配色方案等，也可以重新排列、添加、复制或卸载幻灯片，但不能编辑单张幻灯片的具体内容。

3. 幻灯片放映视图

在幻灯片放映视图中，可以查看幻灯片的放映效果，测试幻灯片中的动画和声音效果，并且能观察到每张幻灯片的切换效果。幻灯片放映视图以全屏方式动态显示每幻灯片的效果。

4. 备注页视图

在备注页视图中，幻灯片和备注内容在一页内显示出来，可以编辑备注文本区中的文本，但不能编辑幻灯片中的具体内容。与以上三种模式相比，备注页视图并不常用。

5.1.5 演示文稿制作的基本流程

PowerPoint 2010 类型的文件称为演示文稿．其扩展名为．pptx。每个演示文稿由多张幻灯片组成，每张幻灯片上可以有文字、图片、声音、影像等多种对象。

创建一份完整的演示文稿的操作步骤如下。

(1)准备素材。根据设计主题搜集和整理演示文稿中所需要的文字、图片、声音、动画等素材。

(2)确定方案。设计演示文稿的整体框架，确定每张幻灯片的内容。

(3)初步制作。初步建立演示文稿，在每张幻灯片上输入文本、图片等原始数据。

(4)修饰美化。对演示文稿进行格式化，调整幻灯片中的文字和图片格式，通过改变幻灯片的版式、背景、配色方案等修改演示文稿的外观，从而对演示文稿进行修饰和美化。

(5)设置动画效果。设置动画效果和超链接，使演示文稿结构紧凑并更具感染力。

(6)播放、打包或打印。观看播放效果,如果存在问题,切换到编辑状态下继续修改。演示文稿完成后,根据需要制作成可脱离编辑环境放映的程序包,并可以打印。

5.2 演示文稿的基本操作

5.2.1 演示文稿的创建

在 PowerPoint 2010 中,既可以根据主题创建演示文稿,也可以根据设计模板或现有内容等创建演示文稿,还可以创建空白演示文稿。

1. 根据主题创建演示文稿

PowerPoint 2010 中内置多个主题,这些主题针对一整套幻灯片应用一组统一的版式设计方案,包括背景、文本及段落格式等。

2. 根据设计模板创建演示文稿

PowerPoint 2010 中不仅提供了各种主题,还提供了多种设计模板,这些设计模板是针对不同类型应用而设计的演示文稿,包含相册和宣传手册等专业项目,使制作幻灯片的过程更加简单快捷。

根据设计模板创建演示文稿的步骤如下:

(1)单击"文件"选项卡,在弹出的菜单中选择"新建"命令,切换到新建演示文稿窗口;

(2)在左侧"可用的模板和主题"列表中单击"样本模板"图标,弹出"样本模板"列表,单击其中的某个模板类型,可以在右侧看到模板样张,如图 5-4 所示;

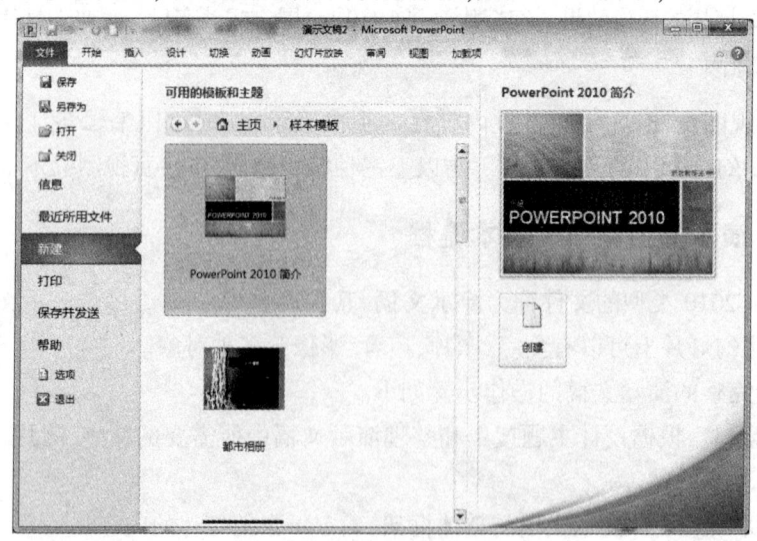

图 5-4 "新建演示文稿"窗口

(3)单击"创建"按钮后,即可创建一个相应模板类型的演示文稿。

3. 创建空白演示文稿

启动 PowerPoint 2010 后,系统会自动创建一个名为"演示文稿1"的空白演示文稿,既可以方便快捷地制作幻灯片,也可以根据需要手动创建空白演示文稿。空白文稿有以下三种常见的创建方法。

(1)单击快速访问工具栏中的"新建"按钮,即可新建一个空白的演示文稿。

(2)单击"文件"选项卡,在弹出的菜单中选择"新建"命令,切换到新建演示文稿窗口,在左侧的"可用的模板和主题"列表中单击"空白演示文稿"图标,右侧显示"空白演示文稿,如图 5-5 所示,也可以新建一个空白的演示文稿。

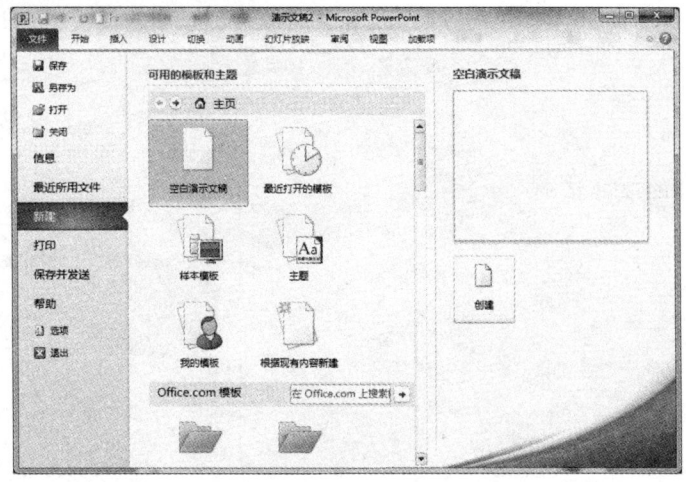

图 5-5　利用"文件"选项卡新建空白演示文稿

(3)按【Ctrl】+【N】组合键直接新建一个空白演示文稿。

4. 根据"我的模板"创建演示文稿

用户可以将已有的演示文稿作为模板保存,重复使用该模板,其操作步骤如下:

(1)新建或打开已有的幻灯片;

(2)单击"文件"选项卡,在弹出的菜单中选择"另存为"命令,弹出"另存为"对话框,如图 5-6 所示;

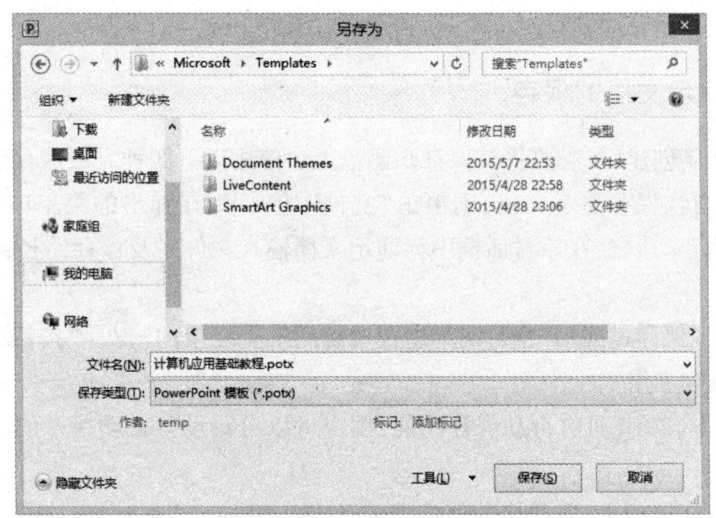

图 5-6　"另存为"对话框

(3)在"保存类型"下拉列表中选择"PowerPoint 模版（*.potx）"命令，此时在对话框的"保存位置"下拉列表中会自动打开"Templates"文件夹；

(4)在"文件名"文本框中输入设计模板的名称，单击"保存"按钮，打开的幻灯片将被添加到模板中；

(5)当用户要使用该模板时，单击"文件"选项卡，在弹出的菜单中选择"新建"命令，切换到新建演示文稿窗口，在左侧的"可用的模板和主题"列表中单击"我的模板"图标，弹出"新建演示文稿"对话框，在"个人模板"选项卡中即可看到添加的模板，如图5-7所示；

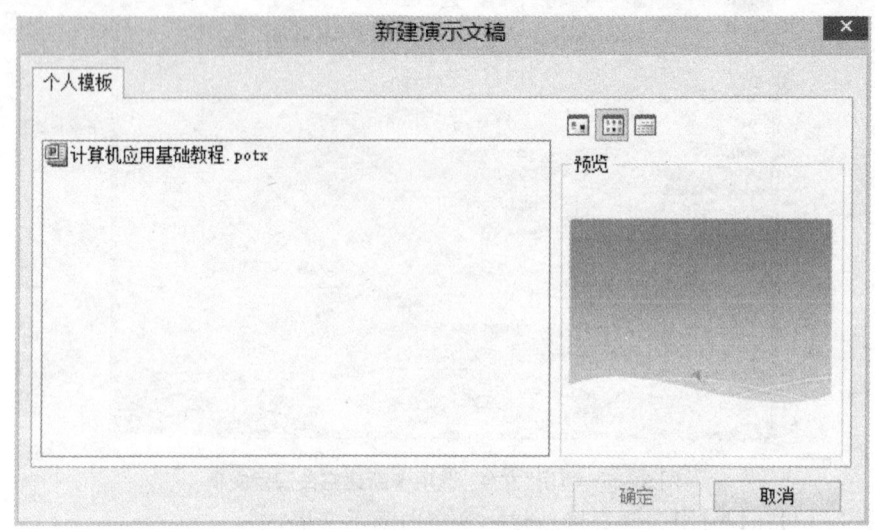

图5-7 "新建"个人模板

(6)选择新添加的模板，单击"确定"按钮即可。

5. 根据现有内容创建演示文稿

在 PowerPoint 2010 中，可以在现有演示文稿的基础上创建新的演示文稿，从而创建类似的演示文稿。打开"新建演示文稿"对话框，单击"根据现有内容新建..."命令，在弹出的对话框中选择相应演示文稿即可。

5.2.2 演示文稿的保存

完成演示文稿创建后，需要将其保存到磁盘上。使用以下四种方法保存演示文稿。

(1)如果是首次保存演示文稿，则单击"文件"选项卡，在弹出的菜单中选择"保存"命令，弹出"另存为"对话框，在该对话框中为演示文稿输入文件名及保存路径，单击"保存"按钮即可。

(2)如果已经保存过演示文稿，则单击快速访问工具栏中的"保存"按钮，再次保存演示文稿中所做的修改工作。

(3)PowerPoint 2010 具有自动保存功能，用户可以自行设置自动保存的时间，具体操作步骤如下：

①单击"文件"选项卡，在弹出的菜单中选择"PowerPoint 选项"命令，弹出"PowerPoint 选项"对话框，如图5-8所示；

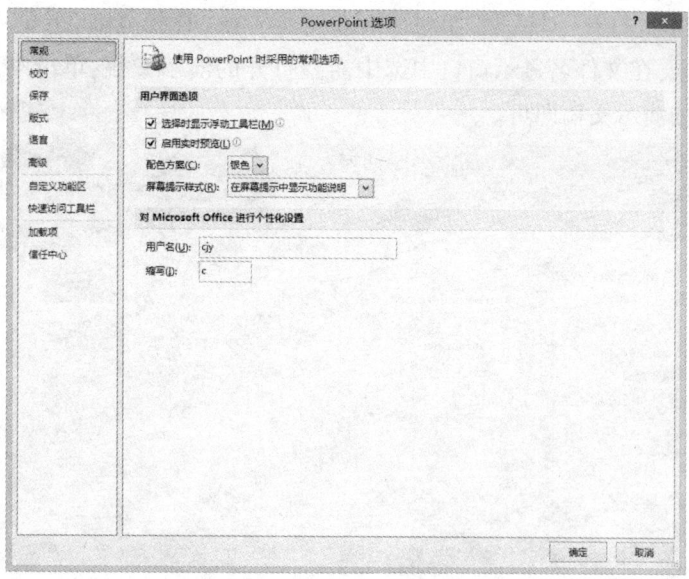

图 5-8 "PowerPoint 选项"对话框

②单击"保存"选项卡,勾选"保存自动恢复信息时间间隔"复选框,设置对演示文稿进行自动保存和恢复的时间间隔,例如,将时间间隔设置为"10 分钟";

③单击"确定"按钮即可。

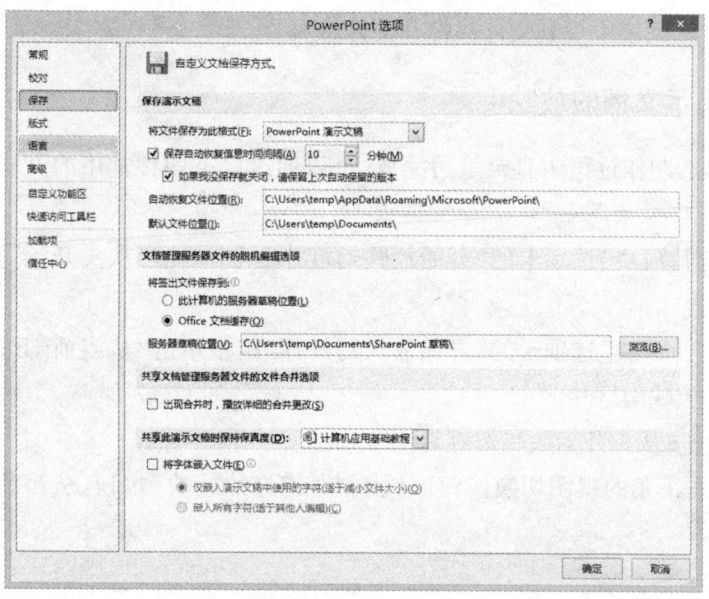

图 5-9 "保存"选项卡

5.2.3 演示文稿的打开

当启动 PowerPoint 2010 后,系统会自动打开一个演示文稿。打开已经存在的演示文稿通常有以下三种方法。

(1)在"资源管理器"或"我的电脑"窗口中双击文件,打开演示文稿。

(2)在 PowerPoint 2010 已经启动的情况下,单击"文件"选项卡,在弹出的菜单中选择

"打开"命令,弹出的"打开"对话框,如图5-10所示。在"查找范围"下拉列表中选择要打开文档所在的目录,在文件名显示窗口中选中需要打开的演示文稿,单击"打开"按钮,或直接双击需要打开的演示文稿即可。

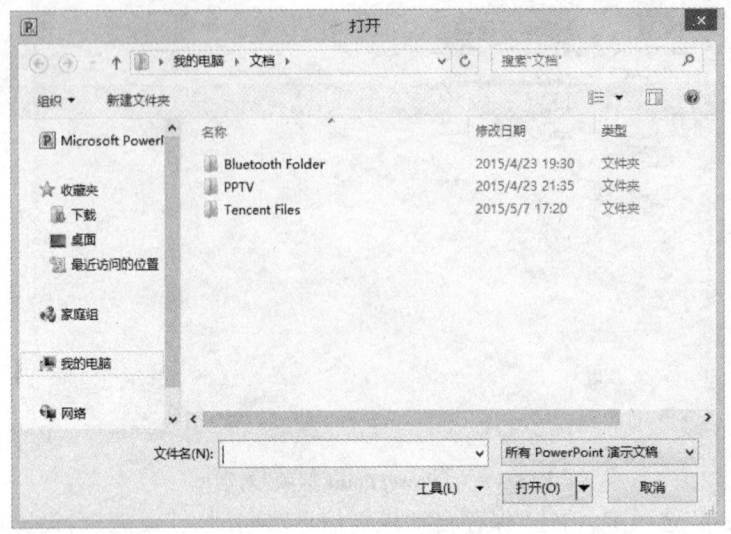

图5-10 "打开"对话框

(3)如果目标文档是近期打开过的,还可以单击"文件"选项卡,在弹出的菜单右侧的"最近使用的文档"列表中找到文件并打开文件。

5.2.4 演示文稿的放映

在演示文稿的制作过程中直至最后完成,可以通过以下四种常用的方式观看演示文稿的放映效果。

(1)在"幻灯片放映"选项卡的"开始放映幻灯片"组中单击"从头开始"按钮,从头开始放映幻灯片。

(2)在"幻灯片放映"选项卡的"开始放映幻灯片"组中单击"从当前幻灯片开始"按钮,从当前位置开始放映幻灯片。

(3)按【F5】键,从头开始放映幻灯片。

(4)在窗口右下角的视图切换按钮区域单击"幻灯片放映"按钮,从当前位置开始放映幻灯片。

提示:

若要结束幻灯片的放映,按【Esc】键,则会返回到普通视图中。

5.2.5 演示文稿的关闭

对演示文稿完成编辑之后要将其关闭,关闭文档有五种方法。

(1)单击PowerPoint 2010应用程序标识图标,选择"关闭"命令。

(2)单击窗口右上角的关闭按钮。

(3)双击菜单栏左上角的PowerPoint 2010应用程序标识图标。

(4) 按【Ctrl】+【F4】组合键。

(5) 按【Ctrl】+【W】组合键。

5.2.6 幻灯片的基本操作

一个演示文稿中包含多张幻灯片,有时需要对其进行有效地编排,以得到满意的演示文稿。例如,在向演示文稿中添加新的说明内容时插入幻灯片、卸载不必要的幻灯片,以及复制幻灯片、调整幻灯片的顺序等。

1. 选择幻灯片

在普通视图的幻灯片模式或幻灯片浏览视图中选择和管理幻灯片比较方便。下面以普通视图的幻灯片模式为例,介绍选择幻灯片的方法。单击幻灯片/大纲窗格中的"幻灯片"选项卡,切换到普通视图的幻灯片模式,选择幻灯片分为以下两种情况。

1) 选择一张幻灯片

选择一张幻灯片最为简单,单击幻灯片窗格中的任意一张幻灯片的缩略图,即可选中该幻灯片。幻灯片边框线条加粗,表示被选中,此时用户可以对其进行编辑操作。

2) 选择多张幻灯片

在幻灯片窗格中选择多张幻灯片有以下三种方法:

(1) 按住【Ctrl】键,单击其他幻灯片,选择连续的多张幻灯片;

(2) 先选择一张幻灯片,然后按住【Shift】键,单击其他幻灯片,选中连续的多张幻灯片;

(3) 选中一张幻灯片,按住【Shift】键,然后按键盘上的【↑】键或【↓】键,选中连续的多张幻灯片。

2. 插入幻灯片

在编辑演示文稿时,可以根据需要在相应的位置插入新的幻灯片。在演示文稿中可以插入一个或几个空白的幻灯片,也可以插入原有的幻灯片。

在幻灯片窗格中,先选中需要在其后插入新幻灯片的某张幻灯片,或单击两张幻灯片之间的空白处,然后通过以下几种方法插入新幻灯片。

(1) 单击鼠标右键,在弹出的快捷菜单中选择"新建幻灯片"命令,在当前幻灯片之后或两张幻灯片之间插入一张新的幻灯片,此时,演示文稿中幻灯片的编号会自动改变。

(2) 在"开始"选项卡的"幻灯片"组中单击"新建幻灯片"上方的按钮,在当前位置插入一张新的幻灯片。

(3) 如果要插入一张某种版式的幻灯片,则"开始"选项卡的"幻灯片"组中"新建幻灯片"下拉按钮,在弹出的下拉列表进行版式的选择,如图 5-11 所示。

(4) 在"新建幻灯片"下拉列表中选择"复制所选幻灯片"命令,直接在所选幻灯片的后面插入幻灯片副本。

(5) 在"新建幻灯片"下拉列表中选择"重用幻灯片"命令时,将弹出"重用幻灯片"窗格,如图 5-12 所示。单击"浏览"下拉按钮,在弹出的下拉列表中选择要插入的演示文稿,将已有的幻灯片插入到当前演示文稿中。

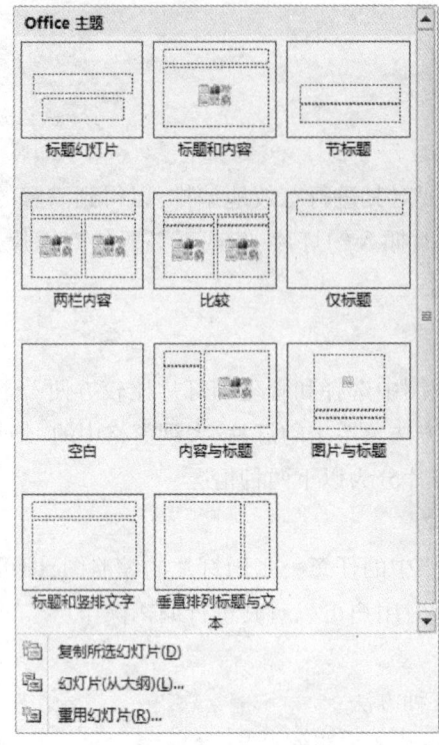
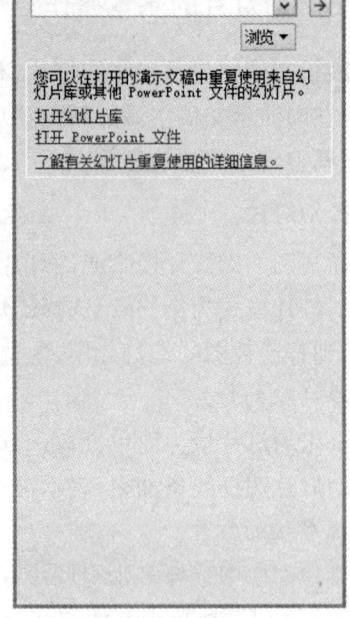

图 5-11 "新建幻灯片"下拉列表　　图 5-12 "重用幻灯片"窗格

提示：

在幻灯片窗格中，选中要在其后插入新幻灯片的幻灯片，然后按【Enter】键，即可插入一张新的幻灯片。

3. 卸载幻灯片

若在编辑过程中，发现有些幻灯片不需要，则可以选择卸载这些幻灯片。选择需要卸载的幻灯片，通过以下三种方法卸载幻灯片：

(1)直接按【Delete】键即可将其卸载；

(2)在幻灯片缩略图上单击鼠标右键，在弹出的快捷菜单中选择"卸载幻灯片"命令；

(3)在"开始"选项卡的"幻灯片"组中单击"卸载"按钮进行卸载。

4. 复制幻灯片

在编辑过程中，若要制作与当前幻灯片相同的幻灯片，则进行复制幻灯片操作。选中一张或多张需要复制的幻灯片，通过以下三种操作复制幻灯片：

(1)在选定的幻灯片上单击鼠标右键，在弹出的快捷菜单中选择"复制幻灯片"命令，将选中的幻灯片复制到当前幻灯片之后。

(2)在选定的幻灯片上单击鼠标右键，在弹出的快捷菜单中选择"复制"命令(或使用【Ctrl】+【C】组合键)，在目标位置上单击鼠标右键，在弹出的快捷菜单中选择"粘贴"命令(或使用【Ctrl】+【V】组合键)，将幻灯片复制到目标位置；

(3)用鼠标将选定幻灯片拖曳到目标位置不松手，按下【Ctrl】键后松开鼠标，也可以实现幻灯片的复制。

5. 移动幻灯片

在演示文稿中,可以使用鼠标拖动的方法或者菜单命令来移动幻灯片。

1) 鼠标拖动法

选择一个或多个需要移动的幻灯片,然后按住鼠标左键拖曳至目标位置,松开鼠标即可。当在一个演示文稿中移动幻灯片时,该方法最为方便。

2) 菜单命令法

选择一个或多个需要移动的幻灯片,单击鼠标右键,在弹出的快捷菜单中选择"剪切"命令(或使用【Ctrl】+【X】组合键),然后,在目标位置上单击鼠标右键,在弹出的快捷菜单中选择"粘贴"命令(或使用【Ctrl】+【V】组合键)。当在不同演示文稿中进行幻灯片的移动时,一般需要使用该方法。

5.3 演示文稿外观的设置

5.3.1 幻灯片布局的更改

幻灯片可以同时包含文本、表格、图片、动画和声音等多种不同类型的对象,各对象只有进行合理布局,才能将幻灯片的内容和思想准确地表达出来。对幻灯片进行合理布局,可以根据内容需要直接应用幻灯片版式,也可以按照一定的原则,对各种对象进行合理安排。

1. 幻灯片版式

幻灯片版式是指一张幻灯片中的文本和图像等元素的布局方式,它定义了幻灯片上显示内容的位置和格式设置信息。版式由占位符组成,占位符主要用来放置文字和幻灯片内容。选择同一种版式制作的幻灯片略显单调,PowerPoint 2010 提供了多种预设的版式,用户可以根据不同的内容而选择不同的版式。

若更换幻灯片的版式则选定要更换版式的幻灯片,则在"开始"选项卡的"幻灯片"组中单击"版式"下拉按钮,在弹出的下拉列表选中要使用的版式。PowerPoint 2010 提供的幻灯片版式如图 5-13 所示。

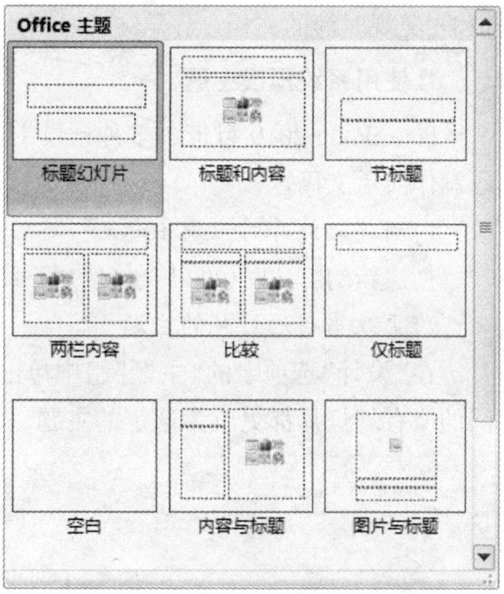

2. 占位符

占位符是一种带有虚线或阴影线边缘的框。

图 5-13 PowerPoint 2010 提供的幻灯片版式

在 PowerPoint 2010 中,除了"空白"版式,其他幻灯片版式中部有占位符。当用户打开一个演示文稿的时候,系统会自动插入一张"标题幻灯片"版式的幻灯片,如图 5-14 所示。在该幻灯片中,有两个虚线框,这两个虚线框被称为占位符。通常情况下,在占位符中添加文本是最简易的方式,占位符中可以输入标题、正文、插入图片和表格等内容。在输入文本之前,占位符中有一些提示性的文字,当鼠标单击该占位符时,提示信息会自动消失,光标的形状变成一条短竖线,此时,可以在占位符中输入文本。

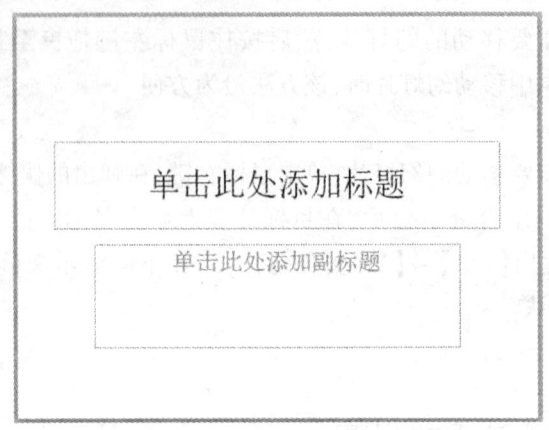

图5-14 "标题幻灯片"版式

提示:

更改幻灯片的布局时,可以用拖曳占位符边框的方法改变各个占位符的位置。

5.3.2 幻灯片主题的应用

文档主题是一套统一的设计元素和配色方案,是为文档提供的一套完整的格式集合,包括主题颜色(配色方案的集合)、主题字体(标题文字和正文文字的格式集合)和主题效果(线条或填充效果的格式集合)。利用文档主题,可以非常方便地制作出具有专业水准、设计精美、美观时尚的文档。

1. 使用系统预设主题

PowerPoint 2010自带了多种预设主题,在创建演示文稿的过程中,可以直接使用这些主题制作演示文稿。

1) 新建幻灯片时应用主题

创建新幻灯片时,可以直接使用系统预设的主题,以创建具有某种风格的幻灯片。

2) 更改当前幻灯片的主题

在"设计"选项卡的"主题"组中单击某个主题,使当前演示文稿中与当前幻灯片主题相同的所有幻灯片都更改为选定的主题。"设计"选项卡中的部分主题如图5-15所示。

图5-15 "设计"选项卡的幻灯片主题

提示:

幻灯片的默认主题为"Office主题"。

若要把当前主题应用于所有幻灯片,则在选定的主题项上单击鼠标右键,在弹出的快捷菜单中选择"应用于所有幻灯片"命令;若只想使当前选定的幻灯片使用主题,则在选定幻灯片上单击鼠标右键,在弹出的快捷菜单中选择"应用于选定幻灯片"命令,如图 5-16 所示。还可以通过快捷菜单中的相应命令将当前选定的主题设置为默认主题,或将主题按钮添加到快速访问工具栏中。

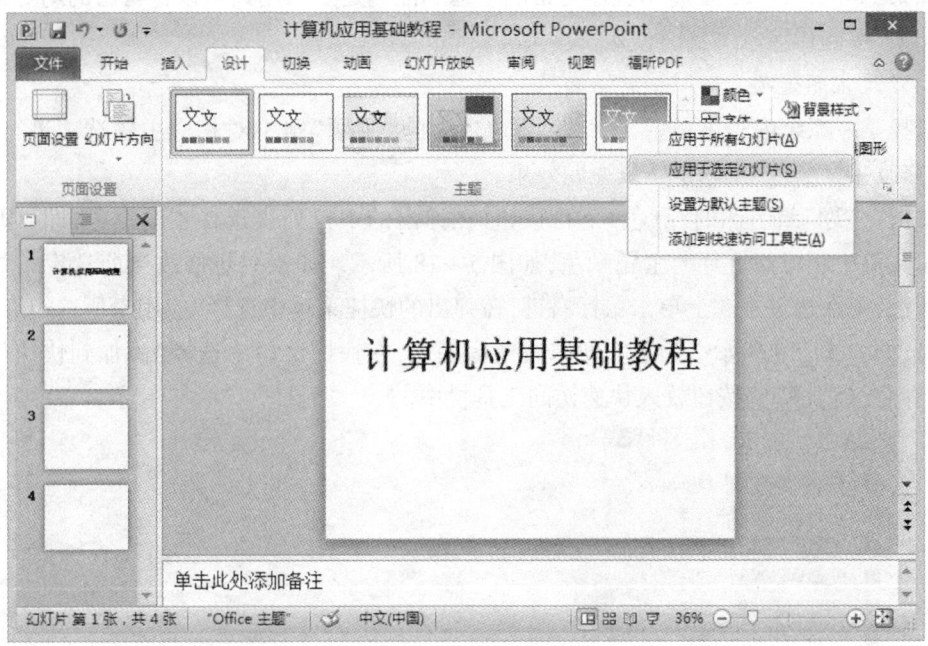

图 5-16 "应用于选定幻灯片"命令

提示:

对选定的若干张幻灯片设置主题后,这些幻灯片就形成了一个组,除非重新选定,否则对该组中任何一张幻灯片主题的更改都会直接导致组内所有幻灯片主题的更改,相当于选择了快捷菜单中的"应用于相应幻灯片"命令。

单击"主题"组选项按钮右侧滚动条中的按钮 ,弹出"所有主题"下拉列表,可以看到所有主题,如图 5-17 所示。

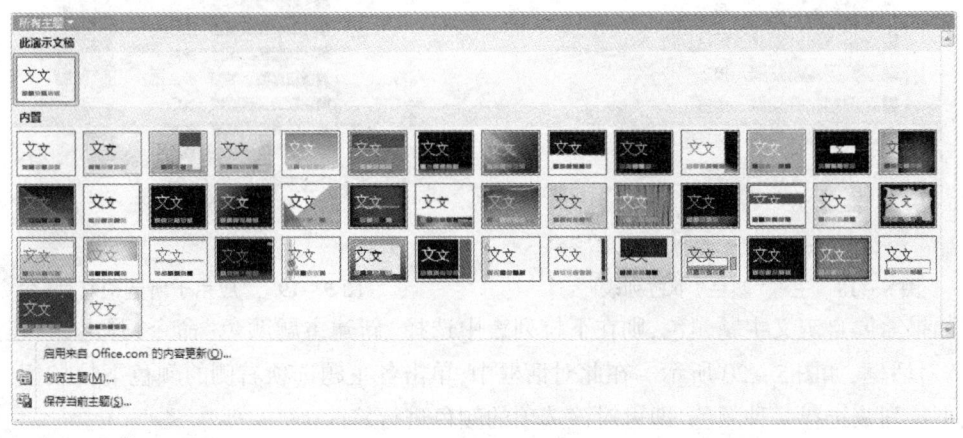

图 5-17 幻灯片"所有主题"下拉列表

如果所有内置主题都不满足设计要求,还可以选择"Microsoft Office Online 上的其他主题"命令搜索网络中的主题,或者选择"浏览主题"命令查找本机中的主题文档作为当前主题。

2. 自定义主题

如果 PowerPoint 2010 应用程序自带的主题不能满足要求用户可以将自己的幻灯片主题保存起来,在制作演示文稿时使用。

1) 修改主题选项

选择某一系统内置主题后,在"设计"选项卡的"主题"组中对相应主题选项进行修改,例如,修改主题颜色、主题字体或主题效果。

单击"主题"组右侧的"颜色"下拉按钮,在弹出的下拉列表选择主题颜色,即可改变当前演示文稿中相应幻灯片的主题颜色,如图 5-18 所示。如果只想修改当前选定幻灯片的主题颜色,则在选定主题上单击鼠标右键,在弹出的快捷菜单中选择"应用于所选幻灯片"命令即可,如图 5-19 所示。为了方便修改主题颜色,在快捷菜单中选择"添加到快速访问工具栏"命令,将"颜色"按钮放入快速访问工具栏中。

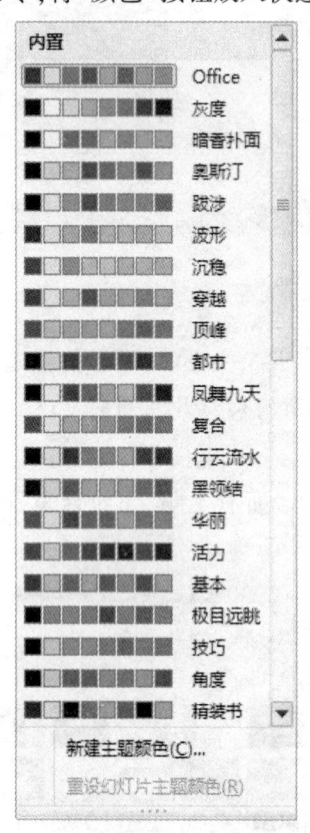
图 5-18 主题"颜色"下拉列表

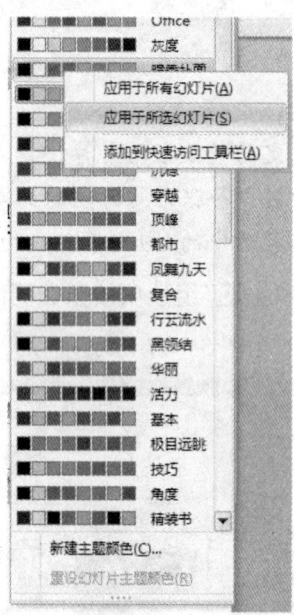
图 5-19 "应用于所选幻灯片"命令

如果需要自定义主题颜色,则在下拉列表中选择"新建主题颜色"命令,弹出"新建主题颜色"对话框,如图 5-20 所示。在此对话框中,单击各主题选项右侧的颜色下拉按钮,在弹出的下拉列表选择某种颜色,即可对该选项的颜色进行修改。

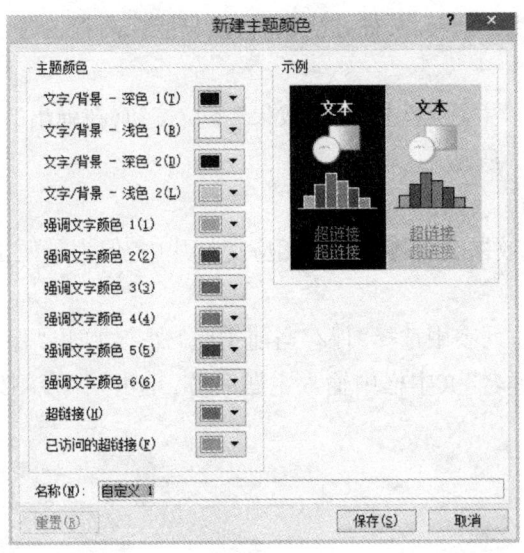

图 5-20 "新建主题颜色"对话框

主题颜色修改后,为了方便以后再次使用,可以对其进行命名保存。在"名称"文本框中输入自定义的主题颜色名称,例如,"C1",单击"保存"按钮后,该主题会自动出现在"颜色"下拉列表的"自定义"列表区中,如图 5-21 所示。

主题字体的修改方法同主题颜色相同,既可以用内置的主题字体进行设置,也可以进行自定义。例如,新建主题字体"F1"后,该主题字体将出现在如图 5-22 所示的列表中。

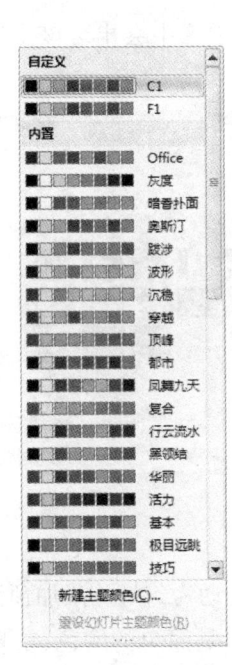

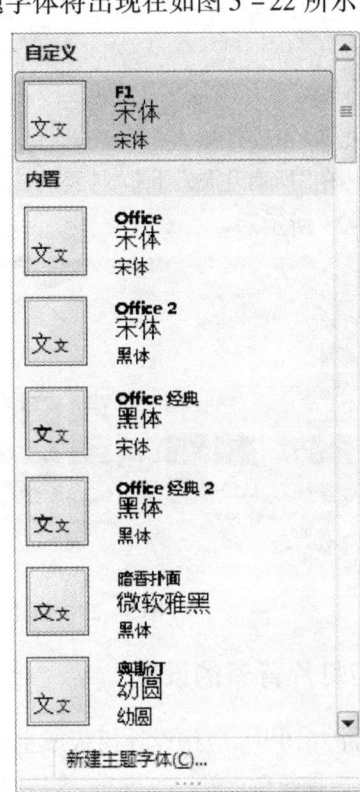

图 5-21 自定义主题颜色"C1"　　图 5-22 自定义主题字体"F1"

主题效果的修改方法与前面两种方法相同，但只能在内置主题效果中进行选择，不能进行自定义。

在"设计"选项卡的"主题"组中单击"效果"下拉按钮，在弹出的下拉列表中选择主题效果。效果列表如图5-23所示。

2）保存自定义主题

对主题选项的修改效果会直接反映到相应幻灯片中，但为了便于以后使用该主题，可以对其进行命名并保存。

在"所有主题"下拉列表中选择"保存当前主题"命令，弹出"保存当前主题"对话框，如图5-24所示。在"文件名"文本框中输入主题名称，单击"保存"按钮，即可将主题保存在相应的系统文件夹中。

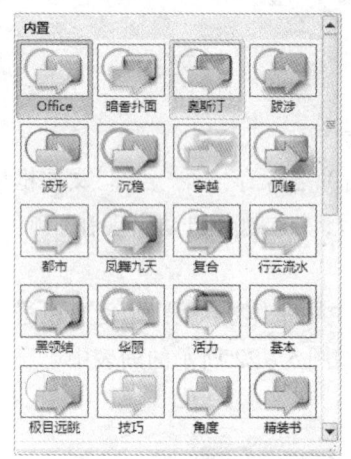

图5-23 "效果"下拉列表

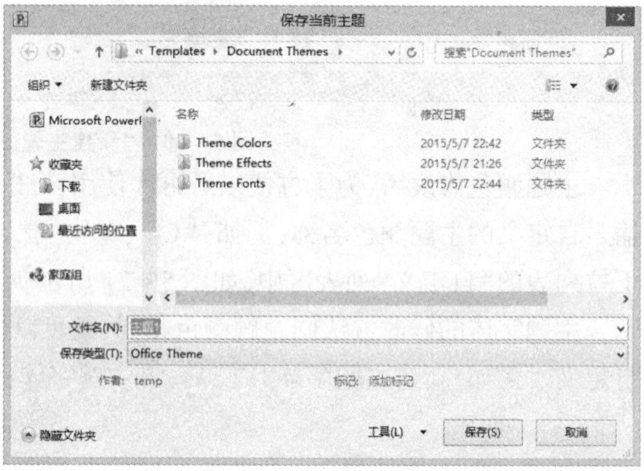

图5-24 "保存当前主题"对话框

主题保存后，在"所有主题"下拉列表的"自定义"选项区中会出现该主题选项，以便用户使用，如图5-25所示。

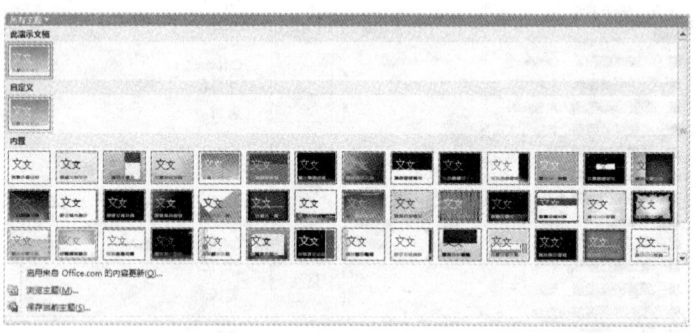

图5-25 新建"自定义"主题

5.3.3 幻灯片背景的设置

在PowerPoint 2010中，应用设计模板或主题时可以自动为幻灯片添加预设的背景，也可以根据需要设置背景颜色、填充效果等。幻灯片背景可以是简单的颜色、纹理和填充效果，也可以是具有图案效果的图片文件。

如果要使用某种预置样式作为幻灯片背景,则在"设计"选项卡的"背景"组中单击"背景样式"下拉按钮,在弹出的下拉列表中选择任意一种样式,将其作为幻灯片背景应用到相应幻灯片中。"背景样式"列表如图 5-26 所示。

如果要自定义背景格式,则在"背景样式"下拉列表中选择"设置背景格式"命令,在弹出的"设置背景格式"对话框中进行设置,如图 5-27 所示。

图 5-26 "背景样式"下拉列表

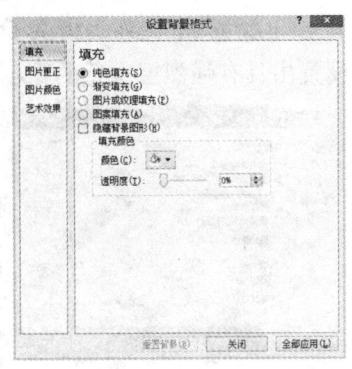

图 5-27 "设置背景格式"对话框

1. 设置填充效果

在"设置背景格式"对话框中,单击左侧的"填充"选项卡,将某种颜色、纹理或图片等填充效果设置为幻灯片的背景。

1) 设置颜色背景

若要以某种单色填充背景,则在"填充"选项卡中单击"纯色填充"单选按钮和"颜色"下拉按钮,在弹出的下拉列表中选择"主题颜色"或"标准色"选项区中的一种颜色即可,如图5-28所示。

若要选择其他颜色或通过精确设置颜色值来获取某种颜色,则选择"其他颜色"命令,在弹出的"颜色"对话框中进行设置,如图 5-29 所示。其中,选择"颜色模式"中的"RGB"选项,可以在"红色""绿色"和"蓝色"微调框中设置三种颜色的值,从而得到某种纯色或调和色,各颜色取值范围均为 0~255;选择"颜色模式"中的"HSL"选项,可以通过"色调""饱和度"和"亮度"微调按钮设置 HSL 的各项值。

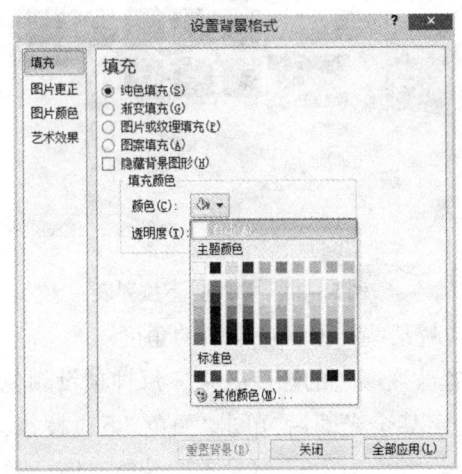

图 5-28 设置背景颜色

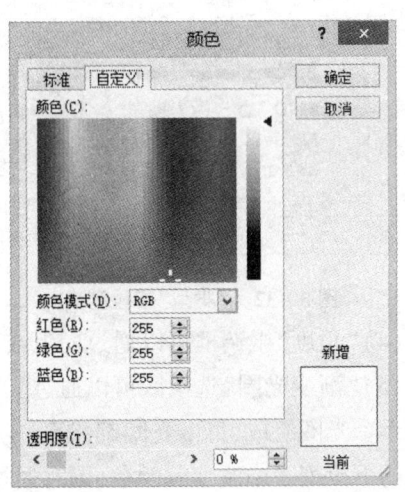

图 5-29 "颜色"对话框

2)设置渐变填充背景

在"填充"选项卡中单击"渐变填充"单选按钮,此时的对话框如图 5-30 所示。单击"预设颜色"下拉按钮,在弹出的"颜色"下拉列表中选择一种颜色作为背景色。

选择该预设颜色后,还可以在类型、方向、角度、渐变光圈、结束位置、颜色及透明度选项区中对渐变填充的效果进行设置,各选项简要介绍如下。

(1)"预设颜色"下拉列表提供了 24 种预设颜色效果,如图 5-31 所示,选择其中任意一种即可设置出具有强烈层次感的颜色渐变效果。

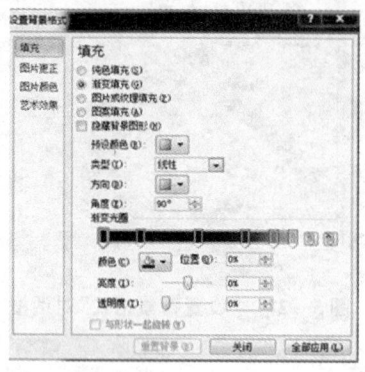

图 5-30 渐变填充

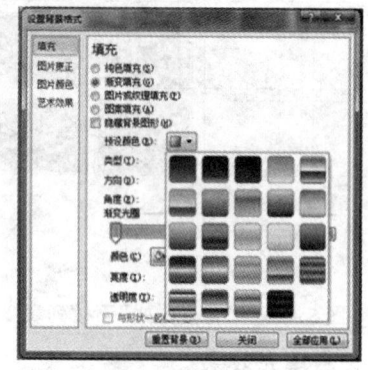

图 5-31 "预设颜色"下拉列表

(2)"类型"下拉列表提供了五种渐变类型,可以将所选的预设颜色设置成相应的图案,如图 5-32 所示。

(3)"方向"下拉列表可以根据所选的类型设置颜色渐变的方向,如图 5-33 所示。

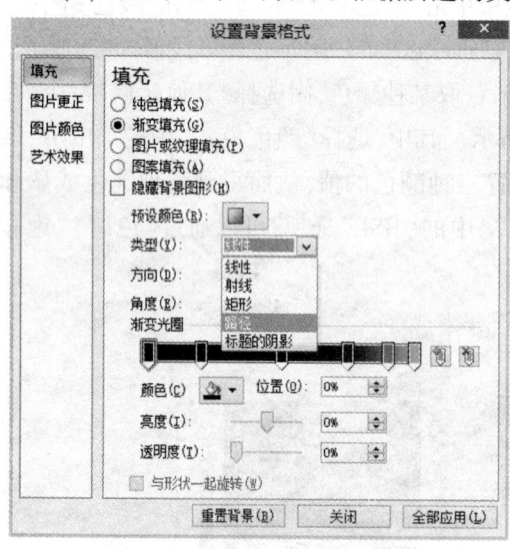

图 5-32 "类型"下拉列表

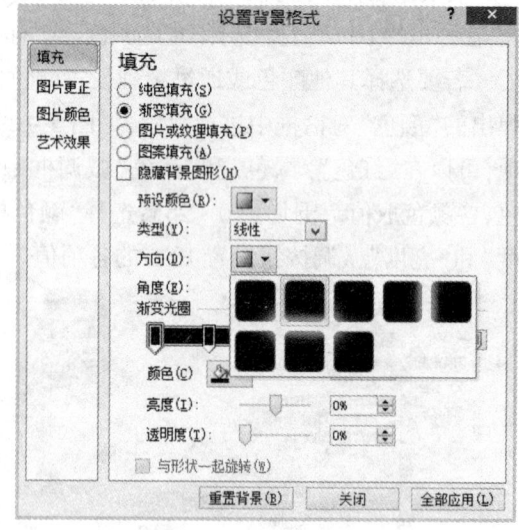

图 5-33 "方向"下拉列表

(4)"角度"微调框可以通过向上或向下按钮增减某些类型颜色渐变的角度。

(5)"渐变光圈"选项区可以通过"光圈"的设置改变颜色的渐变效果。每种预设颜色都由若干个光圈组成,每个光圈都代表一种颜色。选定某个光圈后,单击"颜色"下拉按钮,在弹出的下拉列表中改变其颜色,同时通过"结束位置"和"透明度"滑动条改变该光圈的位置并设置光圈颜色的透明度。当需要增加新光圈或卸载原有某些光圈时,单击"添加"和"卸载"按钮即可。

提示：

PowerPoint 2010 中的"光圈"是 PowerPoint 2003 中"双色渐变"功能的扩展，每增加一个光圈就增加一种颜色的渐变。

3）设置图片或纹理填充背景

使用颜色填充背景感到简单和单调时，可以选择使用系统自带纹理或图片作为幻灯片的填充效果。

在"设置背景格式"对话框的"填充"选项卡中单击"图片或纹理填充"单选按钮，此时的对话框如图 5-34 所示。各选项简要介绍如下。

(1)"纹理"下拉列表提供了系统自带的 25 种纹理，用于设置具有较强质感的背景效果，如图 5-35 所示。

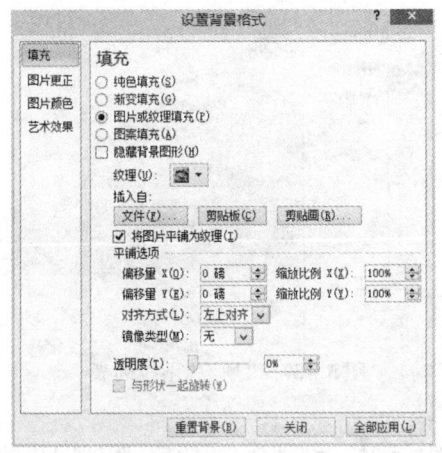
图 5-34　选中"图片或纹理填充"单选按钮

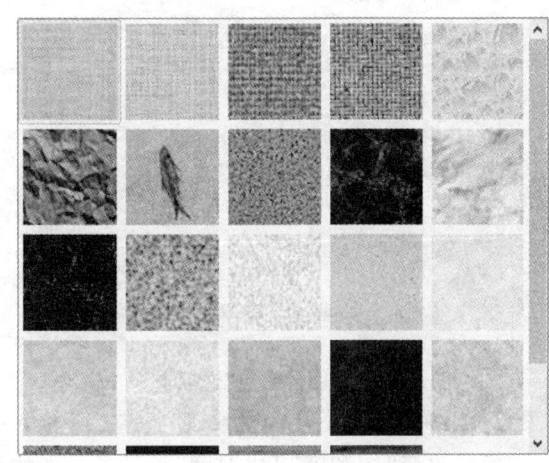
图 5-35　"纹理"下拉列表

(2)"插入自："选项区供用户通过"文件(F)…"按钮插入图片文件，单击"剪贴画(R)…"按钮插入剪贴画，或单击"剪贴板"按钮插入剪贴板中的图片作为当前的背景图片。

(3)"将图片平铺为纹理"复选框默认为选中状态。当选中的图片较小时，会将其平铺为纹理，否则，将图片拉伸后作为背景填充。

(4)"平铺选项"区。"偏移量 x"和"偏移量 Y"微调框分别用来设置所选图案在平铺时的相对水平和垂直偏移量，"缩放比例"微调用于设置图案在水平或垂直方向的缩放比例，"对齐方式"下拉列表用于设置图案在幻灯片中的相对对齐方式，"镜像类型"下拉列表框用于设置是否需要将图案的水平或垂直镜像作为平铺图案。

(5)"透明度"滑动条。通过拖动滑块或修改其数值改变图案的透明度。

提示：

在"填充"选项卡的每一个设置界面中都有一个"隐藏背景图形"复选框，勾选该项可以将背景中的所有图形暂时隐藏，只显示各种颜色、纹理和图片的填充效果。

2. 设置背景图片格式

若想对所选的背景图片进行进一步的格式设置，则在"图片颜色"选项卡中进行，如图 5-36 所示。

1) 对图片重新着色

在"图片颜色"选项卡的"重新着色"组中单击"预设"下拉按钮,弹出如图 5-37 所示的下拉列表。在此列表中可以设置背景图片的颜色效果,其中,"颜色模式"选项区提供了"灰度""褐色""冲蚀"和"黑白"效果选项,"深色变体"选项区提供了七种深色变体效果选项,"浅色变体"选项区提供了七种浅色变体效果选项。若要恢复着色前的图片状态,选择"不重新着色"选项区中的选项即可。

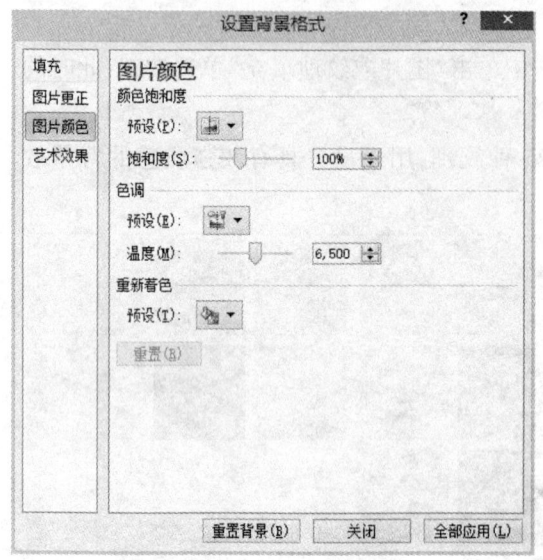

图 5-36 "图片颜色"选项卡

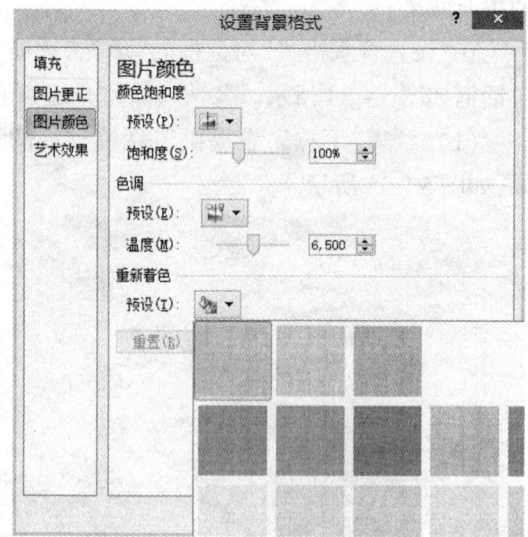

图 5-37 "预设"下拉列表

2) 调解图片的亮度和对比度

通过改变"饱和度"和"温度"滑动条的滑块位置或相应微调框中的数值,调解图片的亮度和对比度。

3) 取消图片设置

用户如果对所设置的图片效果不满意,则单击"重设图片"按钮,恢复图片的原始状态。

提示:

完成背景格式设置后,如果单击"关闭"按钮,所做设置将应用于当前幻灯片;单击"全部应用"按钮,所做设置将应用于所有幻灯片;单击"重置背景"按钮,所做设置将被取消,幻灯片背景恢复到设置前的状态。

5.3.4 幻灯片母版的设置

母版是定义演示文稿中所有幻灯片或页面格式的幻灯片视图或页面。PowerPoint 2010 包含三个母版,分别为幻灯片母版、讲义母版和备注母版。当需要设置幻灯片风格时,可以在幻灯片母版视图中进行设置;当需要将演示文稿以讲义形式打印输出时,可以在讲义母版中进行设置;当需要在演示文稿中插入备注内容时,则可以在备注母版中进行设置。

1. 幻灯片母版

通过定义幻灯片母版的格式,统一演示文稿中使用此母版的幻灯片的外观。幻灯片母版中的信息包括文本及对象格式、占位符格式及位置、背景设计和配色方案等。用户通过更改这些信息,可以更改整个演示文稿中幻灯片的外观,设置的效果将显示在使用该母版的所有幻灯片中。

PowerPoint 2010 中的幻灯片母版由两个层次组成,即"主母版"和"版式母版"(可以创建自定义的版式母版)。"主母版"是对演示文稿幻灯片共性的设置,"主母版"中的设置会体现在所有"版式母版"中,"版式母版"则是对演示文稿幻灯片个性的设置。

1)编辑幻灯片母版

选中应用相同主题幻灯片组中的任意一个幻灯片,在"视图"选项卡的"母版视图"组中单击"幻灯片母版"按钮,切换到"幻灯片母版"视图,系统将自动弹出"幻灯片母版"选项卡,左窗格中以树形结构显示出幻灯片母版的层次,如图 5-38 所示。其中,第一张幻灯片母版为"主母版",其下的各个分支为默认提供的相应"版式母版"。当用户将鼠标指针置于幻灯片母版缩略图附近时,可以查看应用该母版的幻灯片。

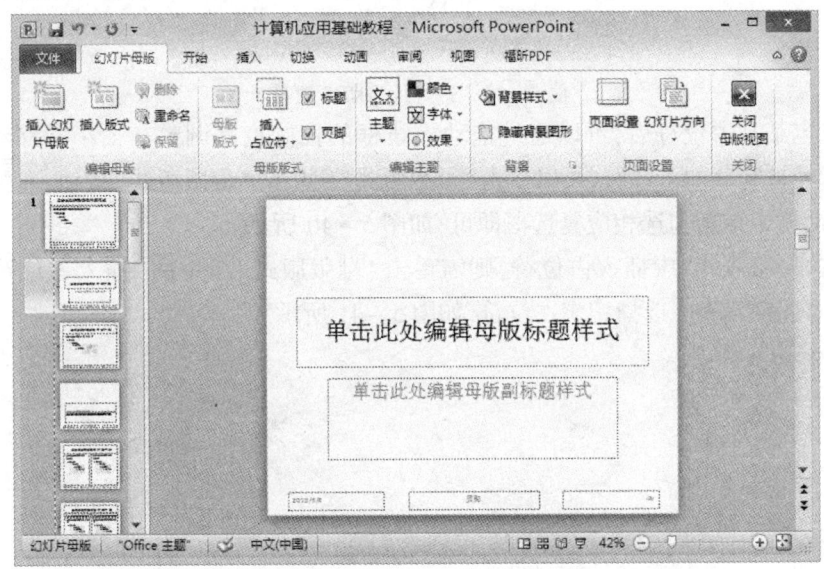

图 5-38 "幻灯片母版"选项卡

提示:

用户可以卸载不需要的"母版版式",但是一旦卸载,会减少普通视图下的幻灯片版式,因此不建议卸载。

用户可以先将演示文稿幻灯片的共性内容设置在"主母版"中,例如,所有幻灯片都要统一设置的文本及对象格式、占位符格式及位置、背景设计和配色方案等,然后再分别设置"版式母版"的个性化内容。

(1)设置幻灯片母版占位符格式。幻灯片"主母版"中包含五种主要的占位符,即标题占位符、文本占位符、日期占位符、页码占位符和页脚占位符,如图 5-39 所示。分别在日期占位符、页码占位符和页脚占位符中输入相应内容,其大小、位置和文本格式都可以修改,甚至可以卸载。

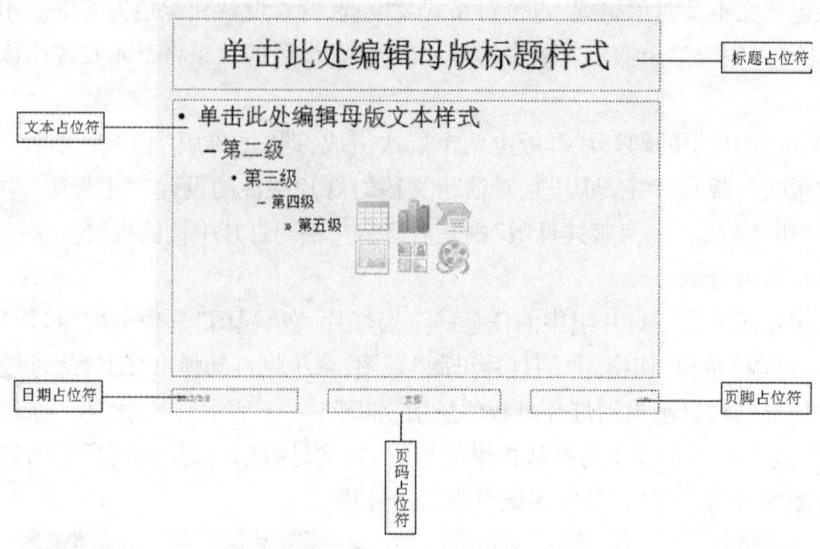

图 5-39 幻灯片母版占位符

用户选定某一占位符后,可以通过拖动虚线框的控制点来调整其大小并移动其位置。若要恢复已经被卸载的占位符,可以单击"母版版式"组中的"母版版式"按钮,在弹出的"母版版式"对话框中重新勾选相应复选框即可,如图 5-40 所示。

若要在"母版版式"中插入占位符,则需单击"母版版式"组中的"插入占位符"下拉按钮,在弹出的下拉列表中选择相应占位符,如图 5-41 所示。

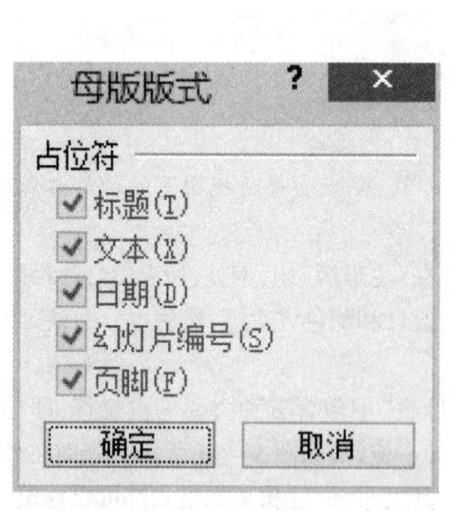

图 5-40 "母版版式"对话框

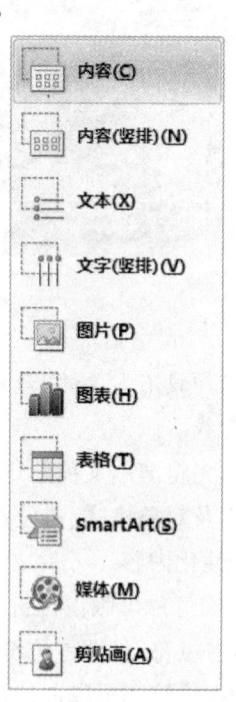

图 5-41 "插入占位符"下拉列表

用户可以像在普通视图中一样设置各占位符的文本格式、各级项目符号样式等内容,参考 5.4.2 节内容。

(2)设置母版主题、背景及插入对象。母版主题和背景的设置方法同普通视图中幻灯片的设置方法一样,在"编辑主题"组和"背景"组中进行设置。在母版中插入图形、图片等对象,可以使其出现在所有应用该母版的幻灯片背景中。

提示:

在"主母版"中插入的对象会出现在所有幻灯片背景中,也会出现在所有"母版版式"的背景中,而在"母版版式"中插入的对象只能出现在相应版式的幻灯片背景中。若想在"母版版式"中隐藏背景中的对象,可以勾选"背景"组中的"隐藏背景图形"复选框。

(3)编辑多母版。为了使演示文稿的外观样式更丰富,可以通过在统一风格下添加多母版来实现。

完成当前幻灯片母版的各项内容及格式设置后,在"编辑母版"组中单击"插入幻灯片母版"按钮,此时左侧窗格的当前幻灯片母版下方会出现一组新的母版,可以按照原母版的设计风格重新设置一组新的幻灯片母版。用户可以根据需要设计多组幻灯片母版,以便在不同的环境中使用不同外观样式的母版。例如,在母版版式中推入笑脸图形,如图5-42所示。

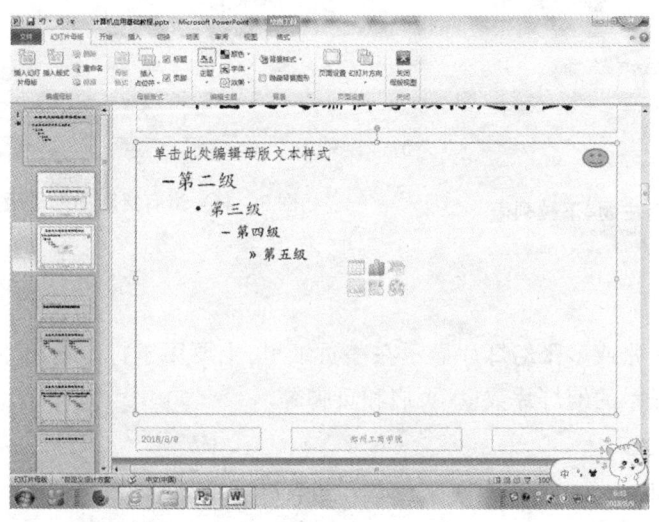

图5-42 在母版版式中插入笑脸图形

在"编辑母版"组中单击"插入版式"按钮,在母版组内增加"母版版式",并根据需要对母版版式进行编辑。若要卸载母版,则选中相应母版,在"编辑母版"组中单击"卸载"按钮即可。

完成幻灯片母版设置后,单击"关闭母版视图"按钮,即可切换至幻灯片的普通视图模式。

2)使用幻灯片母版

完成幻灯片母版编辑后,在普通视图中即可看到外观风格统一的幻灯片,例如,幻灯片具有相同的文字或图形标志背景、统一的文本格式或项目符号样式版式。若当前演示文稿已经定义了多个幻灯片母版,这些母版样式将出现在当前演示文稿的主题列表中。用户可以根据需要为不同的幻灯片选择不同的母版样式,方法如下:

(1)选中要使用相同母版的若干张幻灯片;

(2)在"设计"选项卡的"主题"组中单击主题选项右侧滚动条中的下拉按钮,弹出如图 5-43 所示的"所有主题"下拉列表;

(3)"此演示文稿"选项区中显示了当前演示文稿中已经定义的所有母版样式,单击相应的母版样式,即可将其应用到选定的幻灯片中。应用效果如图 5-44 所示。

图 5-43 "所有主题"下拉列表

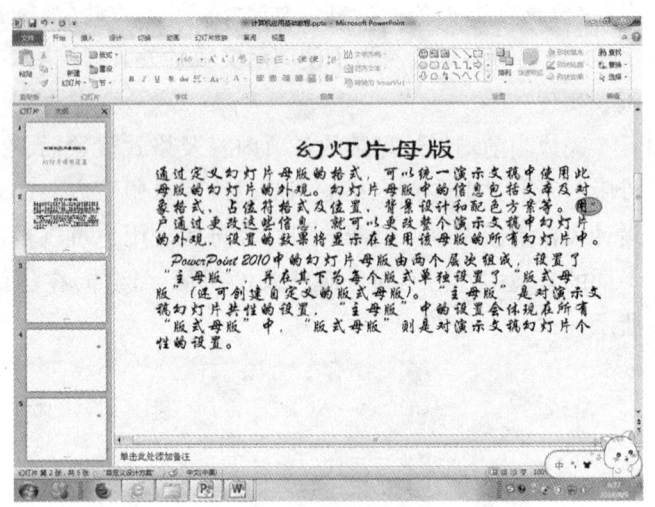

图 5-44 带有笑脸图形母版版式的幻灯片

2. 讲义母版

讲义母版将一张或多张幻灯片显示在一页纸里,主要用于打印输出。制作讲义母版包括设置每页纸张显示的幻灯片数量、页眉和页脚等。

1) 关于讲义

用户可以按讲义的格式打印演示文稿(每个页面可以包含 1、2、3、4、6、9 张幻灯片),该讲义可供听众在以后的会议中使用。

2) 编辑讲义母版

讲义母版的更改包括重新定位、调整大小、设置页眉和页脚占位符的格式,所有更改会在打印大纲时显示。编辑讲义母版的具体操作步骤如下:

(1)在"视图"选项卡的"母版视图"组中单击"讲义母版"按钮,切换到讲义母版视图,如图 5-45 所示。

(2)在讲义母版视图中,设置每页打印幻灯片的张数和位置,在"页面设置"组中单击"每页幻灯片数量"下拉按钮,在弹出的下拉列表中选择幻灯片的张数即可。

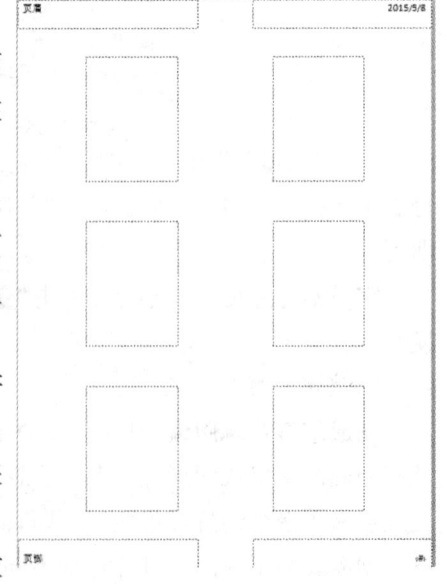

图 5-45 讲义母版视图

(3)在页眉和页脚区分别输入页眉和页脚内容。设置讲义页眉和页脚占位符的属性与在幻灯片中设置占位符属性的方法类似,包括移动位置、调整大小及设置文字格式等。

(4)设置讲义背景。在"背景"组中单击"背景样式"下拉按钮,在弹出的下拉列表既可以直接选择系统预设的背景,也可以选择"设置背景格式"命令,在弹出的对话框中设置背景格式。

(5)完成讲义母版设置后,单击"关闭母版视图"按钮,退出讲义母版视图模式,将修改应用到演示文稿的讲义中。

3. 备注母版

备注页是指将作者编写的备注显示在幻灯片下方的页面,该页面包含幻灯片的缩略图及一个设置备注文本的版面设置区,同样应用于打印,以供用户参考。制作备注母版主要包括设置备注页的外观和备注信息的文本格式等内容。

1)编辑备注母版

在"视图"选项卡的"母版视图"组中单击"备注母版"按钮,切换到备注母版视图,如图5-46所示。

在"备注母版"选项卡的"页面设置"组中设置备注页及幻灯片的方向,在"占位符"组中设置备注页中的内容,在"背景"组中设置备注页的背景样式。完成编辑后,单击"关闭母版视图"按钮,关闭母版视图,返回普通视图。

2)使用备注页

在"视图"选项卡的"演示文稿视图"组中单击"备注页"按钮,切换到备注页视图,如图5-47所示。单击备注页中的备注占位符,在该占位符中输入备注内容。

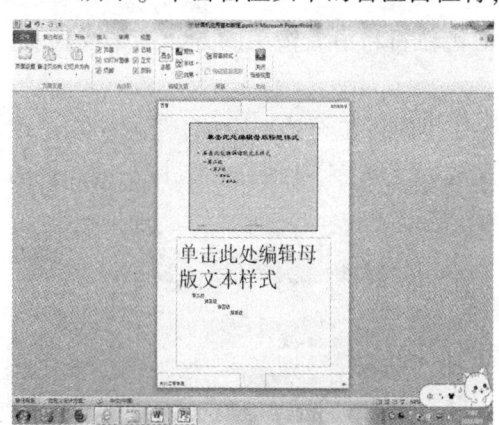

图 5-46 备注母版视图

图 5-47 备注页视图

5.4 幻灯片对象的添加与处理

5.4.1 文本的输入、编辑与格式化

幻灯片能够向观众传达一定的信息,在众多的信息类型中,文本是最重要的信息传递手

段。使用文本能够详细、准确地表达作者的思想和观点,因此,文本在幻灯片中是不可或缺的。在文本输入和编辑的同时应用 PowerPoint 2010 的文本效果,会给幻灯片增色不少。

1. 文本的输入

新建的幻灯片中通常只带有一些提示性的文本,要使用幻灯片表达思想内容,就要在其中输入合适的文本。在 PowerPoint 2010 中输入文本的方法有多种,主要包括在文本占位符中输入文本、在大纲窗格中输入文本和在文本框中输入文本三种。

1) 在文本占位符中输入文本

在新建的幻灯片中常会出现含有"单击此处添加标题"和"单击此处添加文本"等提示性文字的虚线文本框,这类文本框就是文本占位符,在其中可输入文本内容。

当用鼠标单击占位符之后,里面的提示信息会自动消失,光标的形状变成一条短竖线,此时可以在占位符中输入文本。在输入文本的过程中,PowerPoint 2010 会自动将超出占位符的部分转换到下一行。

用户可以根据需要调整占位符的尺寸、位置和外观样式,具体介绍如下。

(1) 调整占位符的尺寸。单击需要调整尺寸的占位符,此时,在占位符的边框上将出现八个尺寸控制点,如图 5-48 所示。将鼠标指针指向其中的任意一个尺寸控制点,鼠标指针将

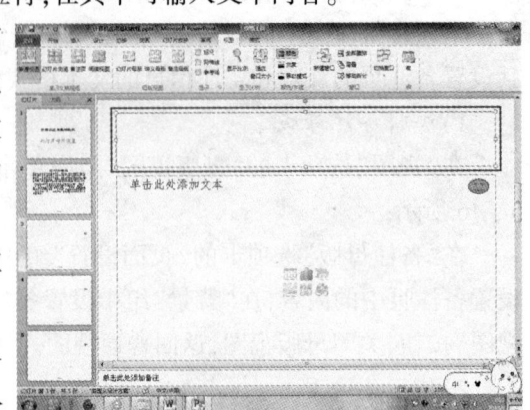

图 5-48 调整占位符的尺寸

变成一个黑色的双箭头,按住鼠标左键并拖动鼠标,占位符将沿着箭头的方向扩张或收缩。当调整占位符到适当的大小时,释放鼠标即可。

(2) 调整占位符在幻灯片中的位置。将鼠标指针指向占位符边框上的任意点(八个控制点除外),鼠标指针将变成由两个黑色取箭头交叉成的"+"字,此时按住鼠标左键并拖动鼠标,将占位符移动到合适的位置后,释放鼠标即可。

(3) 为了使占位符的样式更加美观,还可以改变占位符的外观。在占位符处单击鼠标右键,在弹出的快捷菜单中选择"设置形状格式"命令,弹出"设置形状格式"对话框,如图 5-49 所示。该对话框中可以设置占位符的填充、线条颜色、线型、阴影、三维格式、三维旋转等,完成设置后单击"关闭"按钮。

2) 在大纲窗格中输入文本

除了存文本占位符中输入文本外,还可以通过单击幻灯片/大纲窗格的"大纲"选项卡,在大纲窗格中输入文本,并浏览所有幻灯片的文本内容,如图 5-50 所示。

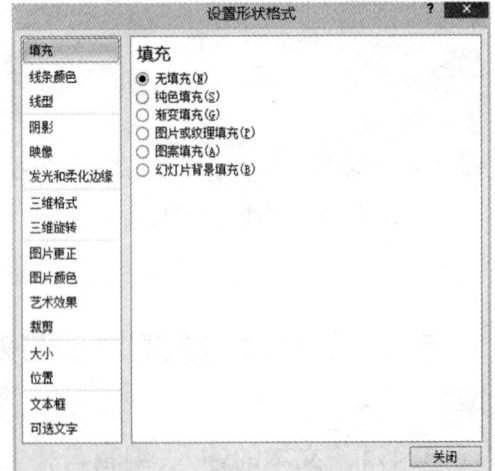

图 5-49 "设置形状格式"对话框

第5章 青春记忆——演示文稿制作软件 PowerPoint 2010

在"大纲"选项卡中编辑文本时,该视图将只显示文档中的文本,并保留除色彩以外的其他所有文本属性。在"大纲"选项卡的幻灯片图标右侧单击鼠标左键,定位光标并输入文本。

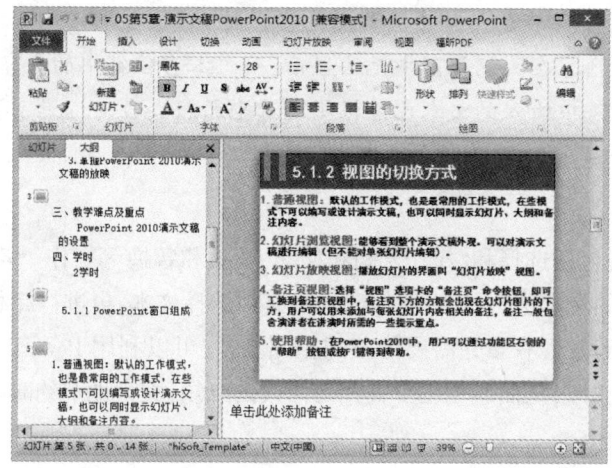

图 5-50 "大纲"选项卡

3) 在文本框中输入文本

通常,幻灯片中的文本占位符有限,并且都有固定的格式和位置,当用户需要在幻灯片其他位置输入文本时,可以绘制一个新文本框,在其中输入需要的文本。文本框中的文本可以进行字体、字号等多种风格的设置,也可以将其移向任意位置并调整它的大小。

在文本框中添加文本的具体操作步骤如下。

(1) 在"插入"选项卡的"文本"组中单击"文本框"下拉按钮,在弹出的下拉列表中选择"横排文本框"或"垂直文本框"命令。

(2) 若要添加单行文本,则将鼠标指针定位在幻灯片中要添加文本的位置,单击鼠标左键,生成一个处于编辑状态的文本框,向文本框中输入文本,按【Enter】键可以换行。若要添加可自动换行的文本框,将鼠标指针定位在要添加文本的位置,按住鼠标左键不放,拖至需要的大小,释放鼠标生成一个文本框,在文本框中输入文本时,将根据文本框的宽度自动换行。横排文本框和垂直文本框如图 5-51 所示。

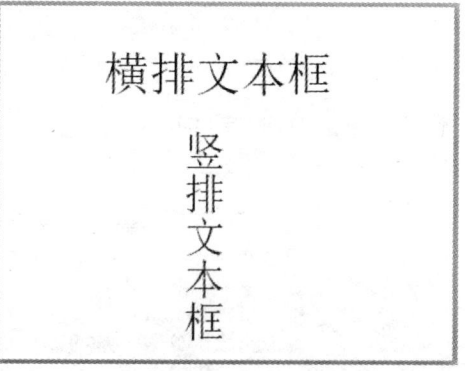

图 5-51 横排文本框和垂直文本框

(3) 完成文本框的输入操作后,单击文本框以外的任意位置即结束文本的输入。将鼠标指针指向文本框的边框,按住鼠标左键拖动可以移动文本框。将鼠标指针置于文本框的控制点上,拖动该控制点可以改变文本框的大小。PowerPoint 2010 中的文本框默认的格式均是无边框和填充色的,若要改变文本框的格式,可以按照占位符的格式设置方法,单击鼠标右键,在弹出的快捷菜单中选择"设置形状格式"命令,在相应对话框中进行设置。

提示:

文本框和文本占位符是有区别的,具体表现在三个方面。

(1)文本框通常是根据需要人为添加的,并可以拖动到任何地方放置,而文本占位符是在添加新幻灯片时,由于选择版式的不同而由系统自动添加的,其数量和位置只与幻灯片的版式有关。通常不能直接在幻灯片中添加新的占位符。

(2)文本框里的内容在大纲视图中无法显示,而文本占位符中的内容则可以显示。

(3)在文本占位符中输入的文本已经根据所选主题版式自动设置了某种文本格式,而在文本框中输入的文本是系统默认的文本格式。

2. 文本的编辑

文本的编辑主要包括选择和修改、复制和移动、查找和替换等操作。若输入的文本中出现错误,则需要对错误的文本进行修改,在修改之前必须选择文本,再进行卸载、添加等操作。

在编辑文本时,若发现有多处需要修改的相同文本,可以利用 PowerPoint 2010 的"查找和替换"功能进行快速修改,从而避免逐个查找与修改的麻烦,大大地节约时间,提高工作效率。

3. 文本的格式化

在默认状态下,在文本占位符或文本框中输入的文本是系统默认或主题中已经确定的格式,往往会略显单调,为了使幻灯片更加美观,可以对字符和段落进行格式设置,包括设置文本的字体、颜色、对齐方式、缩进方式、行距及段落间距等。

1)设置字符格式

选中文本内容后,在"开始"选项卡的"字体"组单击对话框启动器按钮 ,弹出"字体"对话框,如图5-52所示。在此对话框中设置文本的字体、字号、字形、字体颜色、下划线线型及颜色、文字效果和字符间距等字符格式。

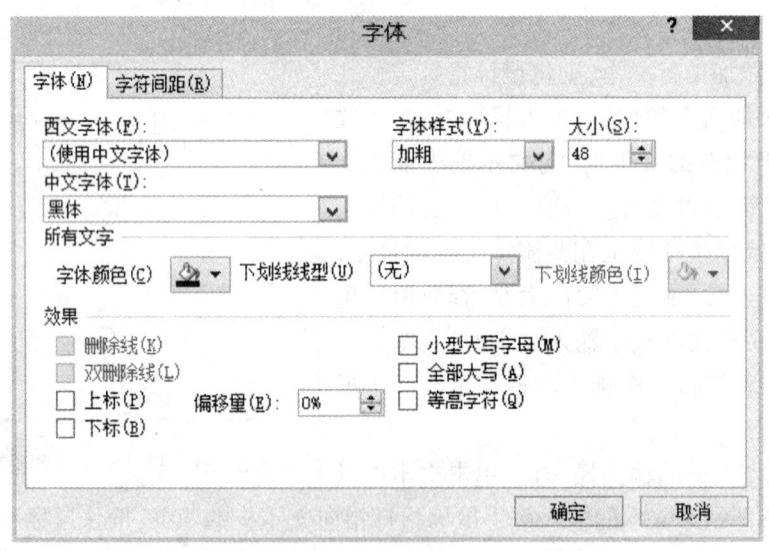

图5-52 "字体"对话框

2)设置段落格式

选中文本内容后,在"开始"选项卡的"段落"组中单击对话框启动器按钮,弹出"段落"对话框,如图5-53所示。在此对话框中设置文本的对齐方式、缩进方式、行距和段落间距等段落格式。

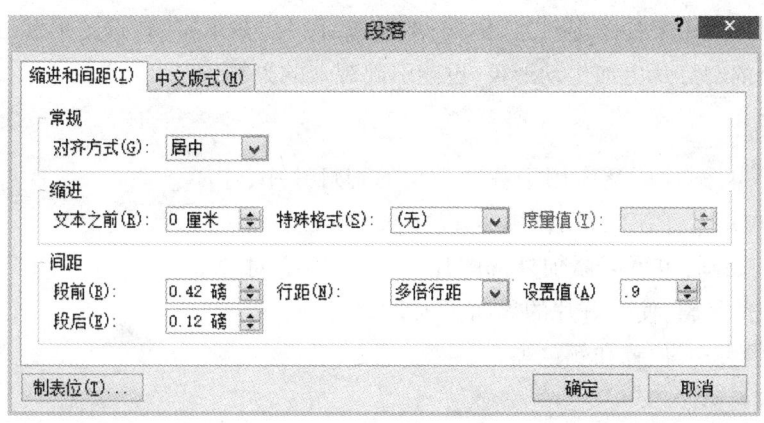

图 5-53 "段落"对话框

此外,还可以设置段落文本的项目符号和编号。选中相应段落后,在"开始"选项卡的"段落"组中单击"项目符号"下拉按钮,在弹出的下拉列表中选择某一种项目符号即可。"项目符号"下拉列表如图 5-54 所示。

若所有项目符号都不满足要求,则在列表中选择"项目符号和编号"命令,弹出"项目符号和编号"对话框,如图 5-55 所示。在该对话框中可以设置项目符号的大小和颜色,或者单击"图片"按钮,在弹出的"插入图片"任务窗口中选择某一图片项目符号,或者单击"自定义"按钮在弹出的"符号"对话框中选择某一符号项目符号。

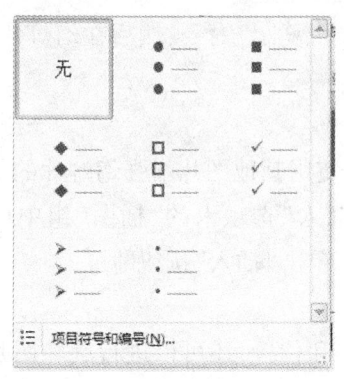

图 5-54 "项目符号"下拉列表

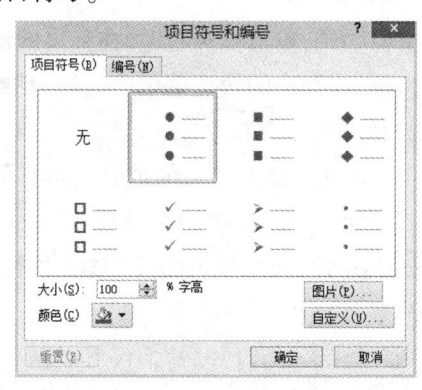

图 5-55 "项目符号和编号"对话框

若要对段落文本设置编号,则单击"项目符号"命令按钮旁边的"编号"下拉按钮,弹出如图 5-56 所示的"编号"下拉列表,其设置方法同项目符号的设置方法相同。

提示:

完成段落文本项目符号和编号设置后,可以通过按【Tab】键将选定的项目符号或编号降级,也可以通过【Shift】+【Tab】组合键将选定的项目符号或编号升级。

5.4.2 图形对象的添加与处理

文字能准确而详细地表达幻灯片的内容,但若只有文字就会感觉枯燥乏味。为了让幻灯片更加丰富多彩,通常

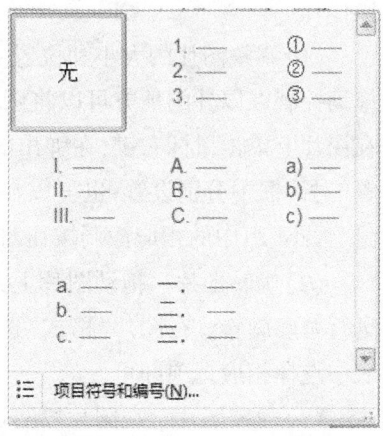

图 5-56 "编号"下拉列表

需要在幻灯片中使用各种图形对象,例如,剪贴画、图片、艺术字、自选图形和 SmartArt 图形等。图文并茂的幻灯片更加生动形象,更能引起观众的兴趣。

1. 添加图片

在幻灯片中,图片广泛应用于各种类型的幻灯片中,是不可缺少的元素。在幻灯片中,可以添加 PowerPoint 2010 自带的剪贴画,也可以添加外部图片,添加后需要对图片进行一定的编辑,使幻灯片的界面更加和谐、美观,例如,设置图片的大小、位置和颜色等。

1)插入剪贴画

PowerPoint 2010 中自带一个剪辑库,包含大量的图片,即剪贴画,可以很方便地将需要的图片插入到幻灯片中。

打开需要插入剪贴画的幻灯片,在"插入"选项卡的"插图"组中单击"剪贴画"按钮,在弹出的"剪贴画"任务窗格中完成图片插入操作。若"剪贴画"任务窗格中的剪贴画不能满足要求,则单击"管理剪辑"超链接,弹出"剪贴画"任务窗格,如图 5 – 57 所示。在该任务窗格中选择

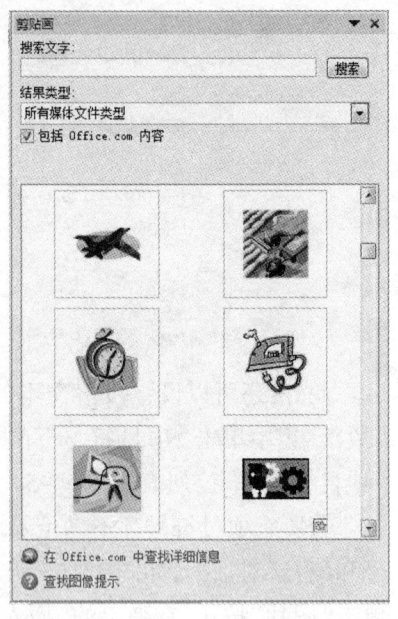

图 5 – 57 "剪贴画"任务窗格

所需的剪贴画,单击鼠标右键,在弹出的快捷菜单中选择"复制"命令,然后在幻灯片中单击鼠标右键,在弹出的快捷菜单中选择"粘贴"命令即可。

2)插入图片

PowerPoint 2010 自带的剪贴画是有限的,有时需要使用其他图片增强幻灯片的效果,用户可以将保存在系统中的图片插入到幻灯片中。在"插入"选项卡的"插图"组中单击"图片"按钮,在弹出的"插入图片"对话框中找到目标图片,单击"插入"按钮即可。

3)编辑图片

图片被插入幻灯片后,不仅可以精确地调整其大小和位置,还可以进行旋转图片、裁剪图片、调整图片属性、设置图片样式、改变图片叠放顺序和对齐方式及对图片进行组合等操作。

(1)调整图片的大小和位置。用鼠标拖动图片边框的尺寸控制点可以调整图片的大小,拖动控制点以外的地方可以将图片移动到其他位置。若要精确设置图片的尺寸和位置,则在图片上单击鼠标右键,在弹出的快捷菜单中选择"大小和位置"命令,在弹出的"大小和位置"对话框中分别设置;也可以在"图片工具"浮动选项卡的"格式"功能区选项卡中通过单击"大小"组中的相应微调按钮对图片的高度和宽度进行快速设置。

(2)旋转图片。拖动图片上方的绿色旋转手柄手动旋转图片,也可以使其按照某个方向进行精确旋转。在图片"格式"选项卡的"排列"组中单击"旋转"下拉按钮,在弹出的下拉列表中选择相应选项即可。

(3)裁减图片。在图片"格式"选项卡的"大小"组中单击"裁剪"下拉按钮,图片周围出现裁剪框,如图 5 – 58 所示。将鼠标置于裁剪框上的任意一点,单击并拖动鼠标,即可对图

片进行裁减,效果如图5-59所示。再次单击"裁剪"按钮或单击图片外的任意位置即可取消图片的裁减状态。

图5-58 裁减图片

图5-59 裁减后的效果

(4)调整图片属性。在图片"格式"选项卡的"调整"组中选择相应命令,调整图片的亮度和对比度。在该组中,单击"压缩图片"按钮将图片进行压缩,单击"更改图片"按钮将图片替换成另外一幅图片,单击"重设图片"按钮将图片恢复到原始大小。

(5)设置图片样式。若要对图片设置不同的样式,既可以直接在"图片样式"组中选择系统预置的样式,也可以单击其右侧的下拉按钮,弹出如图5-60所示的下拉列表。在该列表框中选择合适的样式,将其应用到所选图片中。

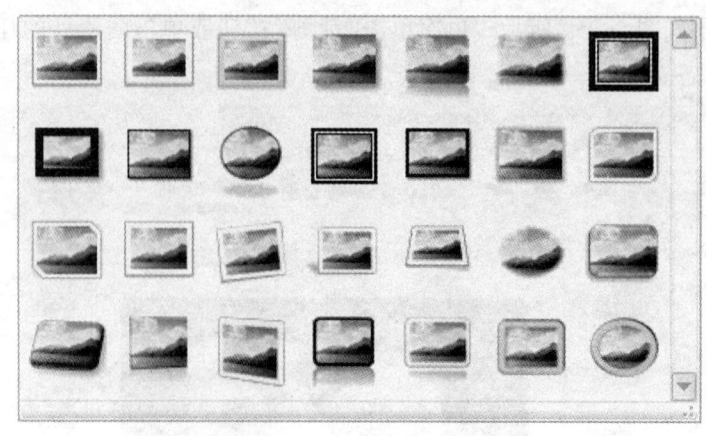

图 5-60 "图片样式"列表

若要对应用样式后图片的形状进行修改,则单击"图片版式"下拉按钮,在弹出的下拉列表中选择合适的形状,即可将其应用到所选图片上。"图片版式"下拉列表如图 5-61 所示。

若要对图片的边框进行修改,则单击"图片边框"下拉按钮,在弹出的下拉列表中选择合适的颜色,即可更改图片的边框颜色。"图片边框"下拉列表如图 5-62 所示。

若要对图片的效果进行设置,则单击"图片效果"下拉按钮,在弹出时下拉列表选择合适的效果,即可将其应用到所选图片上。"图片效果"下拉列表如图 5-63 所示。

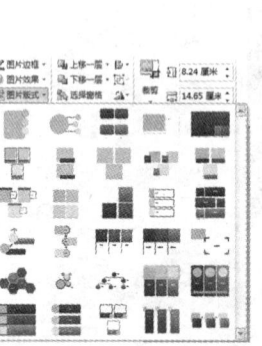
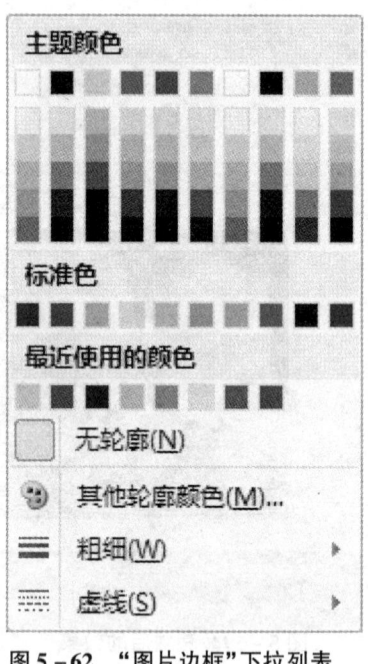
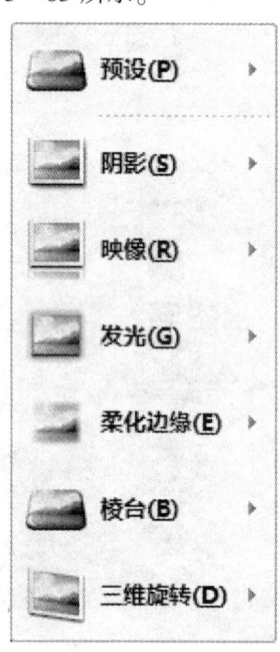

图 5-61 "图片版式"下拉列表　　图 5-62 "图片边框"下拉列表　　图 5-63 "图片效果"下拉列表

(6)改变图片叠放顺序和对齐方式。若幻灯片上包含多张图片对象,则根据需要,对图片的叠放顺序及对齐方式进行调整。

选中图片后,在"排列"组中单击"置于顶层"按钮,将图片置于所有图片的上方,效果如图 5-64 所示。若要将选中的图片上移一层,则单击"置于顶层"按钮旁边的箭头,在弹出的下拉列表中选择"上移一层"命令即可。

图 5-64 置于顶层效果

在"排列"组中单击"置于底层"按钮,将选中图片置于所有图片的下方,效果如图 5-65 所示。若要将选中的图片下移一层,则单击"置于低层"按钮旁边的箭头,在弹出的下拉列表中选择"下移一层"命令即可。

图 5-65 置于底层效果

若要隐藏某张图片,则单击"选择窗格"按钮,弹出"选择和可见性"任务窗格,如图 5-66 所示。

单击要隐藏图片右侧的图标 即可将该图片暂时隐藏,如图 5-67 所示,再次单击该图标则重新显示该图片。

图 5-66 "选择和可见性"任务窗格

图 5-67 隐藏图片效果

若要隐藏所有图片,则单击该面板下方的"全部隐藏"按钮;若要重新显示隐藏的所有图片,则单击"全部显示"按钮;若要调整图片的排列顺序,则单击上移一层按钮或下移一层按钮。

若要使图片按照某种方式对齐,则将相应图片选中,单击"对齐"下拉按钮,在弹出的下拉列表中选择合适的选项,即可使所选图片按照该种方式对齐。"对齐"下拉列表的如图 5-68 所示。

(7) 图片组合。若要将幻灯片中的多张图片形成一个整体,则对这些图片进行组合。选中要组合的图片后,在左"格式"选项卡的"排列"组中单击"组合"下拉按钮,在弹出的下拉列表中选择"组合"命令即可。"组合"下拉列表如图 5-69 所示。

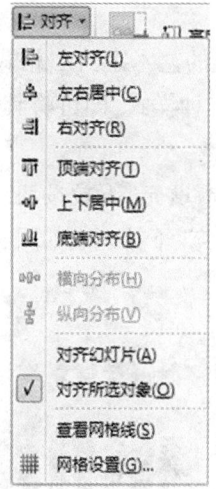

图5-68 "对齐"下拉列表　　　　图5-69 "组合"下拉列表

若要取消组合以便对其中的图片进行修改,则选中组合图片后,单击"组合"按钮,在下拉列表中选择"取消组合"命令即可。

图片修改完成后,在"组合"列表中选择"重新组合"命令,即可将原组合对象重新组合。

2. 添加艺术字

在上一节已经介绍了在幻灯片中输入文本并设置文本格式的方法,使文本在幻灯片中产生一定的效果,但往往不能达到满意的效果。因此,PowerPoint 2010 为用户提供了艺术字,它使文本在幻灯片中更加突出,为幻灯片增加更加丰富的效果。

在幻灯片中可以插入不同样式的艺术字,还可以对艺术字进行编辑,例如,设置艺术字的文本填充、轮廓及效果等,使文本更具特色。

1) 插入艺术字

要在幻灯片中使用艺术字,首先要将艺术字插入幻灯片中,再对其进行编辑与处理。在"插入"选项卡的"文本"组中单击"艺术字"下拉按钮,弹出"艺术字"下拉列表,如图5-70所示。

在该列表中选择一种样式,工作表中显示如图5-71所示的占位符,在该占位符中输入艺术字的内容即可。

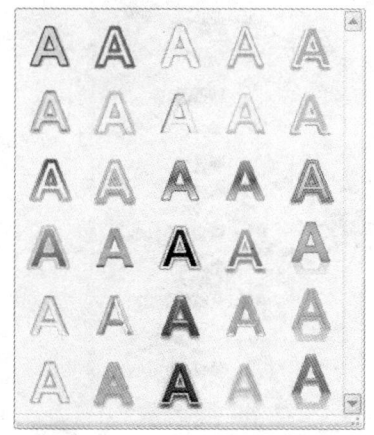
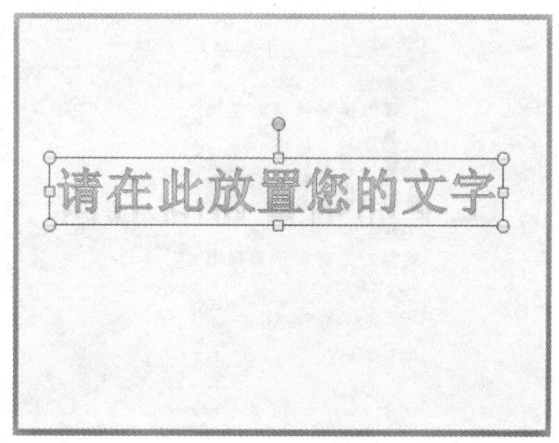

图5-70 "艺术字"下拉列表　　　　图5-71 艺术字占位符

2) 编辑艺术字

完成艺术字创建后,还可以对其进行编辑修改。选中创建的艺术字,在"格式"选项卡的"艺术字样式"组中单击下拉按钮,在弹出的下拉列表中选择一种样式,即可将其应用于选中的艺术字。"艺术字样式"下拉列表如图 5 – 72 所示。

若要更改文本的填充色,则在"艺术字样式"组中单击"文本填充"下拉按钮,在弹出的下拉列表,选择合适的颜色即可改变该艺术字的填充色。"文本填充"下拉列表如图 5 – 73 所示。

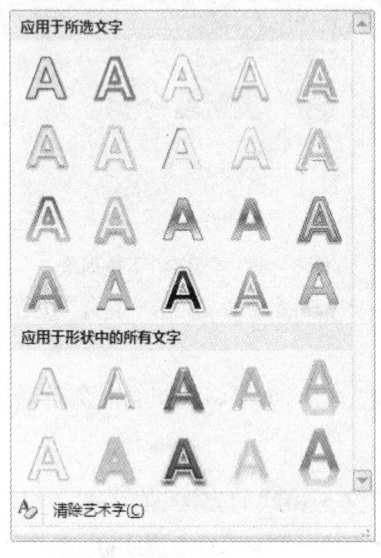

图 5 – 72 "艺术字样式"下拉列表

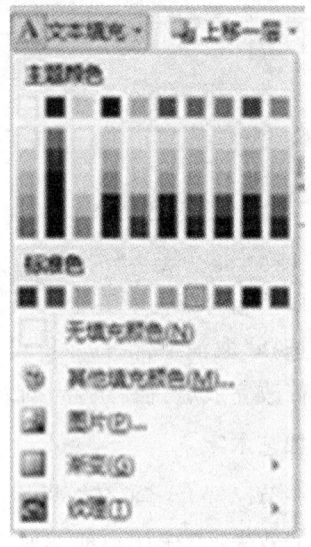

图 5 – 73 "文本填充"下拉列表

若要改变文本轮廓的线条和颜色,则在"艺术字样组"组单击"文本轮廓"下拉按钮,在弹出的下拉列表中选择合适的选项即可改变该艺术字轮廓的线条和颜色,如图 5 – 74 所示。

若要改变艺术字的文本效果,则在"艺术字样组"组单击"文本效果"下拉按钮,在弹出的下拉列表中选择合适的选项,即可改变艺术字的文本效果,例如,设置阴影、映像、发光、棱台和三维旋转效果,还可以通过"转换"命令及其下拉列表改变艺术字的形状。"艺术字文本效果"下拉列表如图 5 – 75 所示。

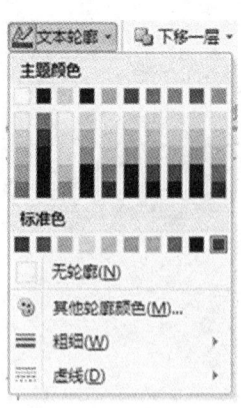

图 5 – 74 "文本轮廓"下拉列表

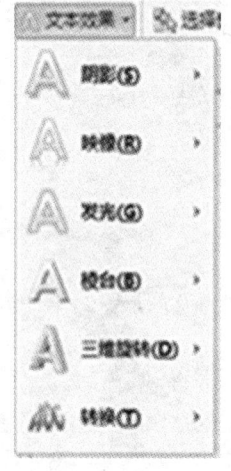

图 5 – 75 "艺术字文本效果"下拉列表

第5章 青春记忆——演示文稿制作软件 PowerPoint 2010

改变后的艺术字效果如图 5-76 所示。

若要改变艺术字的文字方向,则在"艺术字样式"组单击启动器按钮,弹出"设置文本效果格式"对话框,在对话框中单击"文本框"选项卡,在"文字方向"下拉列表中选择相应方向即可,如图 5-77 所示。

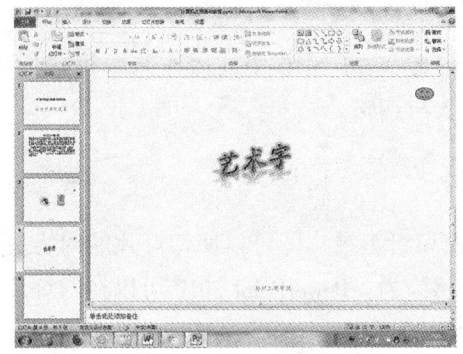
图 5-76 改变后的艺术字效果

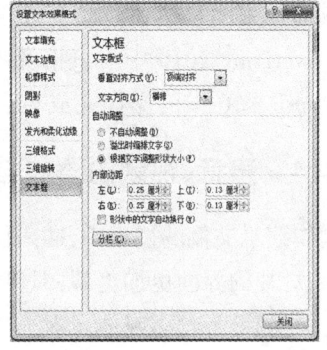
图 5-77 "设置文本效果格式"对话框

提示:

对艺术字的其他格式设置也可以在"设置文本效果格式"对话框中进行,例如,更改艺术字的填充色、轮廓的线条和颜色、文本效果等。

3. 添加形状及 SmartArt 图

在幻灯片中除了插入剪贴画和外部图片,还可以添加自选图形。PowerPoint 2010 提供了预先设计好的绘图插件,使用它们可以方便快捷地绘制一些简单的几何图形,从而满足不同场合的需求。

自选图形包括一些基本的线条、矩形、圆形、箭头、星形、标注和流程图等,用户可以根据需要进行绘制,还可以对绘制的图形进行各种编辑,例如,在图形中添加文本,设置图形的形状样式、填充及效果等。

在"插入"选项卡的"插图"组中单击"形状"下拉按钮,在弹出的下拉列表中选择相应形状进行绘制,单击"SmartArt"按钮,绘制各种组织结构和流程图。"形状"下拉按钮和"SmartArt"按钮如图 5-78 所示。

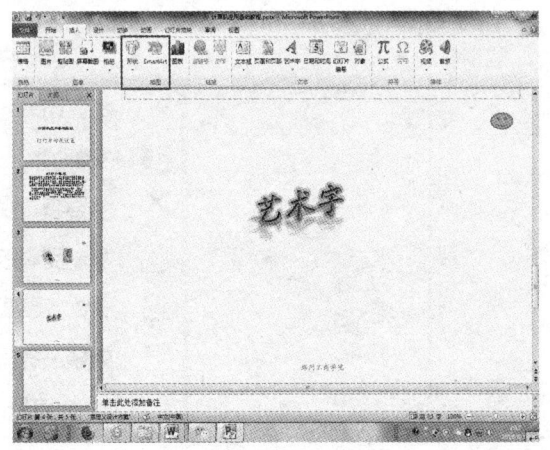
图 5-78 "形状"下拉按钮和"SmartArt"按钮

5.4.3 表格、图表的添加与处理

在制作幻灯片的过程中,当信息或数据比较多时,只用文字或图片来表示显得比较复杂,不易理解。此时,可以采用表格或图表的形式,将数据进行分类显示,使各数据信息之间的关系或对比更明显、更直观,有利于观众理解数据信息。

在 PowerPoint 2010 中对表格及图表的各种操作与 Word 2010 中的操作基本相同,可以按照在 Word 2010 中的操作完成对表格、图表的插入与编辑。

5.4.4 声音、视频的添加与处理

在制作演示文稿的过程中,插入图形、表格、图表和组织结构图可以使幻灯片的内容更加丰富,使幻灯片的界面更加美观,但仍然缺乏一定的感染力。PowerPoint 2010 可以在幻灯片中插入声音、视频等各种多媒体元素,丰富幻灯片内容,使观看者在视觉和听觉上产生美的感受。

1. 在幻灯片中添加声音

在幻灯片中可以添加声音,以达到强调或实现特殊效果的目的。在 PowerPoint 2010 中,既可以通过计算机、网络或微软剪贴画中的文件添加声音,也可以自己录制声音,将其添加到演示文稿中,或者使用 CD 中的音乐。

1)插入剪贴画中的声音

在 PowerPoint 2010 中,插入剪贴画中的声音的方法与插入剪贴画类似。

(1)在"插入"选项卡的"媒体剪辑"组中单击"声音"下拉按钮,在弹出的下拉列表中选择"剪贴画中的声音"命令,弹出"剪贴画"任务窗格,如图 5-79 所示,在该任务窗格中列出了剪辑库中的所有声音文件。

(2)在任务窗格的列表框中单击任意声音文件缩略图右侧的向下箭头,弹出"声音文件"下拉菜单,如图 5-80 所示。在下拉列表中选择"预览/属性"命令,弹出"预览/属性"对话框,如图 5-81 所示。在对话框中查看剪辑声音的属性并预听声音文件,预听结束后,单击"关闭"按钮即可完成插入。

图 5-79 "剪贴画"任务窗格

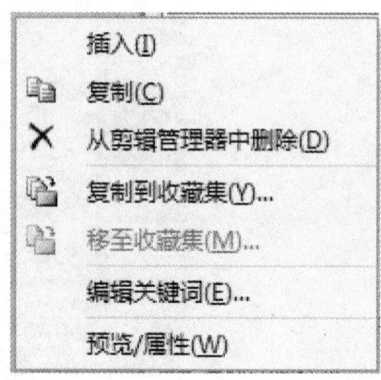

图 5-80 "声音文件"下拉菜单

(3)如果对预听的声音剪辑感到满意,则单击该声音剪辑缩略图,直接将其插入到幻灯片中,插入效果图如图5-82所示。

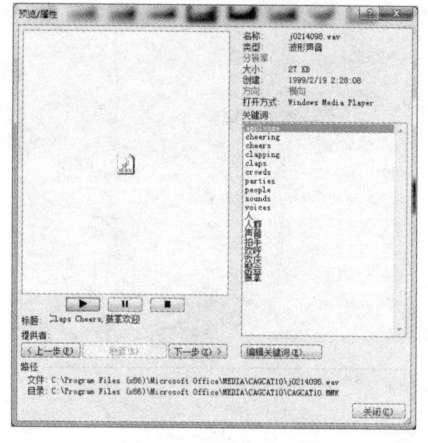

图5-81 "预览/属性"对话框

图5-82 插入声音播放器效果

(4)完成设置后,插入的声音文件以图标 的形式出现在幻灯片中,用户可以像编辑其他对象一样,改变图标的大小和位置,如图5-83所示。

图5-83 改变声音文件的位置

提示:

在普通视图模式下,若想试听声音,则双击声音图标开始播放,单击该图标停止播放。

2)插入文件中的声音

PowerPoint 2010 剪贴画中的声音是有限的,而在实际的制作过程中,往往需要插入与幻灯片内容相符合的声音,例如,背景音乐和 MTV 音乐等,此时需要插入外部的声音文件。

(1)在"插入"选项卡的"媒体剪辑"组中单击"声音"下拉按钮,在弹出的下拉列表中选择"文件中的声音"命令,弹出"插入音频"对话框,如图5-84所示。

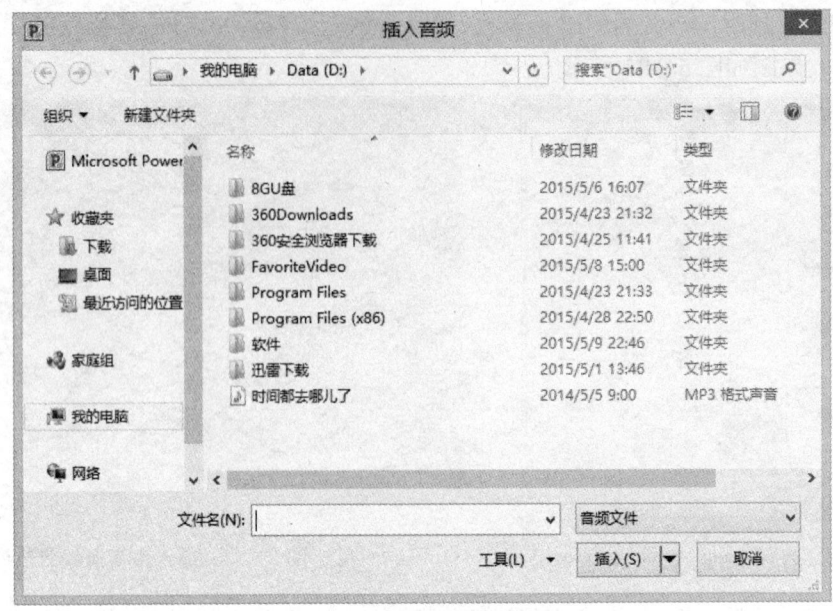

图 5-84 "插入音频"对话框

（2）在"插入音频"对话框中选择适合的声音文件后，单击"插入"按钮，插入音频播放工具，单击"自动"按钮或"在单击时"按钮决定何时开始播放声音文件。

（3）插入录制的声音。

在放映幻灯片时，演讲者可以录制声音并将其插入到幻灯片中，在放映幻灯片的同时播放录制的声音，该方式主要应用于自动放映幻灯片时的讲解或旁白。插入录制声音的具体操作步骤如下：

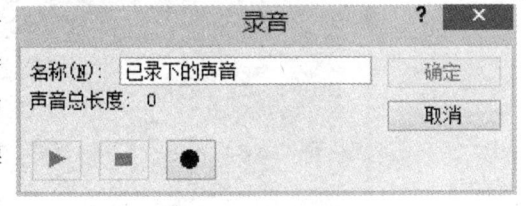

①在"插入"选项卡的"媒体剪辑"组中单 图 5-85 "录音"对话框
击"声音"下拉按钮，在弹出的下拉列表中选择"录制声音"命令，弹出"录音"对话框，如图 5-85 所示；

②修改"名称"文本框中的录音文件名后，单击"录音"按钮开始录音，单击"停止"按钮时，录音结束。单击"确定"按钮后，录音文件将以图标的形式出现在幻灯片中。

3）编辑声音

插入声音后，在幻灯片中将显示一个声音图标 ● ，PowerPoint 2010 窗口中同时显示"图片工具"和"声音工具"两个动态选项卡，用于对声音进行图标外观和播放设置。

在"声音选项"组中可以设置声音播放的格式，例如，更改幻灯片放映音量、设置是否在放映时隐藏声音图标、是否循环播放、声音播放方式，以及声音文件大小等。

2. 在幻灯片中添加视频

幻灯片中除了可以插入声音，还可以插入 PowerPoint 2010 自带的视频或计算机中存放的视频。在放映幻灯片时，用户可以直接在幻灯片中放映视频，使幻灯片看起来更加丰富多彩。

1) 插入剪贴画视频

PowerPoint 2010 在剪贴画中准备了一定数量的视频,插入方法与插入剪贴画中的声音类似,具体操作步骤如下。

(1) 在"插入"选项卡的"媒体"组中单击"视频"下拉按钮,在弹出的下拉列表中选择"剪贴画视频"命令,弹出"剪贴画"任务窗格,如图 5-86 所示。在该任务窗格下方的列表中列出了剪贴画中所有的剪辑视频。

(2) 单击鼠标所指视频右侧的向下箭头,在弹出的下拉列表中选择"预览/属性"命令进行预览。

(3) 若对所选视频感到满意,则单击"关闭"按钮,选中该视频,将其插入到当前幻灯片。

(4) 插入的视频显示在幻灯片的中央位置,用户可以调整其大小,并将其拖放到适合的位置上,效果如图 5-87 所示。

图 5-86 "剪贴画"任务窗格

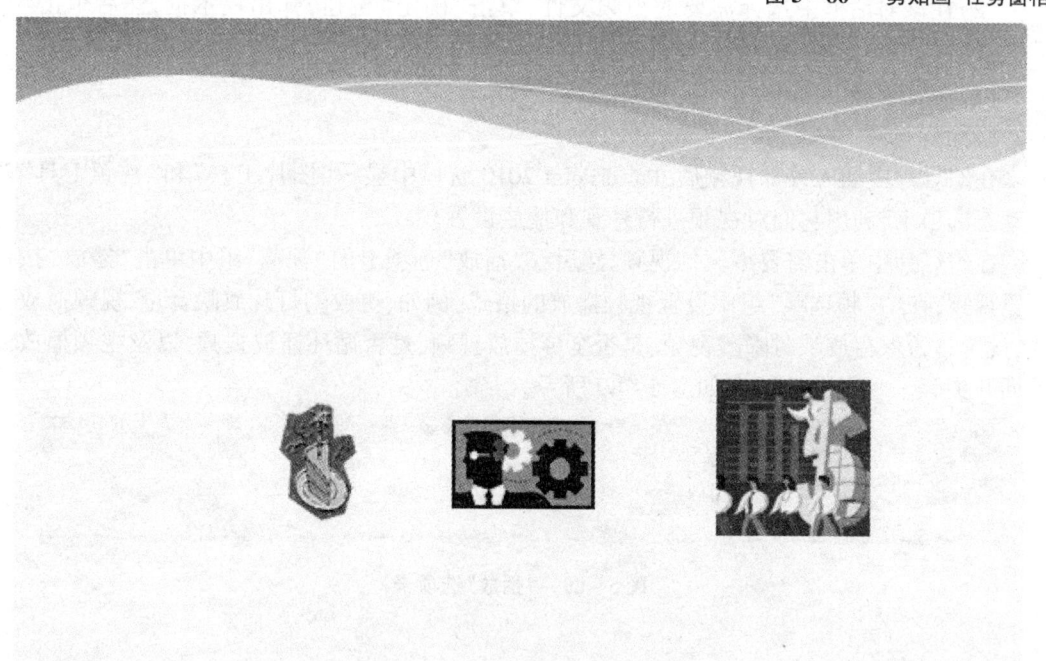

图 5-87 效果剪辑画视频效果

插入视频后,在 PowerPoint 2010 窗口中将显示"图片工具"动态选项卡,使用它可以对该视频进行图片格式的设置。

2) 插入文件中的视频

除了剪贴画中的视频,用户也可以在幻灯片中插入外部视频,支持的文件类型包括 Windows Media 文件、Windows 视频文件、视频文件、Windows Media Video 文件及动态 GIF 文件等。

(1) 在"插入"选项卡的"媒体"组中单击"视频"下拉按钮,在弹出的下拉列表中选择"文件中的视频视频"命令,弹出"插入视频文件"对话框,如图 5-88 所示。

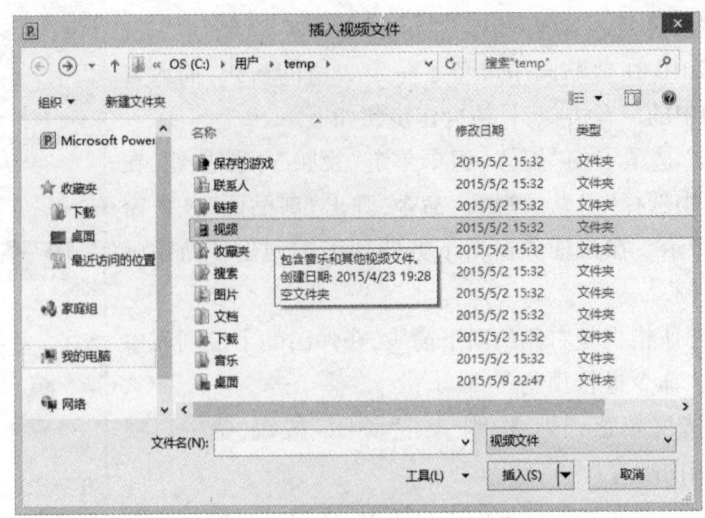

图 5-88 "插入视频文件"对话框

(2)在该对话框中选择需要的视频文件,单击"确定"按钮,弹出提示框,然后单击"自动"按钮或"在单击时"按钮,决定何时开始播放声音文件。

(3)调整视频的大小,并将其放置在适当的位置上。

3)编辑视频

在幻灯片中插入外部视频后,PowerPoint 2010 窗口中显示"图片工具"和"视频工具"两个动态选项卡,利用它们对视频进行外观和播放设置。

在幻灯片中单击需要编辑的视频,然后在"播放"选项卡的"预览"组中单击"播放"按钮预览视频,在"视频选项"组中设置视频播放的格式,例如,更改幻灯片放映音量、视频播放方式,设置是否保存放映时隐藏视频、是否全屏播放视频、是否循环播放视频,以及视频播放完返回开头等。"播放"选项卡如图 5-89 所示。

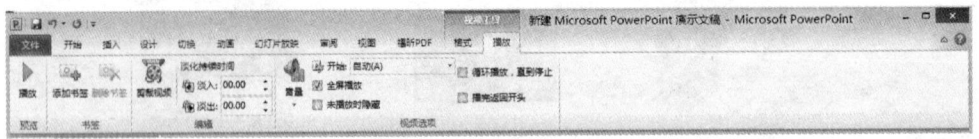

图 5-89 "播放"选项卡

5.5 幻灯片的动态效果设置

5.5.1 幻灯片动画效果的设置

在制作 PowerPoint 2010 演示文稿的过程中,动画设置是非常重要的环节,制作好各幻灯片的内容后,就可以为其中的文本或对象设置动画效果了。添加适当的动画效果可以使幻灯片放映效果更加丰富多彩,增强幻灯片的观赏性,更加吸引观众。

在幻灯片中可以给文本、图片和表格等对象添加标准的动画效果,也可以添加自定义的动画效果,使其以不同的动态方式出现在屏幕中。

1. 添加标准动画效果

PowerPoint 2010 为幻灯片中的对象提供了几种常用的动画效果，可以直接使用。

选中要添加动画效果的对象，在"动画"选项卡的"动画"组中单击下拉按钮，在弹出的下拉列表中包含五种常用的动画类型，分别是"无""进入""强调""退出"和其他更多效果，用户可以根据需要，选择合适的动画效果。"动画"选项卡及其下拉列表分别如图 5-90 和图 5-91 所示。

图 5-90 "动画"选项卡

图 5-91 "动画"下拉列表

2. 预览动画效果

选定动画效果后，用户可以观看动画的预览效果，也可以使用以下几种方法再次预览。

(1)在"动画窗格"下方单击"播放"按钮，或者在"动画"选项卡的"预览"组中单击"预览"按钮，预览当前幻灯片的动画效果。

(2)若要对当前幻灯片的动态效果进行全屏预览，则在"动画窗格"下方单击"幻灯片放映"按钮，或者在 PowerPoint 2010 工作界面右下角视图按钮组中单击"幻灯片放映"模式按钮。

(3)若要预览演示文稿中所有幻灯片的动画效果，可按【F5】键进行预览。

3. 设置动画效果

为幻灯片中的文本或对象添加动画效果后,还可以对其进行一定的设置,例如,动画开始方式、播放速度和声音等,使制作的幻灯片更加精彩。

在"动画"选项卡的"计时"组中,每当选中一个效果选项,都会在任务窗格上方出现该效果选项的一些常用设置,包括动画的开始方式、属性和速度等,可以直接在此进行修改。若要对动画效果进行更加详细的设置,则单击该效果选项旁边的箭头,从弹出的下拉列表中进行设置。

1) 设置开始方式

在"计时"组的"开始"下拉列表中选择动画的开始方式,例如,"单击时""之前"或"之后"。其中,"单击时"为默认的动画触发方式;若要设置同时发生的动画效果,则选择"之前"选项;若要设置依次发生的动画效果,则选择"之后"选项。

2) 设置动画的播放速度

在"计时"组中的"持续时间"微调框中,利用微调窗口调整选择动画的播放速度,如图 5-92 所示。

在"延迟"微调框中设置动画的延迟时间,以便定时播放动画;在"速度"下拉列表中选择或修改动画的播放速度;在"重复"下拉列表中选择或输入重复播放动画的次数。单击"触发"按钮,将显示隐藏的两个单选按钮,用于设置播放动画的触发机制。

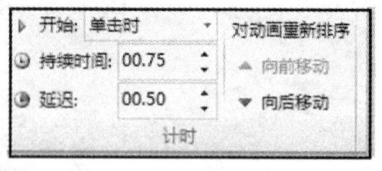

图 5-92 "计时"组

3) 设置动画效果属性

"动画"选项卡还可以用于设置某些动画效果属性,例如,动画产生的方向、动画中添加的声音,以及动画文本的相关属性等。在"动画"组右下角的启动器中,在弹出的对话框中单击"效果"选项卡,在其中设置动画效果。不同的动画效果可以设置的项目也有所不同。跷跷板动画效果的对话框,如图 5-93 所示。

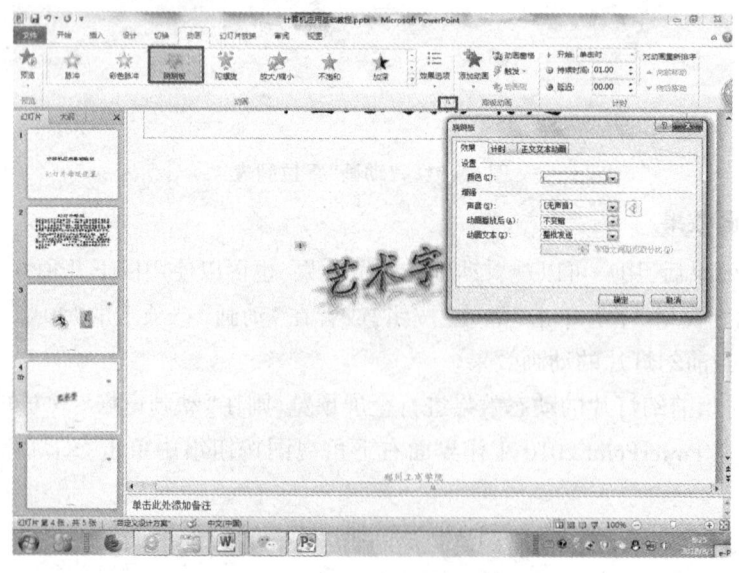

图 5-93 跷跷板效果设置

若要为当前动画选项设置播放时的声音效果,则在"动画"选项卡"增强"组中单击"声音"下拉按钮,在弹出的下拉列表中选择合适的命令,并单击"音量控制"按钮调整音量,在弹出的下拉列表中,拖动滑块调整声音的大小,或者勾选"静音"复选框暂时隐藏声音。

对于文本对象,还可以设置动画播放后的效果,例如,单击"动画播放后"下拉按钮,在弹出的下拉列表中设置"其他颜色""不变暗""动画播放后隐藏"或"下次单击后隐藏"等属性。

此外,文本对象还可以设置动画文本效果。单击"动画文本"下拉按钮,在弹出的下拉列表中设置动画文本效果,如图 5-94 所示。其中,"整批发送"是默认的动画文本形式,即文本对象作为一个整体进行相应动画演示;"按字/词"选项和"按字母"选项则可以使动画效果按字母或按词进行相应演示。

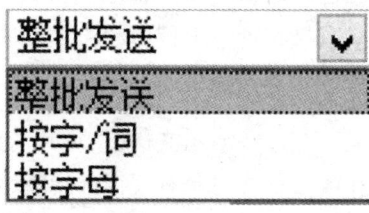

图 5-94 "动画文本"下拉列表

4) 设置正文文本动画

若要将具有多段文本的占位符或文本框设置为按照段落次序依次执行的动画演示效果,例如,每当单击时动态出现下一段落,则在"正文文本动画"选项卡中进行设置。在"字幕式"效果设置对话框中单击"正文文本动画"选项卡在"组合文本"下拉列表选择"按第一级段落"命令,使文本对象按照段落顺序依次进行动态演示,否则将默认作为一个对象进行演示。如果具有多级段落,还可以设置按照其他段落级别进行动态演示。"组合文本"下拉列表如图 5-95 所示。

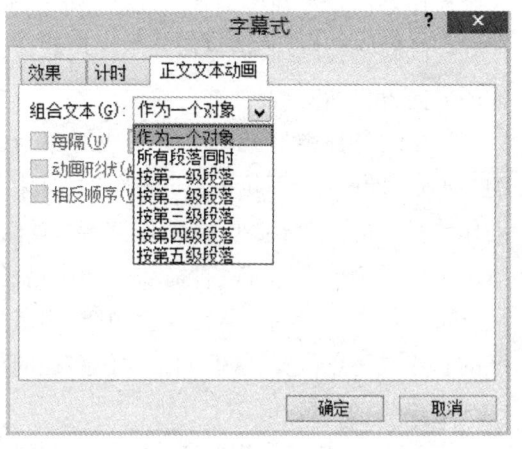

图 5-95 "组合文本"下拉列表

4. 更改动画选项

对幻灯片文本或对象添加某个动画效果后,若感到不满意,则将其更改为其他的动画效果。更改动画选项的具体操作步骤如下。

(1) 在"动画窗格"的动画效果列表框中,选中需要更改的动画效果,然后在"动画"选项卡中重新选择需要的动作。

(2) 单击"更改"下拉按钮,在弹出的下拉列表中重新选择需要的动画效果,此时可以在"自定义动画"任务窗格的动画效果列表框中看到原来的动画效果变为用户所选的动画效果。

5. 设置动画播放顺序

为幻灯片中的文本或对象添加动画效果后,在文本或对象左上角的效果标记将显示该动画的播放次序,例如,1、2 等。同时,在"动画窗格"的动画效果列表中,动画选项按照添加顺序从上到下排列,放映时按照此顺序进行。用户如果对动画效果的播放顺序不满意,可以进行调整,在"动画窗格"的动画效果列表中选择要调整次序的动画选项,按住鼠标左键上下拖动,调整动画的播放次序;也可以在"动画"选项卡的"计时"组中单击"向前移动"或"向后移动"按钮排列动画选项。

改变动画的播放次序后,动画列表项会按照新的顺序自动重新排序,同时,在幻灯片项目左上角的动画标记也会进行相应调整。

6. 卸载不需要的动画

在幻灯片中可以为对象添加多个动画效果,若不需要某个动画,则将其卸载。选中该动画选项后,在"动画窗格"任务窗格中单击鼠标右键,在弹出的快捷菜单中选择"卸载"命令或直接在键盘上按【Delete】键即可。

7. 应用和绘制动作路径

在一些演示文稿中,经常需要展示物体沿一定路径运行的动画,例如,演示乘车路线、图片或形状等对象有规律的运动、物理图像的变化等,应用系统自带的动作路径或自定义绘制路径可以实现这些效果。

1) 应用动作路径

应用动作路径和应用其他动画效果的方法基本相同,只是在应用动作路径后,会出现动作路径的路径控制线,通过拖动路径控制线可以调整动作路径的方向、尺寸和位置。

选中幻灯片中的某一个文本或对象,在"动画"选项卡的"动画"组中单击下拉按钮,在弹出的下拉列表选择"其他动作路径"命令,弹出"更改动作路径"对话框,如图 5-96 所示。在子菜单中选择一种需要的动作路径动画效果,即可在文本或对象上出现一条路径控制线,用鼠标改变路径控制线的起点或终点位置,从而调整动作路径的长短和方向。

2) 编辑动作路径

在 PowerPoint 2010 中,可以通过调整编辑顶点来改变部分动作路径的移动路线,在幻灯片中选中需要编辑顶点的动作路径控制线,如图 5-97 所示。将鼠标指针指向该控制线的边线处,单击鼠标右键,在弹出的快捷菜单中选择"编辑顶点"命令,此时在路径控制线上出现编辑顶点,如图 5-98 所示。

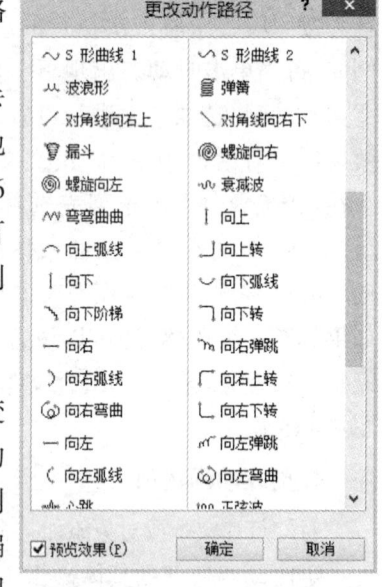

图 5-96 "更改动作路径"对话框

图 5-97 编辑动作路径

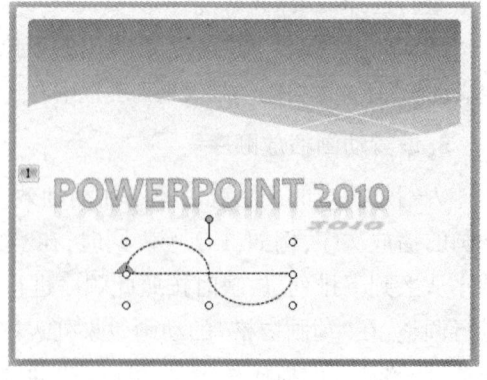

图 5-98 编辑顶点

第5章 青春记忆——演示文稿制作软件 PowerPoint 2010

将鼠标指针指向某个编辑顶点,按住鼠标左键,将其拖动到合适的位置释放鼠标即可。若要添加编辑顶点,则将鼠标指针指向控制线,然后单击鼠标右键,在弹出的快捷菜单中选择"添加顶点"命令即可。编辑完成之后,在控制线之外的任意位置单击鼠标,退出路径顶点的编辑状态。

若要让路径动画按照与原来相反的方向运动,则在路径控制线上单击鼠标右,在弹出的快捷菜单中选择"反转路径方向"命令。

3)绘制动作路径

若对预设的动作路径效果感到不满意,还可以自己绘制动作路径。

选中幻灯片中的某一文本或对象,在"动画"选项卡的"动画"组中单击下拉按钮,在弹出的下拉列表中单击"自定义路径"图标,如图 5-99 所示,在文本中拖曳鼠标并单击绘制相应的路径。

图 5-99 "自定义路径"图标

在绘制过程中,若要结束任意多边形或曲线路径并使其保持开放状态,则双击鼠标左键;若要封闭某个形状,则在起点处单击鼠标左键。如图 5-100 所示。

图 5-100 绘制动作路径

提示:

若要设置出别具一格的动画效果,需要掌握一些动画设置的技巧,例如,设置动作路径动画效果,在同一位置连续放映多个对象等。

5.5.2 幻灯片切换效果的设置

幻灯片切换动画是指在幻灯片放映过程中,从一张幻灯片移到下一张幻灯片时出现的类似动画的效果,使幻灯片在放映时更加生动。PowerPoint 2010 包含很多不同类型的幻灯片切换效果,可以直接应用到幻灯片中,还可以为切换动画添加声音效果,以及设置切换动画的速度和换片方式等。

1. 添加切换效果

通过"切换"选项卡为幻灯片添加切换效果,其操作步骤如下:选中要设置切换效果的幻灯片,在"切换"选项卡的"切换到此幻灯片"组中单击下拉按钮,在弹出的下列表中选择需要的切换效果,将其应用到所选幻灯片中。

如果要预览设置的切换效果,则在"切换"选项卡的"预览"组中单击"预览"按钮,或者按照动画效果的其他预览方法进行预览。"切换效果"下拉列表如图 5 – 101 所示。

图 5 – 101 "切换效果"下拉列表

2. 向切换效果添加声音

为幻灯片切换效果添加声音时,在"切换"选项卡中的"计时"组中单击"切换声音"下拉按钮,在弹出的下拉列表中选择一种声音,即可在上一张幻灯片过渡到当前幻灯片时播放该声音。

3. 设置切换效果的速度

在"切换"选项卡中的"切换到此幻灯片"组中单击"效果选项"下拉按钮,在弹出的下拉列表中选择上一张幻灯片过渡到当前幻灯片的切换方式,并在"计时"组中调整相应的切换时间。

4. 设置换片方式

在"计时"组的"换片方式"栏内设置幻灯片切换动画的换片方式。若要手动换片,则勾选"单击鼠标时"复选框,单击鼠标时进行切换;若要幻灯片自动播放,则勾选"设置自动换片时间"复选框,并设置幻灯片切换的时间间隔。

提示:

幻灯片切换的设置默认应用于当前幻灯片,若在"切换到此幻灯片"组中单击"全部应用"按钮,则可将设置的切换效果应用到该演示文稿的所有幻灯片中。

5.5.3 幻灯片的超链接和动作设置

在制作幻灯片的过程中,除了可以输入文本内容、插入图片等对象,还可以通过超链接将分散的幻灯片、网页或电子邮件连接起来。

通常情况下,幻灯片放映时按照默认的顺序依次显示。若在 PowerPoint 2010 中创建了超链接,则可以通过单击链接对象跳转到其他幻灯片、电子邮件或网页中。在PowerPoint 2010中,可以通过文本、图片或动作按钮等对象创建超链接,使其能够与其他幻灯片、电子邮件或网页联系。

1. 为文本或图形对象创建超链接

在幻灯片中可以为文本或图形对象创建超链接,在放映幻灯片时,只要单击该文本或图形列象则跳转到其他幻灯片、文件或网页。创建超链接后,返回幻灯片编辑窗口,可以看到所选文本颜色发生了变化,且出现了下划线,表示超链接设置成功。

创建超链接的具体操作步骤如下。

(1)选中幻灯片中要创建超链接的文本或图形对象。

(2)在"插入"选项卡的"链接"组中单击"超链接"按钮,或者直接在对象上单击鼠标右键,在弹出的快捷菜单中选择"超链接"命令,弹出"插入超链接"对话框,如图5-102所示。

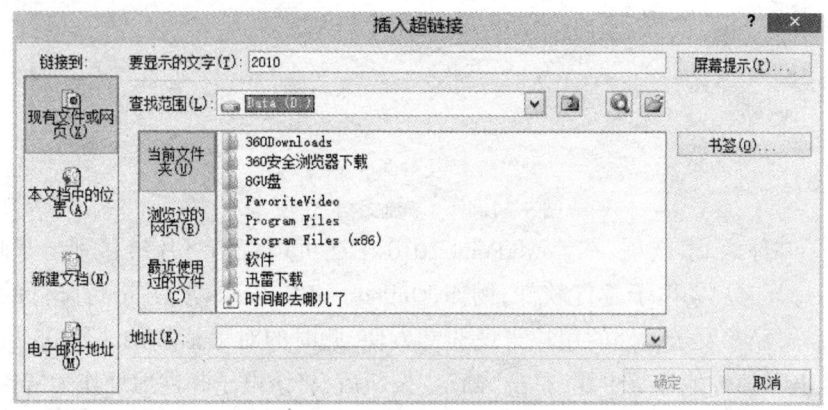

图5-102 "插入超链接"对话框

(3)在"链接到"区域中选择链接的类型。各类型简要介绍如下。

①"原有文件或网页"选项:在 PowerPoint 2010 中,除了可以将对象链接到当前演示文稿中的其他幻灯片,还可以链接到其他文件或网页。在"查找范围"下拉列表中选择要链接的文件,或者在"地址"列表框中输入要链接的网址即可。当放映幻灯片时,单击已经设置为超链接的文本或图形对象,则会向动打开链接文件或 IE 浏览器显示相应的网页,将文件或网页关闭后,会返回当前的幻灯片继续放映。如果只需链接到其他演示文稿中的某张幻灯片,则单击"书签"按钮,在其中选择需要的幻灯片即可。

②"本文档中的位置"选项:在当前演示文稿中选择某张幻灯片作为链接地址,如图5-103所示。

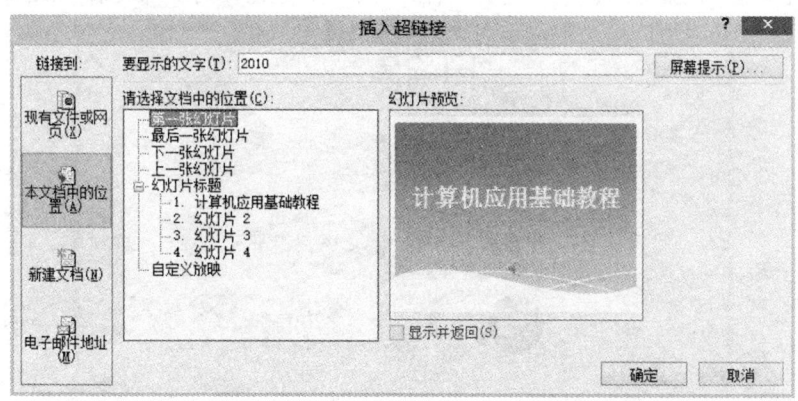

图5-103 "本文档中的位置"选项

③"新建文档"选项:在"新建文档名称"文本框中输入文档名称,单击"更改"按钮,对文档的存放路径进行编辑;在"何时编辑"区域中设置编辑的时间,如图5-104所示。完成设置后,单击"确定"按钮即可。

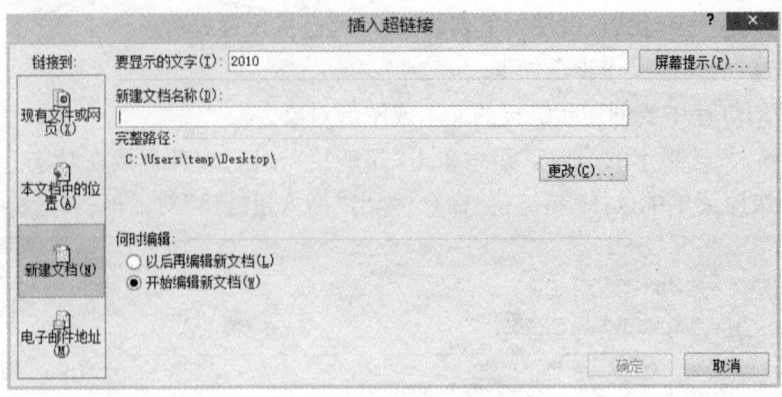

图 5-104 "新建文档"选项

④"电子邮件地址"选项:在 PowerPoint 2010 中还可以将幻灯片链接到电子邮件中,以便在放映幻灯片时启动电子邮件软件,例如,Outlook 和 Foxmail 等,并进行邮件的编辑与发送,这对于需要经常发送邮件的用户来说非常方便,此时的对话框如图 5-105 所示。在对话框中输入电子邮件地址及主题,单击"确定"按钮后,将该电子邮件地址作为链接地址。

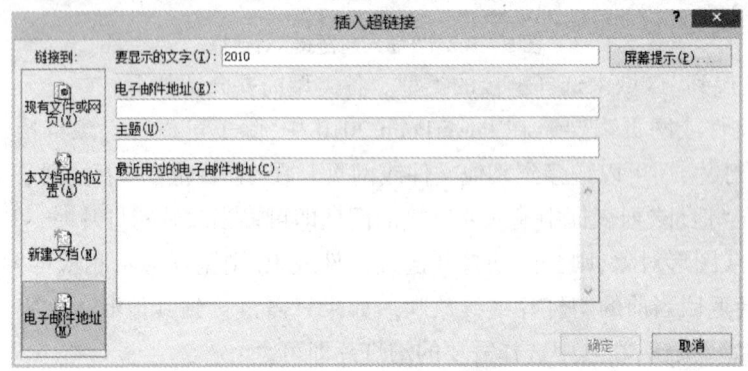

图 5-105 "电子邮件地址"选项

(4)将链接选项设置好后,单击"确定"按钮,文本设置超链接的演示效果,如图 5-106 所示。

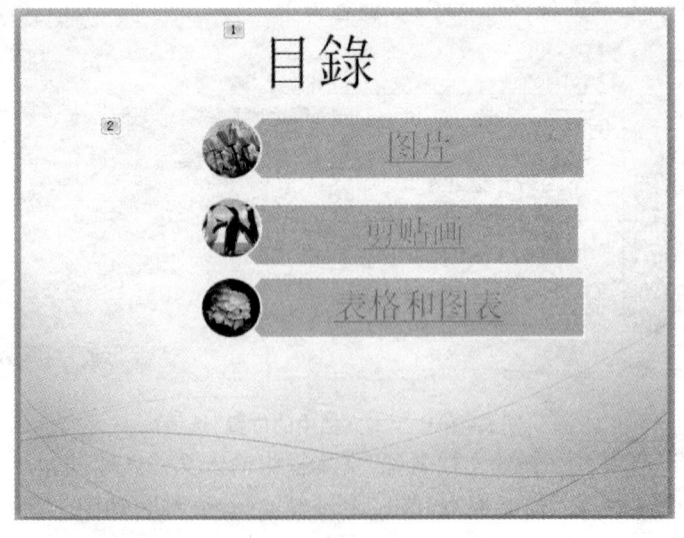

图 5-106 超链接演示效果

2. 为文本或图形对象添加动作

在 PowerPoint 2010 中,除了可以直接为对象创建链接,还可以通过为其添加动作来创建超链接,具体操作步骤如下。

(1)在幻灯片中选中要添加动作的文本或图形对象。

(2)在"插入"选项卡中的"链接"组中单击"动作"按钮,弹出"动作设置"对话框,如图 5-107 所示。

(3)在"单击鼠标时的动作"区域中单击"超链接到"或者"运行程序"单选按钮,设置超链接到某张幻灯片或者运行选定的程序。例如,单击"超链接到"单选按钮,并在其下方的下拉列表中选择链接对象,其下拉列表如图 5-108 所示。

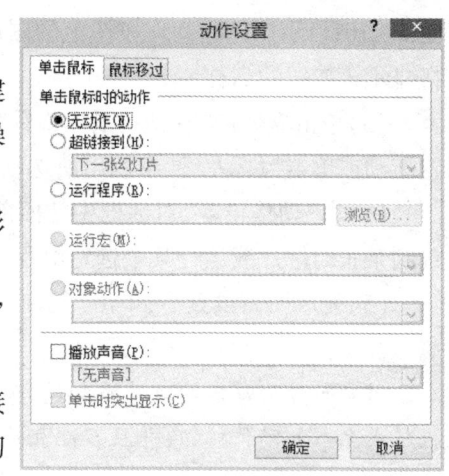

图 5-107 "动作设置"对话框

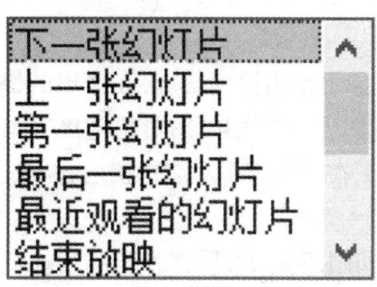

图 5-108 "超链接到"下拉列表

提示:

如果要超链接到演示文稿中的某张幻灯片,可以选择下拉列表框中的"幻灯片…"命令,在其中选择需要的幻灯片即可。

(4)若勾选"播放声音"复选框,在其下方的下拉列表中,设置单击动作按钮时的声音效果。若是为图形对象添加超链接,则可以勾选"单击时凸出显示"复选框进行设置。

(5)要设置鼠标移过某对象时的动作或播放声音,则在对话框中单击"鼠标移过时凸出显示"选项卡,进行相应的设置。

(6)完成所有设置后,单击"确定"按钮即可。

3. 通过动作按钮创建超链接

在 PowerPoint 2010 中,除了可以通过文本或图形对象设置动作或超链接,还可以通过直接插入动作按钮来创建超链接。具体操作步骤如下。

(1)打开需要添加动作按钮的幻灯片。

(2)在"插入"选项卡的"插图"组中单击"形状"下拉按钮,弹出其下拉列表,在下拉列表的最后部分将看到所有的动作按钮,如

图 5-109 "形状"列表

图 5-109 所示。这些动作按钮上的图形都是容易理解的符号,将鼠标指针指向任意按钮时,将显示该按钮的名称。

(3)单击需要的按钮后,鼠标指针将变成 + 形状。按住鼠标左键,在需要添加按钮的位置拖动或单击鼠标左键,绘制出所选动作按钮,并弹出"动作设置"对话框。

(4)在"动作设置"对话框中按照前面介绍的方法设置动作按钮的相应动作,例如,超链接到某张幻灯片或运行某个选定的程序等。

(5)完成所有设置后,单击"确定"按钮即可。

提示:

若要同时为每张幻灯片添加动作按钮,则可以在幻灯片母版视图中进行操作,在某种母版版式上添加动作按钮,并且只在相应版式的幻灯片中显示。

4. 编辑超链接

创建超链接后,还可以对超链接对象进行编辑。例如,重新设置对象的链接位置,卸载对象的超链接,以及对动作按钮进行编辑等。

1)重新设置对象的超链接

在要重新编辑超链接的对象上单击鼠标右键,在弹出的快捷菜单中选择"编辑超链接"命令。如果当前对象是文本或图形,则弹出"编辑超链接"对话框;如果当前对象是动作按钮,则弹出"动作设置"对话框。在对话框中对超链接的各个选项进行更改即可。

2)卸载对象的超链接

在要卸载超链接的对象上单击鼠标右键,在弹出的快捷菜单中选择"取消超链接"命令即可。

3)编辑动作按钮

动作按钮是一种具有超链接功能的特殊自选图形,因此,也可以对其进行一些编辑操作,具体操作如下。

(1)选中要设置格式的动作按钮。

(2)若要在动作按钮上输入文字,则在动作按钮上单击鼠标右键,在弹出的快捷菜单中选择"编辑文本"命令。此时,光标将自动显示在动作按钮的中间位置,直接输入需要的文本内容,并像编辑普通幻灯片文本一样编辑其格式。

(3)若要对动作按钮进行格式设置,则在动作按钮上单击鼠标右键,在弹出的快捷菜单中选择"设置形状格式"命令,弹出"设置形状格式"对话框,分别在该对话框中的"填充"和"线条"选项卡中设置动作按钮的填充颜色和线条颜色。然后,单击"确定"按钮完成设置。

5.6 演示文稿的放映设置、打印与打包

5.6.1 演示文稿的放映设置

制作演示文稿的最终目的是将其放映出来,让广大观众认识和了解。设置好演示文稿

的内容、动画效果和切换方式后,便可以放映了。演示文稿的放映方法在第5.2.5节已经介绍过,本节主要介绍演示文稿的放映设置方法。

为了适应不同的放映场合,需要对演示文稿进行一定的放映设置,使之达到更佳的演示效果。不同的场合可以设置不同的幻灯片放映方式,对于不需要放映的幻灯片,可将其隐藏,还可以为幻灯片录制旁白,以及在放映前进行排练。演示文稿的放映设置可以在"幻灯片放映"选项卡中进行。

1. 设置自定义放映

当一个演示文稿中包含多张幻灯片,而针对某些观众又不能全部放映时,使用 PowerPoint 2010中提供的"自定义放映"功能,将需要放映的幻灯片重新组合起来并加以命名,从而组成一个新的适合观看的整体演示文稿。

2. 设置放映方式

在放映幻灯片之前,可以先为其设置合适的放映方式,以便得到理想的放映效果。

在"幻灯片放映"选项卡的"设置"组中单击"设置幻灯片放映"按钮,弹出"设置放映方式"对话框,如图5-110所示。在此对话框中有"放映类型""放映选项""放映幻灯片""换片方式"及"多监视器"五个选项区,常用设置如下。

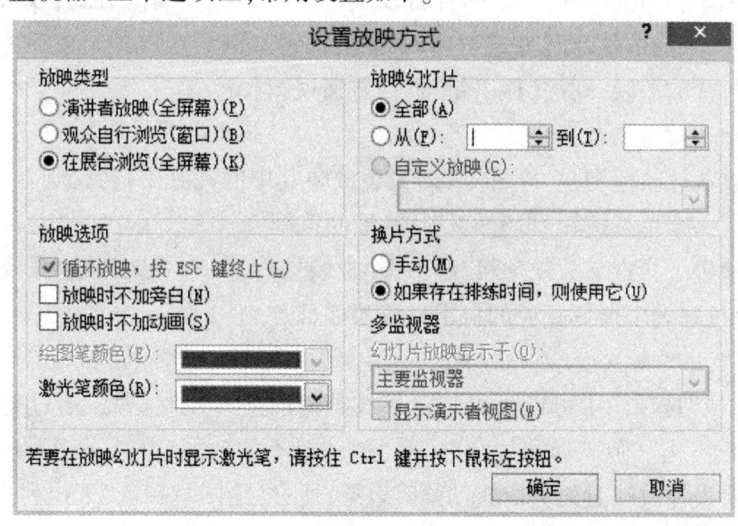

图5-110 "设置放映方式"对话框

1)设置放映类型

根据需要在"放映类型"选项区中单击相应的单选按钮进行放映类型的设置。

(1)演讲者放映(全屏幕):主要用于演讲者亲自播放演示文稿,是系统默认的播放方式。在放映时,幻灯片全屏幕放映,可以在单击鼠标时进行放映,也可以自动控制放映,并且可以控制幻灯片的放映进度和放映效果。

(2)观众自行浏览(窗口):它是一种较小规模的幻灯片放映方式。放映时,演示文稿会出现在一个可以缩放的窗口中,如图5-111所示。在此窗口中观众不能用鼠标切换播放的幻灯片,但可以通过单击滚动条下方的"下一张幻灯片"按钮或"上一张幻灯片"按钮浏览所有幻灯片。

图 5-111 观众自行浏览

(3) 在展台浏览(全屏幕):它是一种自动运行放映演示文稿的方式,放映时,不能用鼠标激活任何菜单,只能依赖计时方式切换幻灯片,演示文稿会在放映结束后重新开始放映。如果要结束幻灯片的放映,则按【Esc】键,返回普通视图。

2) 设置放映幻灯片的范围

幻灯片的默认放映范围是"全部"。若只想放映其中的几张幻灯片,则在"放映幻灯片"选项区中单击第一个单选按钮,设置幻灯片的放映范围。

如果已经设置了自定义放映项目,则单击"放映幻灯片"选项区的"自定义放映"下拉按钮,在弹出的下拉列表中选择相应的自定义放映项目。

3) 设置幻灯片放映

在"放映选项"选项区中可以设置幻灯片放映时的一些控制信息,通过是否勾选"循环放映,按【Esc】键终止""放映时不加旁白"和"放映时不加动画"复选框,控制是否需要循环放映及是否需要去掉放映时的旁白或动画等效果;通过"绘图笔颜色"下拉列表,选择添加墨迹注释时的绘图笔颜色。

4) 设置换片方式

若要手动换片,则在"换片方式"选项区中单击"手动换片"单选按钮,否则,单击选择第二个单选按钮。

3. 隐藏/显示幻灯片

放映幻灯片时,系统默认依次放映每张幻灯片。但是,在实际操作时,有时只需要放映其中的某几张幻灯片,这时将不放映的幻灯片隐藏起来,需要放映时再显示。在"幻灯片放映"选项卡的"设置"组中单击"隐藏幻灯片"按钮,即可在隐藏或显示两种状态之间切换。

4. 录制旁白

录制旁白是指为幻灯片录制解说。在放映幻灯片之前,可以为每张幻灯片单独录制旁白。

选中需要录制旁白的幻灯片,在"幻灯片放映"选项卡的"设置"组中单击"录制幻灯片演示"按钮,弹出如图5-112所示的对话框,单击"确定"按钮后,即可进入幻灯片的放映状态开始录制旁白。

录制时,每张幻灯片的旁白会自动保存在相应页面中,需要录制者手动换页。录制旁白后,在幻灯片中会显示一个声音图标,双击该图标预览声音效果,在幻灯片放映时,该旁白会自动播放。若对录制的旁白不满意,可以将其卸载并重新录制。

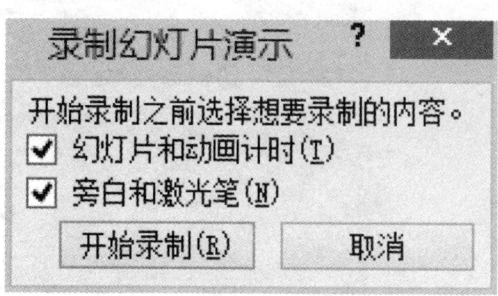

图5-112 "录制幻灯片演示"对话框

5. 排练计时

排练计时利用预演的方式,让系统将每张幻灯片在放映时所使用的时间记录下来,并累加从开始到结束的总时间数,然后应用于以后的放映中。通过排练计时可以自动控制幻灯片的放映,不需要人为干预。若没有预设排练时间,则必须手动切换幻灯片。

设置排练计时的具体操作步骤如下。

(1)打开要应用排练计时的演示文稿,在"幻灯片放映"选项卡的"设置"组中勾选"使用计时"复选框,单击"排练计时"按钮,进入幻灯片的放映状态,并打开预演工具栏,自动显示放映的总时间和当前幻灯片的放映时间,如图5-113示。

图5-113 排练计时

(2)在放映区域单击鼠标左键,或者单击工具栏中的"下一项"按钮,排练下一张幻灯片或下一项幻灯片动画效果的时间。

(3)在工具栏中单击"暂停"按钮,暂停排练计时;再次单击该按钮,继续排练计时。

(4)单击工具栏中的"重复"按钮,重新为当前幻灯片录制排练时间。

(5)如果要结束排练计时,则可以按【Esc】键,弹出如图5-114所示的对话框,询问用户是否保留新的幻灯片排练时间。

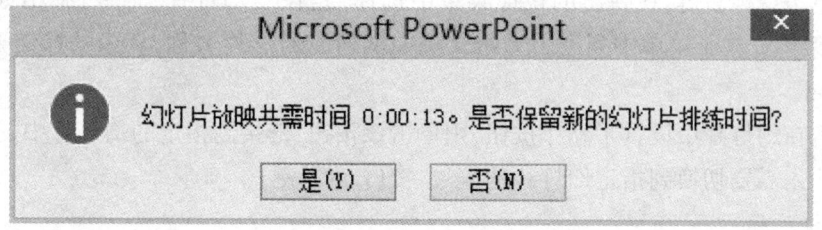

图5-114 "是否保留新的幻灯片排练时间"对话框

(6)单击"是"按钮,关闭提示框,并自动切换到幻灯片浏览视图模式,如图5-115所示。每张幻灯片的左下角均会显示出排练时间。

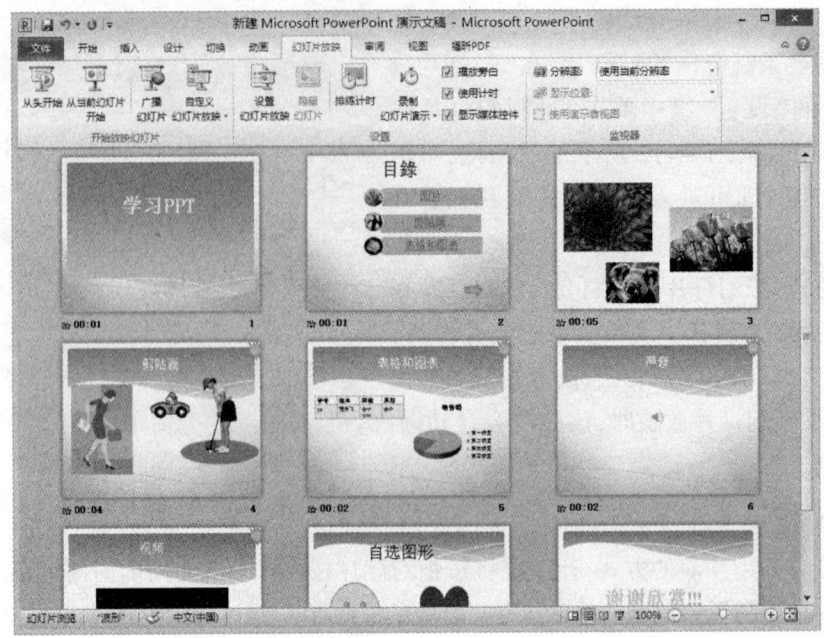

图 5-115 幻灯片浏览视图模式排练计时

6. 放映技巧

在放映幻灯片的过程中,经常会遇到翻页、定位、添加注释、设置指针选项等操作,使用一定的技巧不仅可以提高放映幻灯片的质量,还可以使整个放映过程更加生动。

1) 翻页

在放映幻灯片时,单击鼠标右键,在弹出的快捷菜单中选择"下一张"或"上一张"命令实现幻灯片向下、向上翻页。此外,还可以通过一些快捷方式实现快速翻页。常用快捷键如下。

(1) 向下翻页:按【Space】键、【Enter】键、【PgDn】键、【↓】或【→】键。

(2) 向上翻页:按【Backspace】键、【PgUp】键、【↑】或【←】键。

2) 切换到指定幻灯片

在放映幻灯片时,如果要切换到指定幻灯片,可以使用以下方法中的任意一种。

(1) 单击鼠标右键,在弹出的快捷菜单中选择"定位至幻灯片"命令,弹出如图 5-116 所示的子菜单。在子菜单中列出了演示文稿中的所有幻灯片名称,从中选择需要转换到的幻灯片即可。

(2) 若在幻灯片中设置了动作按钮,则单击该按钮,链接到指定的幻灯片中。

(3) 输入需要切换到指定幻灯片的编号,按【Enter】键。

3) 墨迹注释

为幻灯片添加墨迹注释是指幻灯片在播放时,演讲者可以在屏幕中勾画重点或添加注释,使幻灯片中的重点内容更加明显地展现给观众。墨迹注释主要通过 PowerPoint 2010 提供的绘图笔来实现。

将播放演示文稿期间所添加的墨迹保存在幻灯片中,可以在以后参考手写备注对演示文稿进行编辑和更新,还可以选择打开或关闭墨迹注释。在幻灯片放映时,添加墨迹注释的具体操作步骤如下。

（1）在幻灯片放映状态下，单击屏幕左下角放映导航工具栏中的"绘图笔"按钮，或者单击鼠标右键，在弹出的快捷菜单中选择"指针选项"命令，均可弹出如图5-117所示的下拉菜单。

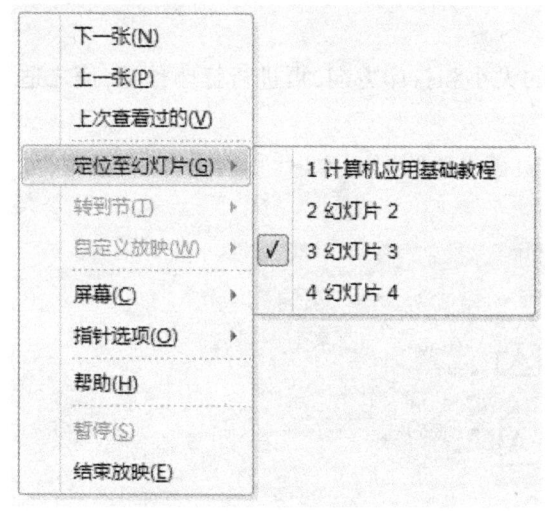

图5-116 "定位至幻灯片"命令

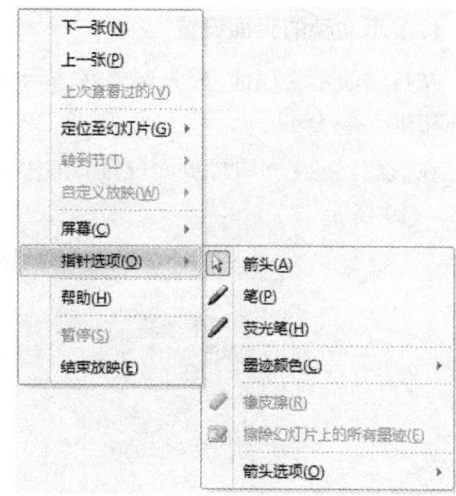

图5-117 "指针选项"命令

（2）在此下拉菜单中选择一种绘图笔，例如，选择"毡尖笔"。然后，在"墨迹颜色"子菜单中选择一种墨迹颜色。

（3）在幻灯片上按住鼠标左键进行标记，可以随意书写或涂画。

（4）如果要擦除书写错误的部分或全部墨迹，则可以在"指针选项"的下拉菜单中选择"橡皮擦"或"擦除幻灯片上的所有墨迹"命令（使用墨迹注释后，该命令将变为可用状态）。其中，选择"橡皮擦"命令时，鼠标指针将变成"橡皮擦"形状，将"橡皮擦"拖到要卸载的墨迹上拖动鼠标即可将其擦除。擦除完成后，在"指针选项"子菜单中，再次选择绘图笔样式，则继续添加墨迹注释。

（5）完成注释墨迹添加后，在放映导航工具栏中单击"绘图笔"下拉按钮，在弹出的下拉列表中选择"箭头"命令，让光标恢复为箭头形状，并开始播放幻灯片。

（6）幻灯片放映结束后，按【Esc】键退出幻灯片时，如果有墨迹存在，则会弹出如图5-118所示的对话框，提示用户是否保留墨迹注释，根据需要单击"保留"或"放弃"按钮即可。

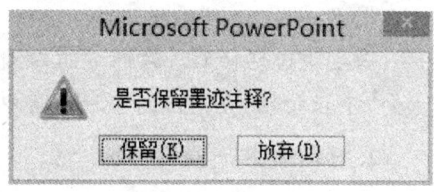

图5-118 "是否保留墨迹注释"对话框

提示：

对于保留在幻灯片中的墨迹注释，如果希望在下次放映幻灯片时不被显示出来，则应在幻灯片中单击鼠标右键，在弹出的快捷菜单中选择"屏幕|显示|隐藏墨迹标记"命令即可。

5.6.2 演示文稿的打印

演示文稿制作完成后，既可以通过放映幻灯片展示出来，也可以将其打印出来，以便在演讲的过程中随时浏览,并长期保存。

在打印过程中,根据不同的打印内容,例如,打印演示文稿中的幻灯片、大纲、备注页和讲义等,进行彩色、灰度或黑白打印,打印之前需要进行页面设置,并设置打印参数,通过预览确认达到所需效果后再进行打印。

1. 演示文稿的页面设置

在打印演示文稿前,应先调整好演示文稿的大小和打印方向,再进行打印预览,使之适合所用纸张的大小。

在"设计"选项卡的"页面设置"组中单击"页面设置"按钮,弹出"页面设置"对话框,如图5–119所示。

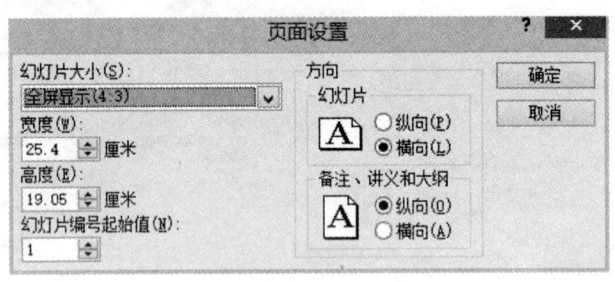

图 5–119 "页面设置"对话框

1)设置幻灯片的大小

在"页面设置"对话框中的"幻灯片大小"下拉列表中选择合适的选项,或者在"宽度"和"高度"微调框中根据需要定义幻灯片的大小。

2)设置幻灯片编号的起始值

用户可以在"幻灯片编号起始值"微调框中设置幻灯片编号的起始值。幻灯片编号起始值可以是任意数值。

3)设置幻灯片方向

在"页面设置"对话框的"方向"组有两种幻灯片方向的设置,一种用于幻灯片,另一种用于备注、讲义和演示文稿大纲,用户可以根据需要分别设置它们的方向,幻灯片的默认方向为"横向",备注、讲义和大纲的默认方向为"纵向"。

提示:

若要快速切换幻灯片的方向,则在"页面设置"选项卡的"页面设置"组中单击"幻灯片方向"下拉按钮,在弹出的下拉列表中选择"纵向"命令或"横向"命令即可。

2. 打印预览

在打印幻灯片之前,可以预览打印效果。使用打印预览,可以查看幻灯片、备注和讲义用纯黑白或灰度显示的效果,并可以在打印前调整对象的外观。打印预览幻灯片的具体操作步骤如下。

(1)单击"文件"选项卡在弹出的菜单中单击"打印"选项卡,预览幻灯片的打印效果,如图5–120所示。

图 5－120　打印预览

(2)在打印预览视图中,通过底部的缩放比例调整预览效果。

(3)若要分别预览演示文稿的幻灯片、讲义、备注页及大纲形式,则在"打印"选项卡的"设置"组中单击打印内容下拉列表,选择需要的选项即可,如图 5－121 所示。

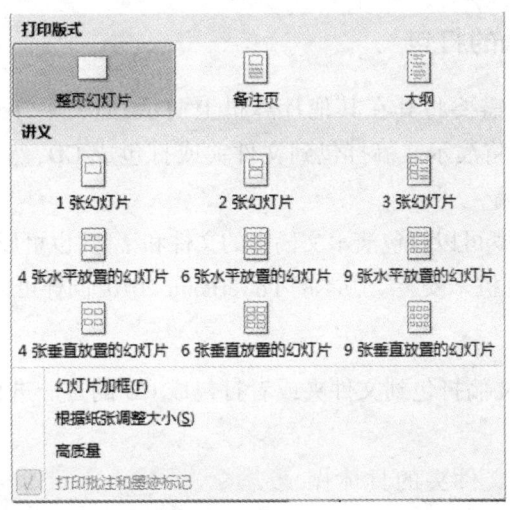

图 5－121　打印内容下拉列表

(4)若要为幻灯片添加页眉、页脚或更改其颜色,则在"打印"选项卡中进行设置。若要为幻灯片添加页眉和页脚,则单击"编辑页眉和页脚"链接,弹出"页眉和页脚"对话框,在其中进行打印设置。若要更改预览内容的颜色,则在"颜色"下拉列表中选择合适的命令即可。

(5)若预览的演示文稿中有多张幻灯片,则在"预览"组中单击"下一页"按钮或"上一页"按钮,切换至其他需要预览的幻灯片中。

(6)完成预览后,单击"预览"组中的"关闭打印预览"按钮,退出幻灯片预览状态,并返回幻灯片普通视图模式。

3. 打印输出

完成页面设置及打印预览后,可以直接将幻灯片打印输出。在打印输出时,也可以设置打印机、打印份数及打印范围等参数。打印输出的具体操作步骤如下。

(1)单击"文件"选项卡,在弹出的菜单中单击"打印"选项卡。

(2)在"打印机"选项区中单击打印机名称列表框,在弹出的下拉列表中选择需要使用的打印机,同时,在列表框下方显示的信息中查看该打印机的当前状态。

(3)在"设置"选项区中单击打印范围列表,若选择"打印全部幻灯片"命令,则打印演示文稿中所有的幻灯片;若选择"打印当前幻灯片"命令,则打印当前显示的幻灯片;若选择"打印所选幻灯片"命令,则打印当前选中的幻灯片;若选择"自定义范围"命令,并在文本框中输入要打印的幻灯片编号,则打印连续或不连续的多张幻灯片。

(4)单击幻灯片"打印内容"下拉按钮,在弹出的下拉列表中选择打印"幻灯片""讲义""备注页"或"大纲视图"命令。

(5)单击"颜色/灰度"下拉按钮,在弹出的下拉列表中选择打印幻灯片的颜色,若选择"颜色"选项,则以幻灯片默认的颜色打印输出。

(6)在"份数"选项区中设置幻灯片的打印份数,以及是否逐份打印。

(7)在"讲义"选项区中设置讲义的打印方式。

(8)完成所有设置后,单击"确定"按钮,将幻灯片内容输送到打印机并打印输出。

5.6.3 演示文稿的打包

当制作完演示文稿,需要将其在其他计算机上演示,但又不知道其他计算机是否安装 PowerPoint 2010 时,可以将演示文稿打包到文件夹或打包成 CD,然后在需要的计算机上解压并还原运行该演示文稿。

在打包演示文稿时,既可以打包演示文稿中的文件和字体,也可以打包 PowerPoint 2010 播放器,因此,即使其他计算机未安装新版本的 PowerPoint 2010,同样可以播放演示文稿。

1. 打包

下面分别对将演示文稿打包到文件夹或者打包成 CD 的方法进行介绍。

1)打包到文件夹

将演示文稿打包到文件夹的具体操作步骤如下。

(1)打开要打包的演示文稿。

(2)单击"文件"选项卡,在弹出的菜单中单击"保存并发送"选项卡,选择"将演示文稿打包成 CD"命令,在弹出的窗格中单击"打包成 CD"图标,弹出对话框,如图 5 – 122 所示。

(3)在该对话框中单击"选项"按钮,弹出"选项"对话框,如图 5 – 123 所示。

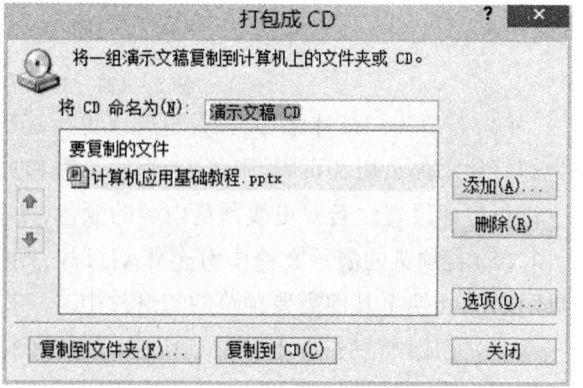

图 5 – 122 "打包成 CD"对话框

当勾选"链接的文件"复选框时,打包的演示文稿中含有链接关系的文件;当勾选"嵌入的 TrueType 字体"复选框时,打包的演示文稿可以确保在其他计算机上能看到正确的字体。

(4)"增强安全性和隐私保护"用来保护文件。在"打开每个演示文稿时所用密码"和"修改每个演示文稿时所用密码"文本框中分别输入密码,单击"确定"按钮,弹出"确认密码"对话框,如图 5-124 所示。在文本框中再次输入密码,单击"确定"按钮,返回"打包成 CD"对话框。

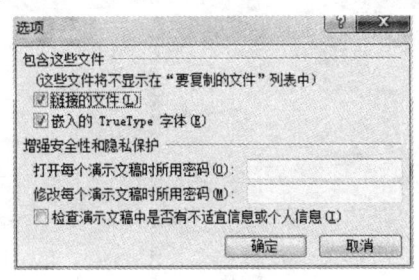

图 5-123 "选项"对话框

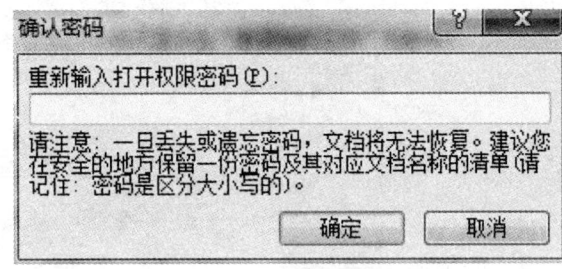

图 5-124 "确认密码"对话框

(5)在"打包成 CD"对话框单击"复制到文件夹"按钮,弹出"复制到文件夹"对话框,如图 5-125 所示。

(6)在"复制到文件夹"对话框中的"文件夹名称"和"位置"文本框中分别输入打包演示文稿的名称和详细路径,单击"确定"按钮,开始打包。

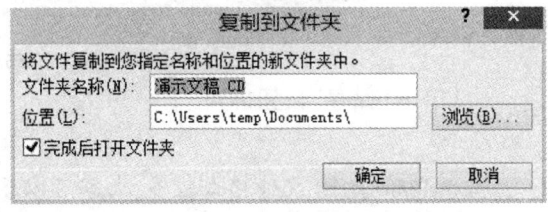

图 5-125 "复制到文件夹"对话框

2)保存为其他格式

演示文稿除了可以打包到文件夹外,还可以将文件保存为其他格式。具体操作步骤如下。

(1)打开要进行保存的演示文稿。

(2)单击"文件"选项卡,在弹出的菜单中单击"保存并发送"选项卡,在"文件类型"组选择"更改文件类型"命令,可以看到右侧的各种文件类型,选择需要保存的类型,如图 5-126 所示。

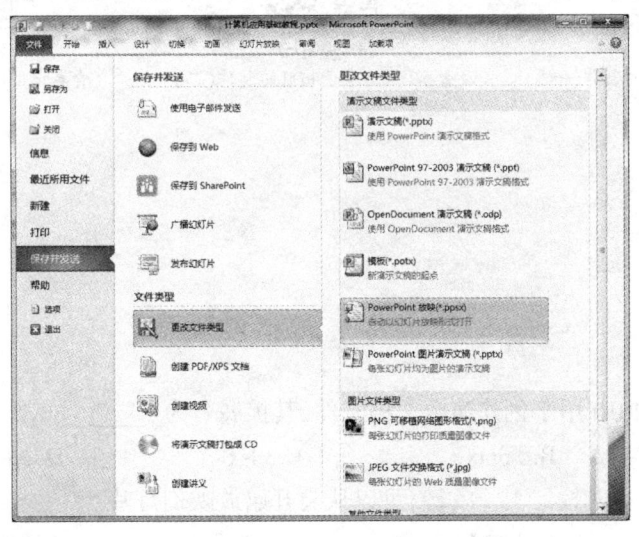

图 5-126 "保存并发送"选项卡

(3) 选择合适类型后,弹出"另存为"对话框,如图 5 – 127 所示。

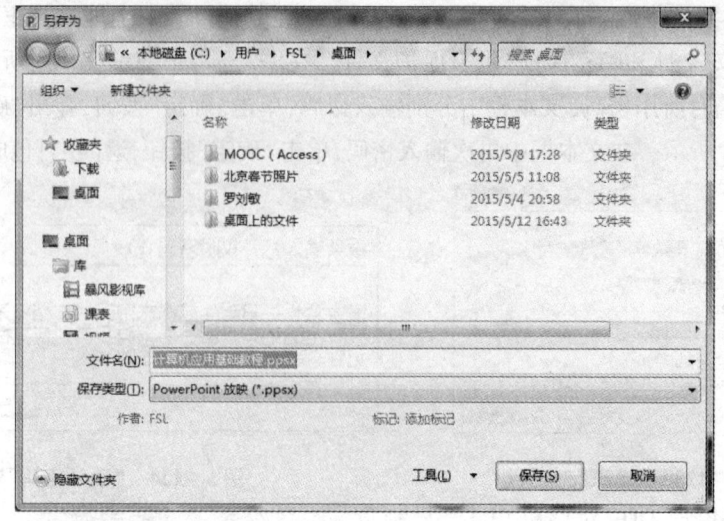

图 5 – 127 "另存为"对话框

(4) 单击"保存"按钮即可。

提示:

PowerPoint 2010 文件格式较多,大家可以参考以上所讲内容,进行学习。

习 题

一、选择题

1. PowerPoint 2010 用于创建演示文稿文件,其扩展名为_____
A. .ppt   B. .pptx   C. .lsx   D. .doc

2. 放映演示文稿时按_____键,可以从头开始放映幻灯片。
A.【F5】   B.【F2】   C.【F1】   D.【F6】

3. 如果要结束幻灯片的放映,按_____键,则会返回到普通视图中。

A.【Ctrl】　　　　B.【Shift】　　　　C.【Alt】　　　　D.【Esc】

4. 关闭演示文稿,可以按_____组合键。

A.【Ctrl】+【F4】　　B.【Ctrl】+【F3】　　C.【Ctrl】+【F5】　　D.【Ctrl】+【F6】

5. 在幻灯片窗格中选择多张幻灯片,按住_____键,单击其他幻灯片,可以选择不连续的多张幻灯片。

A.【Ctrl】　　　　B.【Shift】　　　　C.【Alt】　　　　D.【Esc】

6. 在幻灯片窗格中选择多张幻灯片时,按住_____键,单击其他幻灯片,可以选择连续的多张幻灯片。

A.【Ctrl】　　　　B.【Shift】　　　　C.【Alt】　　　　D.【Esc】

7. 若要更改当前幻灯片的主题,可以在_____选项卡中进行操作。

A."设计"　　　　B."文件"　　　　C."切换"　　　　D."动画"

8. 设置幻灯片背景,可以在"设计"选项卡中的_____组中单击"背景样式"下拉按钮,在弹出的下拉列表中进行选择。

A."背景"　　　　B."页面设置"　　　　C."主题"　　　　D."字体"

9. 在"动画"选项卡的"计时"组中单击"开始"下拉按钮,在弹出的下拉列表可以选择动画的开始方式,若要设置同时发生的动画效果,则选择_____命令。

A."单击时"　　　　B."之前"　　　　C."之后"　　　　D."同时"

10. PowerPoint 2010 在幻灯片放映过程中,从一张幻灯片移到下一张幻灯片时出现的类似动画的效果,能使幻灯片放映更加生动,该功能通过_____选项卡来实现。

A."设计"　　　　B."动画"　　　　C."幻灯片放映"　　　　D."切换"

二、判断题

1. PowerPoint 2010 标题栏位于自定义快速访问工具栏的右侧,用于显示正在操作的文档名称、程序名称、窗口最小化、最大化和关闭按钮。　　　　　　　　　　　　　(　　)

2. 如果已保存过演示文稿,则单击快速访问工具栏中的"保存"按钮时,可以再次保存演示文稿中所做的修改工作。　　　　　　　　　　　　　　　　　　　　　　(　　)

3. 首次保存演示文稿时,单击"开始"选项卡,在弹出的菜单中选择"保存"命令,弹出"另存为"对话框,可以在该对话框中为演示文稿输入文件名及保存路径,单击"保存"按钮即可。　　　　　　　　　　　　　　　　　　　　　　　　　　　　　　　　(　　)

4. 演示文稿的放映,在窗口左下角的视图切换按钮区域单击"幻灯片放映"按钮,可以从当前位置开始放映幻灯片。　　　　　　　　　　　　　　　　　　　　　　(　　)

5. 启动 PowerPoint 2010 时,自动打开一个空的演示文稿,默认文件名是"演示文稿1"。
　　　　　　　　　　　　　　　　　　　　　　　　　　　　　　　　　　(　　)

6. 启动 PowerPoint 2010 时,自动打开一个空的演示文稿,默认文件名是"文档1"。
　　　　　　　　　　　　　　　　　　　　　　　　　　　　　　　　　　(　　)

7. 关闭演示文稿可以按【Ctrl】+【W】组合键。　　　　　　　　　　　　　(　　)

8. 在幻灯片窗格中选择多张幻灯片,首先选中一张幻灯片,按住【Ctrl】键,然后按键盘上的【↑】键或【↓】键,可以选中连续的多张幻灯片。　　　　　　　　　　　(　　)

9.在幻灯片窗格中,选中要在其后插入新幻灯片的幻灯片,然后按【Enter】键,即可插入一张新的幻灯片。（   ）

10.用鼠标将选定幻灯片拖曳到目标位置不松手,按下【Shift】后松开鼠标,可以实现幻灯片的复制。（   ）

三、操作题

根据下列要求制作"快乐的学习生活"演示文稿。

(1)在以你名字命名的文件夹中,新建一个演示文稿,名称为"快乐的学习生活";

(2)第一张幻灯片为"标题幻灯片",此幻灯片中输入正标题为"快乐的学习生活",副标题为"你的姓名";

(3)插入一张"标题和文本"幻灯片,标题为"目录",内容为"努力学习、积极进取、锻炼身体、丰富业余生活、考试成绩";

(4)插入一张"文本与剪贴画"幻灯片,标题为"努力学习",自行输入文本内容,将剪贴画插入与之相关的内容,设置标题"努力学习"动画效果为"轮子",剪贴画的动画效果为"弹跳";

(5)插入一张"文本与图表"幻灯片,标题为"积极进取",自行输入文本内容,图表自行制作,要求合理;

(6)设置第一张幻灯片的切换方式为"溶解",其余切换方式为"分割";

(7)通过排练计时设置幻灯片自动播放方式。

参 考 文 献

[1] 文杰书院. 电脑基础入门教程: Windows 7 + Office 2010[M]. 北京: 清华大学出版社, 2014.

[2] 刘志成, 刘涛. 大学计算机基础(微课版)[M]. 北京: 人民邮电出版社, 2016.

[3] 甘勇, 尚展垒, 郭清溥等. 大学计算机基础——计算机思维. 4 版[M]. 北京: 人民邮电出版社, 2015.

[4] 张利科. 电脑入门实用教程. 2 版[M]. 北京: 清华大学出版社, 2013.

[5] 蒋加伏, 沈岳. 大学计算机[M]. 北京: 北京邮电大学出版社, 2013.

[6] 沈玉书, 杨晓云. 计算机应用基础实训教程[M]. 北京: 中国铁道出版社, 2011.

[7] 柴欣, 武优西. 大学生计算机基础实验教程[M]. 北京: 中国铁道出版社, 2011.

[8] 教育部考试中心. 全国计算机等级考试一级教程: 计算机基础及 MS Office 应用[M]. 北京: 高等教育出版社, 2014.